U0240658

普通高等教育"十三五"规划教材

化工仪表及自动化

（化工、食品、制药、环境、轻工、生物等工艺类专业适用）

第 2 版

主 编　李学聪　林德杰

副主编　宋亚男

参 编　曾珞亚　朱燕飞　唐雄民

机械工业出版社

本书基于生产实际和工程应用，介绍了化学工业生产过程中自动控制系统方面的基本知识，重点介绍了被控对象的建模、检测变送仪表、显示仪表、自动控制仪表、各种过程控制系统的设计、参数整定及常用过程自动控制系统的分析。在简单、复杂控制系统的基础上，还介绍了新型控制系统与计算机控制系统，结合生产过程介绍了典型化工单元操作的控制方案。对电子化、微型化、数字化和智能化等先进的过程自动控制仪表的工作原理及其外特性以及计算机集散控制系统和现场总线自动控制系统进行了深入、系统和详细的分析和论述。全书内容丰富，取材新颖，结构严谨，系统性强，充分体现了理论联系实际，重在能力培养的原则。

本书可作为高等学校化工、食品、制药、环境、轻工、生物等工艺类专业的本科生教材以及相近专业的本科生教材，亦可作为相关专业的研究生和工程技术人员的参考用书。

本书配有免费电子课件，欢迎选用本书作教材的教师登录www.cmpedu.com注册下载。

图书在版编目（CIP）数据

化工仪表及自动化/李学聪，林德杰主编. —2版. —北京：机械工业出版社，2016.8（2025.1重印）

普通高等教育"十三五"规划教材. 化工、食品、制药、环境、轻工、生物等工艺类专业适用

ISBN 978-7-111-54210-0

Ⅰ.①化…　Ⅱ.①李…②林　Ⅲ.①化工仪表-高等学校-教材②化工过程-自动控制系统-高等学校-教材　Ⅳ.①TQ056

中国版本图书馆CIP数据核字（2016）第154818号

机械工业出版社（北京市百万庄大街22号　邮政编码100037）
策划编辑：贡克勤　　　　　　责任编辑：贡克勤
责任校对：刘志文　佟瑞鑫　封面设计：张　静
责任印制：郜　敏
北京富资园科技发展有限公司印刷
2025年1月第2版第5次印刷
184mm×260mm·12.75印张·304千字
标准书号：ISBN 978-7-111-54210-0
定价：32.00元

电话服务　　　　　　　　　网络服务
客服电话：010-88361066　　机　工　官　网：www.cmpbook.com
　　　　　010-88379833　　机　工　官　博：weibo.com/cmp1952
　　　　　010-68326294　　金　书　网：www.golden-book.com
封底无防伪标均为盗版　　机工教育服务网：www.cmpedu.com

第2版前言

本书是普通高等教育"十三五"规划教材。

本书是在基本保持第1版体系结构的基础上，对其内容进行增减、适当修改而成的，取消原书中第4章，只将其中数字式显示仪表和虚拟显示仪表两节内容放到本书中的第3章，而对模拟显示仪表只做简单介绍。根据自动控制系统组成的各个环节，将原第5章的执行器部分独立成为一章，强调了执行器这一环节，而且删改了一部分内容，提高教材的易读性，便于读者理解掌握相关内容。

随着现代工业生产的迅速发展，生产过程规模不断扩大，化工自动化已成为一项庞大的系统工程，生产过程控制系统的结构日益复杂。微电子技术、数据通信技术、网络技术和计算机多媒体技术在化工自动化中已得到日益广泛的应用，仪表自动化已向电子化、微型化、数字化和智能化的方向发展；化工控制系统从传统的仪表控制系统向计算机集散控制系统和现场总线控制系统迅速发展已成为不争的事实。本书以"理论联系实际、重在能力培养和与时俱进"为原则，紧密联系国内生产实际和国内外先进的技术水平，以目前国内仍在广泛应用仪表控制系统为主线展开深入的讨论，并详细介绍了代表当今仪表自动化发展方向的电子化、微型化、数字化和智能化过程控制仪表以及计算机集散控制系统和现场总线控制系统，以便使培养的学生适应目前自动化技术发展的需要。

本书将自动控制仪表和控制系统有机地结合起来，结合现代工业生产过程的特点，介绍过程控制系统的设计方法和典型过程控制系统的分析，做到系统性与典型性相统一，技术先进性与工程实用性相融合。本书内容丰富，取材新颖，结构严谨，系统性强。在内容叙述上，注重由浅入深，简明扼要，通俗易懂，以工程应用实例引导读者正确运用基础理论和新技术解决工程实际问题，充分体现了理论联系实际和重在能力培养的原则。

本书可作为高等学校化工、食品、制药、环境、轻工、生物等工艺类专业的本科生教材以及相近专业的本科生教材，亦可作为相关专业的研究生和工程技术人员的参考用书。

本书由李学聪、林德杰任主编，宋亚男任副主编。第1、2章由林德杰编写；第3、4章由李学聪编写；第5章由曾珞亚编写；第6章由唐雄民编写；第7章由宋亚男编写；第8章由朱燕飞编写。广东工业大学自动化学院领导对本书的编写给予了大力支持。在此，对各位专家、教授和领导表示衷心感谢。本书的编写参考了大量文献和资料，在此对有关单位和作者一并致谢。

由于编者水平有限，书中缺点和错误在所难免，敬请广大师生和读者批评指正。

编　者

第1版前言

"化工仪表及自动化"是高等工科院校化工工艺和相近专业的一门必修课。本书以被控对象的特性、检测变送仪表、自动控制仪表、过程控制系统的设计和分析为主线展开论述，系统地阐述了各种化工自动控制系统的基本原理、结构、特点及应用。

随着现代工业生产的迅速发展，生产过程规模不断扩大，化工自动化已成为一项庞大的系统工程，生产过程控制系统的结构日益复杂。微电子技术、数据通信技术、网络技术和计算机多媒体技术在化工自动化中已得到日益广泛的应用，仪表自动化已向电子化、微型化、数字化和智能化的方向发展。化工控制系统从传统的仪表控制系统向计算机集散控制系统和现场总线控制系统迅速发展已成为不争的事实。本书以"理论联系实际，重在能力培养，与时俱进"为原则，详细介绍了代表当今仪表自动化发展方向的电子化、微型化、数字化和智能化过程控制仪表以及计算机集散控制系统和现场总线控制系统，以适应目前自动化技术发展的需要。

本书将自动控制仪表和控制系统有机地结合起来，结合现代工业生产过程的特点，介绍过程控制系统的设计方法和典型过程控制系统的分析，做到系统性与典型性相统一，技术先进性与工程实用性相融合。本书内容丰富，取材新颖，结构严谨，系统性强。在内容叙述上，注重由浅入深，简明扼要，通俗易懂，以工程应用实例引导读者正确运用基础理论和新技术解决工程实际问题，充分体现了理论联系实际和重在能力培养的原则。

本书可作为高等学校化工、食品、制药、环境、轻工、生物等工艺类专业的本科生教材以及相近专业的本科生教材，亦可作为相关专业的研究生和工程技术人员的参考用书。

本书由广东工业大学林德杰任主编，并编写第1、2、4章；广东工业大学李学聪编写第3章，并任副主编；广东工业大学宋亚男编写第7章，并任副主编；广东工业大学曾珞亚编写第5章；广东工业大学朱燕飞编写第8章；广东工业大学唐雄民编写第6章。广东工业大学自动化学院领导对本书的编写给予了大力支持。在此，对各位专家、教授和领导表示衷心感谢。本书的编写参考了大量文献和资料，在此对有关单位和作者一并致谢。

由于编者水平有限，书中缺点和错误在所难免，敬请广大师生和读者批评指正。

编　者

目　录

第1章 概　　述

化学工业是重要的能源和基础原材料工业，也是国民经济的重要支柱产业，与国民经济各领域和人民生活密切相关。此外，化学工业还肩负着为国防工业提供高技术材料和常规战略物资的重任。化工自动化是化工、炼油、食品、轻工、环境、生物等生产过程自动化的简称。化工自动化是指在化工设备上配置一些自动化装置，代替或部分代替操作人员的直接劳动，使得生产在不同程度上自动地进行。化工生产过程自动化的程度直接影响到化工产品成本、数量和质量，同时也为减轻劳动强度、改善劳动条件、保证生产安全以及改变劳动方式提供基础。因此，实现化工自动化及提高其自动化程度具有重要意义。

1.1　自动控制系统的组成

如果一个系统由人来操作机器，例如开汽车，则称为人工控制。如果一个系统在没人参与的情况下，利用控制装置使生产设备或生产过程自动地按预先设定规律运行，例如采用恒温器控制室内温度，则称为自动控制。

基于偏差的反馈控制方式，是自动控制系统中最常见的。为了便于理解，下面以人工液位控制（见图 1-1a）和自动液位控制（见图 1-1b）为例，对比介绍一个简单反馈控制系统的组成。

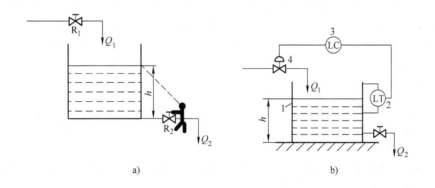

a)　　　　　　　　　　　　　　　　b)

图 1-1　人工液位控制和自动液位控制

a）人工液位控制　b）自动液位控制

1—贮液槽　2—液位变送器　3—液位控制器　4—调节阀

1. 人工液位控制

如图 1-1a 所示，操作人员用眼睛监视液位 h 的情况，反映至大脑作判断，若液位 h 高于给定值 h_0，则人手关小阀门开度 R_1，Q_1 减小，使 h 回到给定值 h_0；反之，若 h 低于给定值 h_0，则人手开大阀门 R_1，流量 Q_1 增大，保证 h 回到给定值 h_0 附近。可见，采用人工控制存在反应缓慢，液位波动较大的缺点。

2. 自动液位控制

如图 1-1b 所示，用液位变送器 LT 测量液位 h，将 h 变换成电信号，传输到液位控制器 LC 与给定信号 h_0 比较，若 h 与 h_0 有偏差，经液位控制器进行适当的运算后，输出信号控制调节阀 4 作适当的变化，使流量 Q_1 作适当的变化，从而保证液位 h 回到给定值 h_0 附近。

将自动控制与人工控制对比可看出：用液位变送器代替人的眼睛监视液位的变化；用液位控制器代替人的大脑，将液位 h 与给定值 h_0 进行比较和运算；用控制器输出信号代替人的手，控制阀门的开度，改变流量 Q_1，使 h 回到 h_0 附近。

图 1-1b 所示的自动液位控制系统可画出组成框图，如图 1-2 所示。

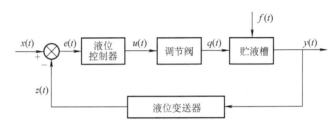

图 1-2　自动液位控制系统组成框图

在图 1-2 中：

$y(t)$ 为被控变量，在控制系统中，控制作用就是要克服外部扰动 $f(t)$ 对被控变量 $y(t)$ 的影响，保证其尽快回到给定值，例如贮液槽的液位 h_0；

$q(t)$ 称为操纵变量，操纵变量 $q(t)$ 的作用是使被控变量稳定于给定值附近，例如液体的流量 Q_1；

$f(t)$ 称为扰动，作用于被控对象且使被控变量 $y(t)$ 变化，扰动作用 $f(t)$ 企图使被控变量 $y(t)$ 偏离给定值 $x(t)$，例如贮液槽液体流出量 Q_2 增加，而使液位 h 减小；

被控对象，指从被控变量检测点至调节阀之间的管道或设备，例如贮液槽。

综合以上分析，可知简单反馈控制过程如下：测量变送单元（液位变送器）将被控变量检测出来并变换成便于远传的统一信号 $z(t)$；$z(t)$ 与给定的信号 $x(t)$ 比较，得到偏差 $e(t) = z(t) - x(t)$；$e(t)$ 经控制器（液位控制器）运算后，输出控制作用 $u(t)$；$u(t)$ 控制执行机构（调节阀）的开度，改变操纵变量 $q(t)$（液体的流量），从而使被控变量 $y(t)$ 回到给定值 $x(t)$ 附近。

必须指出：框图中，框之间的带箭头的连线仅表示其信号相互的关系及传递方向，并不表示框之间的物料联系。

可见，一个简单反馈控制系统由测量变送单元、控制器、执行机构和被控过程（被控对象）组成。若将测量变送单元、控制器、执行机构看作测量控制仪表，则一个简单反馈控制系统由被控对象和测量控制仪表两部分组成。

1.2　自动控制系统的分类

自动控制系统的分类方法很多，例如，按被控量分类：温度、压力、流量、液位等控制系统；按是否有被控变量到输入的反馈分类：闭环（有反馈）、开环（无反馈）控制系统；

按系统结构特点分类：反馈、前馈、前馈—反馈控制系统；按给定信号特点分类：定值、随动、程序控制系统等。

下面按系统结构特点和给定信号特点分类进行讨论。

1.2.1　按系统的结构特点分类

1. 反馈控制系统

反馈控制系统是根据被控参数与给定值的偏差进行控制的，最终达到消除或减小偏差的目的，偏差值是控制的依据。它是最常用、最基本的一种过程控制系统。由于该系统由被控变量的反馈构成一个闭合回路，故又称为闭环控制系统，如图 1-2 所示。反馈信号也可能有多个，构成两个以上的闭环回路，称为多回路反馈控制系统。

2. 前馈控制系统

前馈控制系统是根据扰动量的大小进行控制的，扰动是控制的依据。由于没有被控变量的反馈，所以是一种开环控制系统。前馈控制是根据扰动量设计的提前控制，所以控制快速，但是无法检查控制效果且不能抑制未知扰动。

3. 前馈—反馈控制系统

前馈—反馈控制系统综合前馈控制系统和反馈控制系统的特点，其利用前馈控制迅速克服可测扰动，同时利用反馈控制克服其他未知扰动，使被控变量稳定在给定值上以提高控制系统的控制品质。

1.2.2　按给定信号的特点分类

1. 定值控制系统

被控变量要求稳定在某一给定值上的控制，称为定值控制，例如恒温控制。由于工业生产过程中大多数工艺要求被控变量稳定在某一给定值上，因此，定值控制系统是应用最多的一种控制系统。

2. 随动控制系统

被控变量的给定值随时间任意变化的控制称为随动控制。例如，锅炉燃烧过程控制系统中，为保证达到完全燃烧，必须保证空气量随燃料的变化而成比例变化。由于燃料量是随负荷变化的，因此控制系统要根据燃料量的变化，自动控制空气量的大小，以求达到最佳燃烧状态。

3. 程序控制系统

被控变量的给定值按预定程序变化的控制，称为程序控制。例如，退火炉温度控制系统的给定值是按升温、保温与逐次降温等程序变化，因此，控制系统按预先设定程序进行控制。

1.3　自动控制系统的品质指标

1.3.1　静态与动态

自动控制系统的输入信号有两种：一种是给定信号；另一种是扰动信号。

当输入恒定不变时，整个系统若能建立平衡，系统中各个环节将维持一种相对静止的状态，系统输出也不发生改变，这种状态称为静态。保持平衡时，输出与输入之间的关系为系统的静态特性。当输入发生变化，系统的平衡被破坏，则输出发生变化，这种状态称为动态。输入变化时，输出与输入之间的关系为系统的动态特性。特别的，当自控系统的输入发生变化后，输出随时间不断变化，输出随时间变化的过程被称为过渡过程。

1.3.2　系统的品质指标

1. 系统单项指标

系统典型输入有脉冲、阶跃、斜坡、正弦和加速度输入等。因为阶跃作用很典型，实际中经常遇到，而且这类输入变化对系统来讲是比较严重（信号在 0 时刻发生突变，且 0 时刻之后一直有作用）的情况，如果一个系统对这种输入有较好的响应，那么对其他形式的输入变化就更能适应。所以，系统的各项单项指标，通常基于阶跃输入作用下控制系统输出响应的过渡过程曲线来定义。阶跃输入 $R(t)$ 定义为

$$R(t) = \begin{cases} A, t \geq 0 \\ 0, t < 0 \end{cases}$$

式中，A 为常数。

特殊情况，若 $A = 1$，则 $R(t)$ 被称为单位阶跃函数，如图 1-3 所示。

自动控制系统在阶跃输入作用下过渡过程可能有 4 种形式，如图 1-4 所示。图 1-4a、b 为衰减过程；图 1-4c 为等幅振荡过程；图 1-4d 为发散振荡过程。

工业上，多数情况下，希望得到衰减振荡的过渡过程，如图 1-4b 所示，最后被控量稳定在某一给定值上，例如，恒温在 70℃。因此，下面取这种过渡过程形式讨论控制系统的品质指标。

图 1-3　阶跃函数示例图

图 1-5a 所示为定值控制系统在阶跃作用下的响应曲线；图 1-5b 所示为随动控制系统在阶跃作用下的响应曲线。

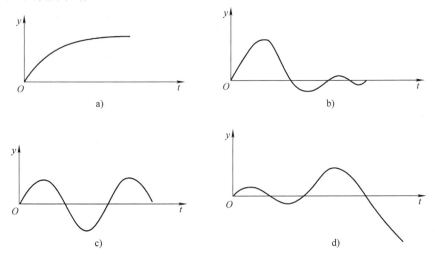

图 1-4　自动控制系统在阶跃输入作用下过渡过程的四种形式

a）非周期衰减过程　b）衰减振荡过程　c）等幅振荡过程　d）发散振荡过程

主要关注的控制品质指标为稳定性、准确性和快速性，具体说明如下：

（1）余差（静态偏差）

余差，用 e 表示，是指系统过渡过程结束后，被控参数新的稳定值 $y(\infty)$ 与给定值 c 之差，其值可正可负。它是一个静态品质指标。对于定值控制系统，给定值是生产的技术指标，希望余差越小越好。

（2）衰减比

衰减比是衡量过渡过程稳定性的一个动态品质指标，它等于振荡过程的第一个波的振幅与第二个波的振幅之比，即

$$n = \frac{B}{B'} \tag{1-1}$$

$n < 1$，系统是不稳定的，是发散振荡；$n = 1$，系统是临界稳定，是等幅振荡；$n > 1$，系统是稳定的，衰减比越大，意味着系统越快达到稳定，所以一般 n 越大越好。若 $n = 4$，系统为 4:1 的衰减振荡，是比较理想的。

（3）最大偏差和超调量

对于定值控制系统，最大偏差是指被控参数第一个波峰值与给定值 c 之差，它用来衡量被控参数偏离给定值的程度。如图 1-5a 所示，最大偏差 $A = B + e$。

对于随动控制系统，用超调量来衡量被控参数偏离给定值的程度。超调量 σ 可定义为

$$\sigma = \frac{y(t_p) - y(\infty)}{y(\infty)} \times 100\% \tag{1-2}$$

$y(\infty)$ 和 $y(t_p)$ 含义如图 1-5b 所示。

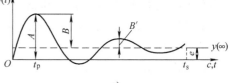

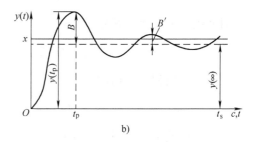

图 1-5 阶跃作用下控制系统过渡过程响应曲线
a）定值控制系统 b）随动控制系统

最大偏差 A 和超调量 σ 是衡量控制系统的重要品质指标。有些生产工艺规定了最大偏差的限制条件，不允许超出某一数值。

（4）过渡过程时间 t_s

从扰动开始到被控参数进入新的稳态值的 $\pm 5\%$ 或 $\pm 2\%$ 范围内所需的时间，称为过渡过程时间 t_s。它是反映系统过渡过程快慢的质量指标，t_s 越小，过渡过程进行得越快。一般希望过渡过程时间越短越好。

（5）峰值时间 t_p

从扰动开始到过渡过程曲线到达第一个峰值所需的时间，称为峰值时间 t_p，如图 1-5b 所示。t_p 值的大小反映了系统响应的灵敏程度。

必须指出，上述各项品质指标是相互联系又相互制约的。例如，一个系统的稳态精度要求很高时，可能会引起动态不稳定；解决了稳定问题后，又可能因反应迟钝而失去快速性。要高标准地同时满足各项质量指标是很困难的，因此应根据生产工艺的具体要求，分清主次，统筹兼顾，保证优先满足主要的品质指标。

例 1-1 某发酵过程工艺规定操作温度为 (40 ± 2)℃。考虑到发酵效果，操作过程中温度偏离给定值最大不得超过 6℃。现设计温度定值控制系统，在阶跃扰动作用下的过渡过程

响应曲线如图 1-6 所示。试求最大偏差、衰减比、余差、过渡过程时间（按进入新的稳态值 ±2% 范围内所需的时间计算）、振荡周期等过渡过程品质指标，并说明该控制系统是否满足题中的工艺要求。

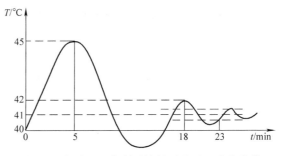

图 1-6　发酵过程控制系统的过渡过程响应曲线

解：最大偏差 $A = 45℃ - 40℃ = 5℃$；衰减比 $n = (45 - 41)/(42 - 41) = 4:1$；振荡周期为 $18min - 5min = 13min$；余差 $e = 41℃ - 40℃ = 1℃$；过渡过程时间 $t_s = 23min$（进入 $41℃ \times 2\% = 0.82℃$）。满足工艺要求。

2. 系统综合指标

除了用上述各项单项指标来衡量控制系统控制品质外，也常用基于误差的积分综合指标来判断系统品质的优劣。因为在相同输入量作用下，如果误差越小，且持续作用时间越短，则系统的品质越好；反之，误差越大，且持续作用时间越长，则品质越差。常用的误差性能指标有下列几种：

误差二次方值积分（ISE）

$$ISE = \int_0^\infty e^2(t)\,\mathrm{d}t \to \min$$

时间乘误差二次方积分（ITSE）

$$ITSE = \int_0^\infty te^2(t)\,\mathrm{d}t \to \min$$

误差绝对值积分（IAE）

$$IAE = \int_0^\infty |e(t)|\,\mathrm{d}t \to \min$$

时间乘误差绝对值积分（ITAE）

$$ITAE = \int_0^\infty t|e(t)|\,\mathrm{d}t \to \min$$

上述各式中，$e(t)$ 为偏差，$e(t) = y(t) - y(\infty)$。在实际工作中具体选用何种性能指标，必须根据系统的性能和生产工艺要求进行综合考虑后确定。

1.4　工艺管道及控制流程图

自控专业工程设计阶段的工作可归纳为以下 6 个方面的内容：

1）根据生产工艺提出的监控条件绘制工艺控制流程图（Process Control Diagram，PCD）。

2）配合系统专业绘制各管道仪表流程图（Piping and Instrument Diagram，P&ID）。

3）征集研究用户对 P&ID 及仪表设计规定的意见。

4）编制仪表采购清单，配合采购部门开展仪表和材料的采购工作。

5）编制仪表制造商的有关图样，按仪表制造商返回的技术文件，提交仪表接口条件，并开展有关设计工作。

6）编（绘）制最终自控工程设计文件。

从自控工程设计的程序中可以清楚看到，完成一个工程项目的工程设计时，自控专业始终与工艺、系统、管道、电气等专业有着密切的协作关系。为了便于项目顺利实施，需要非自动化专业人员了解自控工程设计内容。

在自控工程设计的图样上，按设计标准，有统一规定的图例、符号。这里将行业标准 HG/T 205050—2000《过程测量与控制仪表的功能标志及图形符号》中的一些主要内容作简要介绍，这些功能标志及图形符号主要用于工艺控制流程图（PCD）、管道仪表流程图（P&ID）的设计。

1.4.1　仪表功能标志

仪表功能标志由一个首位字母及 1 个或 2、3 个后继字母组成。示例如下：

PI—功能标志。其中，P—首位字母（表示被测变量），I—后继字母（表示读出功能）。PI 表示压力指示。

1.4.2　仪表位号

仪表位号由仪表功能标志与仪表回路编号两部分组成。示例如下：

LT—116—仪表位号。其中，LT—功能标志，116—回路编号。

回路编号可以用工序号加仪表顺序号组成。

例如：

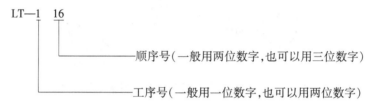

1.4.3　仪表的图形符号及安装位置

仪表的图形符号及安装位置见表 1-1。

表 1-1　仪表的图形符号及安装位置

	现场安装	控制室安装	现场盘装
单台常规仪表	○	⊖	⊖
集散控制系统	○	⊖	⊖
计算机功能	⬡	⬡	⬡
可编程序逻辑控制	◇	◇	◇

1.4.4　测量点与连接线的图形符号

测量点（包括检测元件）是由过程设备或管道引至检测元件或就地仪表的起点，一般不单独表示。需要时，检测元件或检测仪表可用细实线加图形表示，如图 1-7 所示。

复杂系统中，当有必要表明信息流动的方向时，应在信号线上加箭头。

1.4.5　常见执行机构及控制阀体的图形符号

带弹簧的薄膜执行机构的图形符号如图 1-8 所示。截止阀的图形符号如图 1-9 所示。

图 1-7　测量点与连接线　　　图 1-8　带弹簧的薄膜　　　图 1-9　截止阀的
的图形符号示例　　　　　　执行机构的图形符号　　　　图形符号

1.4.6　常规仪表控制系统图形符号示例

液位控制系统工艺管道及控制流程图示例如图 1-10 所示。

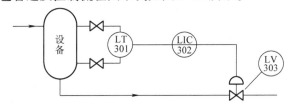

图 1-10　液位控制系统工艺管道及控制流程图示例

图 1-10 中，通过液位变送仪表（LT）检测当前的液位，对比给定液位，若与给定液位存在偏差，则通过液位控制仪表（LIC）（带指示功能）控制阀门（LV）的开度，实现对设备液位的控制。

1.5　化工自动化的发展概况

化工自动化是适应现代工业生产要求，伴随控制理论及其应用、计算机技术和数字通信技术的发展而迅速发展的。回顾化工自动化的发展历程，大致经历了下述几个阶段。

1.5.1　仪表化与局部自动化阶段

20 世纪 50 ~ 60 年代，一些工厂企业实现了仪表化与局部自动化，这是发展的第一个阶段。这个阶段的主要特点是：检测和控制仪表主要采用基地式仪表和部分单元组合仪表（多数是气动仪表），组成单输入—单输出的单回路定值控制系统，对生产过程的热工参数，如温度、压力、流量和液位进行自动控制。控制的目的是保持这些参数的稳定。过程控制系统的设计、分析的理论基础是以频率法和根轨迹法为主体的经典控制理论。

1.5.2　综合自动化阶段

20世纪60~70年代中期，由于工业生产的不断发展，对过程控制提出了新的要求，电子技术的发展也为生产过程自动化的发展提供了完善的条件，过程控制的发展进入第二个阶段。在这个阶段，出现了一个车间乃至一个工厂的综合自动化。其主要特点是：大量采用单元组合仪表（包括气动和电动）和组装式仪表。同时，电子计算机开始应用于过程控制领域，实现直接数字控制（DDC）和设定值控制（SPC）。在系统结构方面，为提高控制品质与实现一些特殊的控制要求，相继出现了各种复杂控制系统，例如串级、比值、均匀和前馈一反馈控制等。在过程控制理论方面，除了采用经典控制理论外，开始应用现代控制理论以解决实际生产过程中遇到的更为复杂的控制问题。

1.5.3　全盘自动化阶段

20世纪70年代以来，过程控制技术进入了飞速发展阶段，实现了全盘自动化。微型计算机（以下简称微机）广泛应用于过程控制领域，对整个工艺流程，全工厂，乃至整个企业集团公司进行集中控制和经营管理，以及应用多台微机对生产过程进行控制和多参数综合控制，是这一阶段的主要特点。在检测变送方面，除了热工参数的检测变送以外，粘度、湿度、pH值及成分的在线检测与数据处理的应用日益广泛。模拟过程检测控制仪表的品种、规格增加，可靠性提高，具有安全火花防爆性能（DDZ—Ⅲ），可用于易燃易爆场合。以微处理器为核心的单元组合仪表正向着微型化、数字化、智能化和具有通信能力方向发展。过程控制系统的结构方面，也从单参数单回路的仪表控制系统发展到多参数多回路的微机控制系统。微机控制系统的发展经历了直接数字控制、集中控制、分散控制和集散控制几个发展阶段。20世纪90年代，又出现了现场总线控制系统（Fieldbus Control System，FCS），它是继计算机技术、网络技术和通信技术得到迅猛发展后，与自动控制技术和系统进一步结合的产物。它的出现使控制系统中的基本单元——各种仪表单元也进入了网络时代，从而改变了传统回路控制系统的基本结构和连接方式。现场总线控制系统是一种全分散、全数字化、智能化、双向、互联、多变量、多点和多站的通信和控制系统。它的出现给过程控制系统带来了一次全新的革命性的变化，是过程控制系统的发展方向。

习题与思考题

1-1　什么是化工自动化？具有什么重要意义？

1-2　简述一个简单反馈控制系统的组成，并给出实例分析，画出对应控制框图。

1-3　按系统结构特点分类，自动控制系统可以分为哪几类，分别具有什么特点？

1-4　按给定信号特点分类，自动控制系统可以分为哪几类，分别具有什么特点？

1-5　什么是阶跃输入？为什么采用阶跃输入作用下的输出研究系统的品质指标？

1-6　什么是系统的静态与动态？常用品质指标有哪些？它们分别是静态指标还是动态指标？

1-7　某化学反应器工艺规定的操作温度为（800±0.5）℃。考虑安全因素，操作过程中温度偏离给定值最大不得超过10℃。现设计的温度定值控制系统在阶跃扰动作用下的过渡过程曲线如图1-11所示，试求最大偏差、衰减比、余差、过渡时间（按进入新的稳态值±2%范围内所需的时间计算）、振荡周期等过渡过程品质指标，并说明该控制系统是否满足题中的工艺要求。

1-8　锅炉是化工、炼油等企业中常见的主要设备。锅筒水位是影响蒸汽质量及锅炉安全的一个十分重要的参数。水位过高，会使蒸汽带液，降低了蒸汽的质量和产量，甚至会损坏后续设备。而水位过低，轻则影响汽液平衡，重则烧干锅炉甚至引起爆炸。因此，必须对锅筒水位进行严格的控制。图1-12所示为一类简单锅炉锅筒水位控制示意图。要求：

（1）画出该控制系统框图；

（2）指出该系统中被控对象、被控变量、操纵变量和扰动变量各是什么？

（3）当蒸汽负荷突然增加，试分析该系统是如何实现自动控制的。

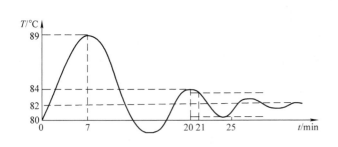

图1-11　过渡过程曲线

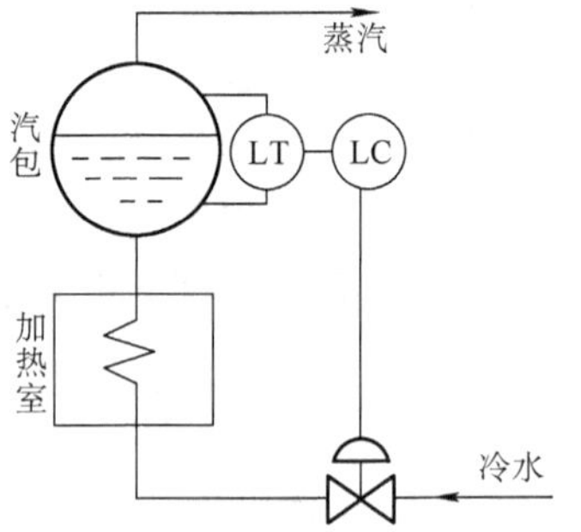

图1-12　简单锅炉锅筒水位控制示意图

1-9　图1-13所示为某化工厂超细碳酸钙生产中碳化部分简化的工艺管道及控制流程图。试指出图中所示符号的含义。

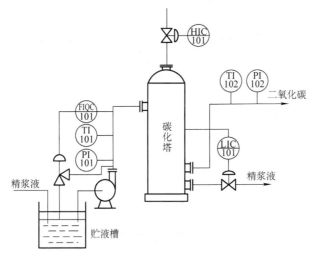

图1-13　控制流程图

1-10　简述化工自动化发展的主要阶段和各阶段的特点。

第2章 对象特性及其建模

2.1 对象的数学模型

研究对象的特性，就是用数学的方法来描述对象输入量与输出量之间的关系。这种对象特性的数学描述就称为对象的数学模型。以图 2-1 所示的贮液槽系统为例。假定系统的输入量为进入阀 1 的流量 Q_0，输出量为水箱内水位的高度 h，则对象的数学模型为 Q_0 与 h 间的函数关系式，即

$$h = f(Q_0) \qquad (2-1)$$

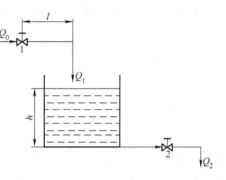

图 2-1　贮液槽系统

在对化工过程控制系统进行分析、设计之前，必须首先掌握构成系统的各个环节的特性，特别是被控对象的特性，即建立对象（或环节）的数学模型。建立被控对象的数学模型首先是为了控制系统分析和设计的需要，并用于新型控制系统的开发和研究。同时，建立控制系统中各组成环节和整个系统的数学模型，不仅是分析和设计控制系统方案的需要，还是控制系统投入运行、控制器参数整定的需要。它在操作优化、故障诊断、操作方案的制订等方面也是非常重要的。

归纳起来，建立被控对象的数学模型的目的主要有下列几点：

1. 设计控制系统和整定控制器的参数

在设计控制系统时，选择控制通道，确定控制方案，分析质量指标，探讨最佳工况，以及控制器参数的最佳整定值等，均以被控对象的数学模型为重要依据。尤其是实现生产过程的优化控制，若没有充分掌握被控对象的数学模型，就无法实现优化设计。

2. 指导生产工艺及其设备的设计

通过对生产工艺及其设备的数学模型的分析和仿真，可以确定有关因素对整个被控对象特性的影响，从而指导生产工艺及其设备的设计。

3. 对被控对象进行仿真研究

通过对被控对象数学模型进行仿真研究，在计算机上进行分析、计算，可获取代表或逼近真实对象的大量数据，为控制系统的设计和调试提供大量所需信息，从而降低设计成本和加快设计进度。

在建立对象数学模型（建模）时，一般将被控变量看作对象的输出量。而其输入量则包含了两个：一个是控制作用；一个是干扰作用。控制作用和干扰作用引起被控变量变化的过程如图 2-2 所示。对象的输入量至输出量的信号联系称为通道，控制作用至被控变量的信号联系称为控制通道，干扰作用至被控变量的信号联系称为干扰通道。在研究对象特性时，

应预先指明对象的输入输出量是什么，因为
对于同一个对象，不同通道的特性可能是不
同的。

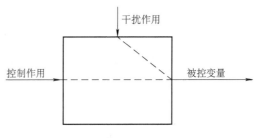

　　对象的数学模型可分为静态数学模型和
动态数学模型。静态数学模型描述的是对象
在静态时输入量与输出量之间的关系；动态
数学模型描述的是对象在输入量发生变化后
输出量的变化情况。静态与动态是事物特性

图 2-2　对象输入输出量

的两个侧面，可以说，动态数学模型是以静态数学模型为基础的，而静态数学模型是对象达
到平衡状态时动态数学模型的一个特例。

2.2　模型形式及参数特性

2.2.1　线性系统输入输出模型的表示

　　对象的数学模型常用非参量模型和参量模型两种形式来表示。常用对象在一定形式输入
作用下的输出曲线或数据来表示非参量模型，例如阶跃响应曲线、脉冲响应曲线、频率特性
曲线等。当数学模型是采用数学方程式来描述时，即称为参量模型。

　　对于线性系统输入输出的参量模型，通常可以用常系数微分方程来描述。微分方程是对
控制系统的输入输出的描述，是控制系统最基本的数学模型。如果以 $x(t)$ 表示输入量，
$y(t)$ 表示输出量，则对象的微分方程模型可描述为

$$a_n y^{(n)}(t) + a_{n-1} y^{(n-1)}(t) + \cdots + a_1 y'(t) + a_0 y(t) =$$
$$b_m x^{(m)}(t) + b_{m-1} x^{(m-1)}(t) + \cdots + b_1 x'(t) + b_0 x(t) \tag{2-2}$$

式中，$y^{(n)}(t)$、$y^{(n-1)}(t)$、$\cdots$、$y'(t)$ 分别表示 $y(t)$ 的 n 阶、$(n-1)$ 阶、$\cdots$、一阶导数；
$x^{(m)}(t)$、$x^{(m-1)}(t)$、$\cdots$、$x'(t)$ 分别表示 $x(t)$ 的 m 阶、$(m-1)$ 阶、$\cdots$、一阶导数；a_n、a_{n-1}、
$\cdots$、a_1、a_0 及 b_m、b_{m-1}、$\cdots$、b_1、b_0 分别为方程中的各项系数。

　　通常输出量的阶次不低于输入量的阶次（$n \geqslant m$）。$n \geqslant m$ 的对象是可实现的；$n < m$ 的对
象是不可实现的。

　　被控变量的数学模型除了用式（2-2）表示外，也常用对象的传递函数来表示。微分方
程在初始条件为零时，输出量拉普拉斯变换 $Y(s)$ 与输入量拉普拉斯变换 $X(s)$ 之比 $W(s)$ 定
义为系统（或环节）的传递函数，即

$$W(s) = \frac{Y(s)}{X(s)}$$

　　设 $s = \dfrac{\mathrm{d}^n}{\mathrm{d}t^n} = \left(\dfrac{\mathrm{d}}{\mathrm{d}t}\right)^n$，则式（2-2）可表示为

$$Y(s)(a_n s^n + a_{n-1} s^{n-1} + \cdots + a_1 s + a_0) = X(s)(b_m s^m + b_{m-1} s^{m-1} + \cdots + b_1 s + b_0)$$

　　因此被控变量数学模型——式（2-2）的传递函数形式为

$$W(s) = \frac{Y(s)}{X(s)} = \frac{b_m s^m + b_{m-1} s^{m-1} + \cdots + b_1 s + b_0}{a_n s^n + a_{n-1} s^{n-1} + \cdots + a_1 s + a_0} \tag{2-3}$$

n 越大，模型的阶次就越高。当 $n = 1$ 时，称该模型为一阶对象模型；当 $n = 2$ 时，称该模型为二阶对象模型。对于工业被控变量，通常取 $n = 3$ 已经足够精确了。对于二阶线性系统，为了简化其特性的分析，常常用一阶线性加纯迟延系统来代替。

对于一阶对象，其模型即可表示为

$$a_1 y'(t) + a_0 y(t) = b_0 x(t)$$

或表示为

$$T y'(t) + y(t) = K x(t) \tag{2-4}$$

其中，$T = \dfrac{a_1}{a_0}$，$K = \dfrac{b_0}{a_0}$。T、K 为模型的特性参数，分别称为时间常数和放大系数。

它们的大小与对象的特性有关，一般需要通过对象的内部机理分析或大量的实验数据处理才能得到。

对于控制系统来说，往往研究的不是输入输出量本身，而是它们相对于某平衡点额定值的增量。假定输入 x、输出 y 在平衡额定工作点的值分别为常量 x_0、y_0，则 x、y 的瞬时值可表示为其平衡额定工作点值与其变化的增量之和，即

$$x = x_0 + \Delta x, \quad y = y_0 + \Delta y$$

将其代入式（2-4），考虑 $y_0 = K x_0$，$\dfrac{\mathrm{d} y_0}{\mathrm{d} t} = 0$，可得到

$$T \Delta y'(t) + \Delta y(t) = K \Delta x(t) \tag{2-5}$$

可以看出，式（2-5）与式（2-4）具有完全相同的模型结构。一般地，控制系统特性的分析都是针对变化量而言的，因此建模时常常使用增量式的模型——式（2-5）。而且，为了书写方便，常常在表达式中省略变化量符号 Δ。

式（2-4）和式（2-5）都是以一阶导数表示的输出与输入关系表达式，也是过程的数学模型，可表示为

$$T \frac{\mathrm{d} y(t)}{\mathrm{d} t} + y(t) = K x(t)$$

设 $s = \dfrac{\mathrm{d}}{\mathrm{d} t}$ 为自变量，则上式为

$$Y(s)(Ts + 1) = K X(s)$$

因此写成传递函数的形式为

$$W(s) = \frac{Y(s)}{X(s)} = \frac{K}{Ts + 1} \tag{2-6}$$

一般来说，用时间常数 T 和放大系数 K 两个参数就可完全描述对象的特性。但是有的对象，在受到输入作用后，被控变量却不能立即发生变化，而是要经过一段时间才开始发生变化，这种现象称为滞后现象，即输出（被控变量）要滞后于输入一段时间 τ 后才产生变化，从模型结构上可表示为

$$y(t + \tau) = f(x(t))$$

式中，τ 称为滞后时间，或延迟时间。

则上述一阶线性参量模型——式（2-4）可表示为

$$T y'(t + \tau) + y(t + \tau) = K x(t) \tag{2-7}$$

这样，模型特性需要用时间常数 T、放大系数 K、滞后时间 τ 三个参数来完全确定，这三个参数也称为模型的特性参数。

下节将分析，在阶跃输入作用下，这三个参数会对系统的输出产生怎样的影响。

2.2.2　模型特性参数对被控变量的影响

1. 放大系数 K

对于一阶线性模型——式 (2-7)，考虑在阶跃输入 $x(t) = r(t)$ 作用下，输出量 $y(t)$ 的变化情况。其中，输入量 $x(t)$ 的作用响应曲线如图 2-3 所示。

求取式 (2-7) 微分方程的解，可得

$$y(t+\tau) = Kx\left(1 - \mathrm{e}^{-\frac{t}{T}}\right) \tag{2-8}$$

当 $t \to \infty$ 时，由式 (2-8) 可得到

$$y(\infty) = Kx = Kr_0$$

当 $t \to \infty$ 时，输出量 y 达到稳态，且此时的稳态值为输入量 x 的 K 倍，即 K 是在阶跃输入作用下，对象输出达到新的稳态值时，输出量与输入量之比，K 称为放大系数，或稳态增益。它表示了对象受到输入作用后，重新达到平衡状态时的性能。

对于控制通道来说，其 K 越大，表示控制作用对被控变量的作用越灵敏，控制能力越强；同样，对于干扰通道来说，其 K 越大，表示干扰作用对被控变量的影响越灵敏。因此，在设计控制系统时，应使控制通道的 K 大些，提高其抗干扰能力，但不能过大，太大会引起系统振荡。

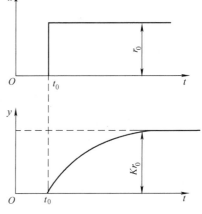

图 2-3　一阶线性模型阶跃响应曲线

2. 时间常数 T

在阶跃输入 $x(t) = r(t)$ 作用下，由式 (2-8) 得到系统的输出解，其中，滞后时间 τ 相当于输出量 y 在坐标上平移一个时间 τ。为简便起见，在分析时间常数 T 对系统性能的影响时，可暂不考虑 τ，将其设为 0，则式 (2-8) 变为

$$y(t) = Kr_0\left(1 - \mathrm{e}^{-\frac{t}{T}}\right) \tag{2-9}$$

分别取 $t = 0$，T，$2T$，$3T$，$4T$，$\cdots$，∞，可得到如下对应的关系：

$t = 0, y(0) = Kr_0(1 - \mathrm{e}^0) = 0$

$t = T, y(T) = Kr_0(1 - \mathrm{e}^{-1}) = 0.632Kr_0 = 0.632y(\infty)$

$t = 2T, y(2T) = Kr_0(1 - \mathrm{e}^{-2}) = 0.865Kr_0 = 0.865y(\infty)$

$t = 3T, y(3T) = Kr_0(1 - \mathrm{e}^{-3}) = 0.950Kr_0 = 0.950y(\infty)$

$t = 4T, y(4T) = Kr_0(1 - \mathrm{e}^{-4}) = 0.982Kr_0 = 0.982y(\infty)$

$\vdots$

$t \to \infty, y(\infty) = Kr_0 = y(\infty)$

可作出输出量 $y(t)$ 的阶跃响应曲线，如图 2-4 所示。其中，当 $t = T$ 时，$y(T) = 0.632$

$y(\infty)$。这表示，当对象受到阶跃输入作用后，被控变量达到新的稳态值的63.2%所需的时间，就是时间常数 T。在工程上，常常用这种方法来求取时间常数 T。

显然，时间常数 T 越大，被控变量的变化越慢，达到新稳态值所需的时间也越长。不同时间常数下的阶跃响应曲线如图 2-5 所示，图中的 4 条曲线分别表示对象的时间常数为 T_1、T_2、T_3、T_4 时，在相同阶跃输入作用下被控变量的输出曲线。假定它们的静态增益相同，则它们的稳态输出值必相同。由图可看出，$T_1 < T_2 < T_3 < T_4$，即时间常数大的对象对输入量的反应比较慢，一般也可以认为它的惯性要大一些。

对于控制通道来说，其 T 越小，控制作用对被控变量作用的响应越快，控制越及时，过渡过程时间越短；同理，对干扰通道来说，其 T 越小，干扰作用对被控变量的影响越严重。因此，在设计控制系统时，应选择控制通道的 T 小一些，以提高系统的控制性能，但也不能过小，过小容易引起系统的振荡。

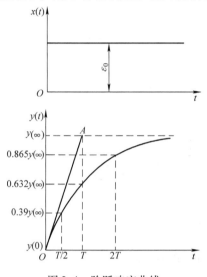

图 2-4　阶跃响应曲线　　　　　　　　图 2-5　不同时间常数下的阶跃响应曲线

下面讨论式（2-9）的阶跃响应曲线的初始变化情况。将式（2-9）求导后取 $t=0$ 时的导数值，可得

$$\frac{\mathrm{d}y}{\mathrm{d}t}\bigg|_{t=0} = \frac{Kr_0}{T}\mathrm{e}^{-t/T}\bigg|_{t=0} = \frac{Kr_0}{T} = \frac{y(\infty)}{T} \tag{2-10}$$

式（2-10）表明，在 $t=0$ 时，输出响应曲线的切线斜率为 $1/T$。其物理意义是，一阶系统的阶跃响应如果以初始速度等速上升至稳态值 $y(\infty)$ 时，所需要的时间恰好为 T，如图 2-4 所示。这一特点为用实验方法求取系统的时间常数 T 提供了依据，即当对象受到阶跃输入作用时，被控变量如果保持初始速度变化，则达到新的稳态值所需的时间就是时间常数。

实际上，被控变量的变化速度并不能保持初始速度，而是越来越小的。所以，被控变量变化到新的稳态值所需要的时间比 T 长得多。从式（2-10）可看出，只有当 $t \to \infty$ 时，才有 $y = Kr_0$。但当 $t = 3T$ 时，已有 $y(3T) = 0.95y(\infty) = 0.95Kr_0$，这就是说，在阶跃输入作用后，经过 $3T$ 时间，被控变量的输出量 y 就已经变化了其全部变化范围的95%，这时，可以近似地认为过渡过程已基本结束。一般对一阶线性对象，可将过渡过程时间 t_s 取值为

$$t_s = 3T(被控变量进入新稳态值的 ±5\% 范围内)$$
$$t_s = 4T(被控变量进入新稳态值的 ±2\% 范围内)$$

3. 滞后时间 τ

滞后现象，即被控变量的变化延迟于输入变化的现象，是自动控制系统经常存在的现象，它的存在常常给系统的稳定性带来不利的影响。滞后系统的特性主要由滞后时间 τ 来描述，τ 越长，说明滞后现象越严重。

根据滞后性质的不同，可将滞后分为纯滞后和容量滞后两类。

（1）纯滞后

纯滞后是指由于对象的测量环节、传输环节或其他环节出现的滞后现象，造成整个系统输出纯滞后于输入一个时间 τ_0 的现象，工程上也常称为传递滞后。

图 2-6 分别表示了有、无纯滞后的一阶阶跃响应曲线。

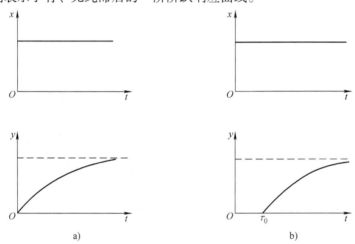

图 2-6　有、无纯滞后的一阶阶跃响应曲线

a）无纯滞后　b）有纯滞后

比较图 2-6a、b 所示的两条响应曲线，它们除了在时间轴上前后相差一个时间 τ_0 外，其他形状完全相同。也就是说纯滞后对象的特性是当输入量发生变化时，其输出量不是立即反映输入量的变化，而是要经过一段滞后时间 τ_0 后，才开始等量地反映原无滞后时输出量的变化。

（2）容量滞后

容量滞后与纯滞后不同，在受到输入作用后，被控变量就会有变化，但变化非常缓慢，随着时间的推移，其变化才逐渐加快，随后又会变慢直至最后接近稳定，这种现象也称为过渡滞后，其阶跃响应曲线如图 2-7 所示。

容量滞后常常是由于物料或能量在传递过程中需要克服一定阻力而引起的。这种现象从模型结构上，主要体现在时间常数 T 过大，致使过渡过程时

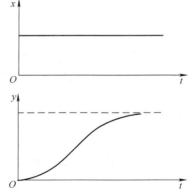

图 2-7　具有容量滞后的阶跃响应曲线

间变长。这一现象给模型的分析和处理都带来很大的不便。因此，人们常将此过程简化为一个纯滞后过程和一个时间常数较小的快速过程的叠加。其方法如下：在图 2-8 所示的对象阶跃反应曲线上，过反应曲线的拐点 D 作一切线，与时间轴相交于 A 点，A 点与被控变量开始变化的起点 O 之间的时间间隔 τ_h 就为容量滞后时间。作切线与稳定值的交点 B 在时间轴上的投影 C，则 AC 就是该对象的时间常数 T，如图 2-8 所示。这样，容量滞后对象就可被近似的简化为滞后时间为 τ_h，时间常数为 T 的对象了。

纯滞后和容量滞后尽管本质上不同，但实际上很难严格区分，在容量滞后与纯滞后同时存在时，常常把两者合起来统称为滞后时间 τ，即 $\tau = \tau_0 + \tau_h$，如图 2-9 所示。

在自动控制系统中，对象滞后的存在对控制是非常不利的。对应控制通道来说，控制通道的滞后越严重，所产生的控制作用就越不能及时地克服干扰对被控变量的影响，那么控制质量恶化就越严重。因此，在设计和安装控制系统时，应尽量把控制通道的滞后时间减小到最小。

对于干扰通道来说，其滞后则对自动控制系统的影响不大。

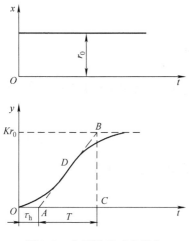

图 2-8　容量滞后对象简化

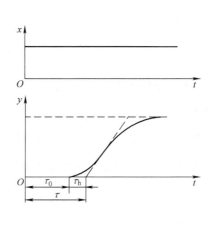

图 2-9　滞后时间

2.3　模型建立的方法

建立对象数学模型的基本方法有三种：机理建模方法、实验建模方法和混合建模方法。

2.3.1　机理建模方法

机理建模方法是根据生产过程中实际发生的变化机理，写出各种有关的平衡方程，如物质平衡方程、能量平衡方程、动量平衡方程、相平衡方程，以及反映流体流动、传热、传质、化学反应等基本规律的运动方程、物性参数方程和某些设备的特性方程等，从中获得所需的数学模型。

采用机理建模方法的首要条件是：生产过程的机理必须已经为人们充分掌握，并且可以比较确切地加以数学描述。然而，很多生产过程的内部机理都是非常复杂的，很难得到以精确的数学形式表达的模型。因此，需要依据实际生产需要，对模型进行合理的近似、简化，以得到符合实时性的简化数学模型。

用机理建模时，有时也会出现模型中某些参数难以确定的情况，这时可以用实验建模的方法将这些参数估计出来，这种方法称为参数估计。

对于用微分方程表示的对象模型，其阶次的高低主要是由被控变量中贮能部件的多少决定的。最简单的一种形式，即仅有一个贮能部件的为一阶对象，也称为单容对象。同样，有两个贮能部件的为二阶对象，也称为双容对象，依此类推。

1. 单容对象的机理建模方法

例 2-1　以图 2-1 为例，液位高度 h 为被控变量，液体体积流量 Q_1 为被控对象的控制量，改变调节阀 1 的开度可改变 Q_1，体积流量 Q_2 为负荷量，其大小可通过阀 2 的开度来改变。试建立该对象的数学模型。

解： 被控对象的数学模型就是 h 与 Q_1 之间的数学表达式。根据动态物料（能量）平衡关系，有

$$Q_1 - Q_2 = A \frac{\mathrm{d}h}{\mathrm{d}t} \tag{2-11}$$

写成增量形式

$$\Delta Q_1 - \Delta Q_2 = A \frac{\mathrm{d}\Delta h}{\mathrm{d}t} \tag{2-12}$$

式中，ΔQ_1、ΔQ_2 和 Δh 分别为偏离某平衡状态 Q_{10}、Q_{20} 和 h_0 的增量；A 为贮液罐的截面积，设为常量。

平衡时应有 $Q_1 = Q_2$，$\frac{\mathrm{d}h}{\mathrm{d}t} = 0$。$Q_1$ 发生变化，液位 h 也随之变化，使贮液罐出口处的静压力发生变化，因此 Q_2 也发生变化。设 Q_2 与 h 近似成线性关系，则

$$\Delta Q_2 = \frac{\Delta h}{R_2} \tag{2-13}$$

式中，R_2 为阀 2 的阻力系数，称为液阻。

将式（2-13）代入式（2-12），整理可得微分方程为

$$R_2 A \frac{\mathrm{d}\Delta h}{\mathrm{d}t} + \Delta h = R_2 \Delta Q_1 \tag{2-14}$$

设 $T = R_2 A$，$K = R_2$，并省略增量符号 Δ，可得

$$T \frac{\mathrm{d}h}{\mathrm{d}t} + h = K Q_1 \tag{2-15}$$

从式（2-15）可知，所求对象模型为一阶线性模型，即单容对象模型。

被控变量都具有一定贮存物料或能量的能力，其贮存能力的大小，称为容量或容量系数。其物理意义是：引起单位被控变量变化时被控变量贮存量变化的大小。

在生产过程中，常会碰到一些对象的纯滞后问题，例如图 2-1 中，若以体积流量 Q_0 为对象的输入量（控制量），则阀 1 的开度变化后，Q_0 需要经长度为 l 的管道后才能进入贮液罐，使液位发生变化。设 Q_0 流经长度为 l 的管道所需时间为 τ_0，则此具有纯滞后对象的微分方程表达式为

$$T \frac{\mathrm{d}h}{\mathrm{d}t} + h = K Q_0 (t - \tau_0) \tag{2-16}$$

例2-2　图 2-10 所示为由电炉和加热容器组成的温度过程。要求容器内水温 T_1 在生产过程中保持恒定，故为过程的输出被控变量。电炉连续给水供热 Q_1 为该过程的输入量（控制作用）。盛水容器向室内散发热量为 Q_2，室温为 T_2。试建立该温度过程的数学模型。

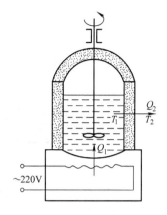

解：根据能量动态平衡关系得

$$Q_1 - Q_2 = C\frac{\mathrm{d}T_1}{\mathrm{d}t} = Gc_\mathrm{p}\frac{\mathrm{d}T_1}{\mathrm{d}t} \tag{2-17}$$

式中，G 为加热器内水的重量；c_p 为水的比热容，常压下 $c_\mathrm{p} = 1$；C 为热容；$C = Gc_\mathrm{p}$，它等于 T_1 每升高 1℃ 所需贮蓄的热量。

图 2-10　由电炉和加热容器组成的温度过程

被加热的水不断通过保温材料向四周空气散发热量 Q_2，Q_2 可表示为

$$Q_2 = K_\mathrm{r}A(T_1 - T_2) \tag{2-18}$$

式中，K_r 为传热系数；A 为容器表面积；T_2 为室内温度。

保温材料对热量的散发是有阻力的，称为热阻 R。保温材料传热系数 K_r 越大，热阻 R 越小，散热面积 A 越大，热阻 R 越小，因此有

$$R = \frac{1}{K_\mathrm{r}A} \tag{2-19}$$

将式（2-18）和式（2-19）代入式（2-17），经整理，并用增量来表示，得微分方程为

$$RC\frac{\mathrm{d}\Delta T_1}{\mathrm{d}t} + \Delta T_1 = R\Delta Q_1 + \Delta T_2 \tag{2-20}$$

若室温 T_2 保持恒定，则 $\Delta T_2 = 0$，得

$$RC\frac{\mathrm{d}\Delta T_1}{\mathrm{d}t} + \Delta T_1 = R\Delta Q_1 \tag{2-21}$$

式（2-21）经拉普拉斯变换，得该对象的传递函数为

$$W(s) = \frac{T_1(s)}{Q_1(s)} = \frac{R}{RCs + 1} = \frac{K}{Ts + 1} \tag{2-22}$$

式中，K 为放大系数，$K = R$；T 为时间常数，$T = RC$。

2. 双容对象的机理建模方法

例2-3　图 2-11a 所示为两个贮液槽串联构成的双容液位对象，以 h_2 为被控变量，Q_1 为控制变量。试建立该对象的数学模型。

解：根据动态物料平衡关系，用与例 2-1 相同的分析方法，可列出下列增量方程：

对水箱 1 有

$$\Delta Q_1 - \Delta Q_2 = C_1\frac{\mathrm{d}\Delta h_1}{\mathrm{d}t} \tag{2-23}$$

$$\Delta Q_2 = \frac{\Delta h_1}{R_2} \tag{2-24}$$

对水箱 2 有

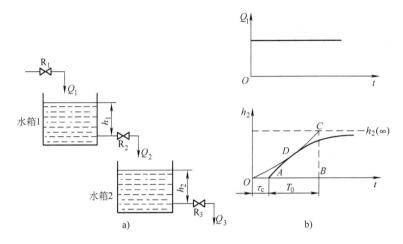

图 2-11 双容液位对象及响应曲线

a) 双容液位对象 b) 阶跃响应曲线

$$\Delta Q_2 - \Delta Q_3 = C_2 \frac{\mathrm{d}\Delta h_2}{\mathrm{d}t} \tag{2-25}$$

$$\Delta Q_3 = \frac{\Delta h_2}{R_3} \tag{2-26}$$

式中，C_1、C_2 分别为水箱 1 和水箱 2 的容量系数；R_2、R_3 分别为阀 2 和阀 3 的液阻。

从式（2-23）~ 式（2-26）中消去 Δh_1、ΔQ_2 和 ΔQ_3，并整理得

$$C_1 C_2 R_2 R_3 \frac{\mathrm{d}^2 \Delta h_2}{\mathrm{d}t^2} + (C_1 R_2 + C_2 R_3) \frac{\mathrm{d}\Delta h_2}{\mathrm{d}t} + \Delta h_2 = R_3 \Delta Q_1 \tag{2-27}$$

设 $T_1 = C_1 R_2$、$T_2 = C_2 R_3$、$K = R_3$，则式（2-27）可表示为

$$T_1 T_2 \frac{\mathrm{d}^2 \Delta h_2}{\mathrm{d}t^2} + (T_1 + T_2) \frac{\mathrm{d}\Delta h_2}{\mathrm{d}t} + \Delta h_2 = K \Delta Q_1 \tag{2-28}$$

对式（2-28）进行拉普拉斯变换，并分解因式，便可用传递函数表示对象的数学模型为

$$W(s) = \frac{H_2(s)}{Q_1(s)} = \frac{K}{(T_1 s + 1)(T_2 s + 1)} \tag{2-29}$$

可见，所求对象模型为二阶线性模型，即双容对象模型。其阶跃响应曲线如图 2-12b 所示。由图可见，当输入量 Q_1 有阶跃变化时，双容对象的被控参量 h_2 的变化速度并不是一开始就最大，而是要经过一段迟延后才达到最大值，即是 2.2 节中所指的容量滞后，也称容量迟延。这是由于两个容量之间存在阻力致使 h_2 的响应时间向后推移的缘故。

按照 2.2 节的方法，也可把以上双容对象近似为单容对象，其方法是在图 2-11b 中通过 h_2 响应曲线的拐点 D 作切线，与时间轴交于 A，与 h_2 的稳态值 $h_2(\infty)$ 交于点 C，C 点在时间轴的投影为 B，OA 即为容量滞后时间 τ_c，AB 段所需时间即为对象的时间常数 T_0。

2.3.2 实验建模方法

对象特性的实验建模法，就是在所要研究的对象上，加一个人为的输入作用（输入量），然后，用仪表测取并记录表征对象特性的物理量（输出）随时间变化的规律，得到一

系列实验数据（或曲线）。这些数据或曲线就可以用来表示对象的动态特性。有时，为了进一步分析对象的特性，对这些数据或曲线再加以必要的数据处理，使之转化为描述对象动态特性的数学模型。

实验建模方法一般用于建立对象的输入输出模型。这种根据工业过程的输入和输出的实测数据进行某种数学处理后得到模型的过程，通常也称为系统辨识。它的主要特点是把被研究的工业对象视为一个黑匣子，完全从外特性上测试和描述它的动态性质，因此不需要深入掌握其内部机理。

许多工业对象内部的工艺过程非常复杂，要按对象内部的物理、化学机理寻求对象的微分方程模型是相当困难的，即使在一定的假设和近似的前提下能得到数学模型，也仍希望通过实验测定来验证其正确性。因此，对于运行中的对象，用实验法测定其动态特性，尽管有些方法所得结果较为粗略，而且对生产也有些影响，但仍不失为了解对象的简单途径，在工程实践中应用较广。

由于对象的动态特性只有当它处于变动状态下才会表现出来，在稳定状态下是表现不出来的，因此为了获得动态特性，必须使被研究的对象处于被激励的状态，如施加一个阶跃扰动或脉冲扰动等。依据加入激励信号的不同，就可分为不同的实验建模方法，这里主要介绍阶跃响应曲线法和脉冲响应曲线法。

1. 阶跃响应曲线法

（1）阶跃响应曲线的测定

测定阶跃响应曲线的方法很简单，只要使对象的输入量作一阶跃变化，利用快速记录仪或其他方法记录被控变量的输出量随时间变化的响应曲线，就是阶跃响应曲线，如图 2-12a 所示。

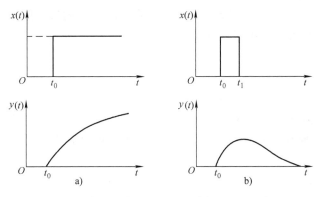

图 2-12　一阶对象响应对象

a）阶跃响应　b）脉冲响应

由图 2-12a 可见，阶跃响应曲线能形象、直观和完全地描述被控变量的动态特性。为了能得到可靠的测试结果，实验时必须注意：

1）实验测定前，被控变量应处于相对稳定的工作状态。否则，就容易将被控变量的其他动态变化与试验时的阶跃响应混淆在一起，影响辨识结果。

2）输入阶跃信号的幅值不能过大，也不能过小。若过大，可能会对正常生产造成影响；若过小，对象中的其他扰动的影响比重会相对较大。一般取阶跃信号的幅值在正常输入信号的最大幅值的 5% ~ 15% 之间，常用 10% 。

3）分别输入正、负阶跃信号，并测取其响应曲线作对比，以便反映非线性变化对象的影响。

4）在相同条件下重复测试几次，从几次测试结果中选择两次以上比较接近的响应曲线作为分析数据，以减小干扰的影响。

5）完成一次实验测试后，必须使对象稳定在原来的工况一段时间，再作第二次实验测试。

（2）由阶跃响应确定模型结构和参数

由阶跃响应曲线确定被控对象数学模型，首先要根据响应曲线的形状，选定模型的结构形式。大多数工业对象的动态特性是稳定、不振荡的，因此可假定对象特性近似为一阶或二阶惯性加纯滞后的形式。被控对象模型形式的选定取决于对被控对象前验知识掌握的多少和个人的经验。通常，可将测试的阶跃响应曲线与标准的一阶和二阶响应曲线进行比较，选取相近曲线对应的模型形式作为其数据处理的模型。

选定了模型结构形式后，下一步问题就是如何确定其中的各个参数，使之能拟合出测试的阶跃响应。各种不同模型形式的模型所包含的参数数目不同，一般来说，模型的阶数越高，参数就越多，可以拟合得更准确，但计算工作量也越大。因此，在满足精度要求的情况下，应尽量使用低阶模型来拟合，例如对简单的工业对象一般采用一阶、二阶加纯滞后模型来拟合。下面介绍在阶跃激励作用下，采用作图法确定一阶加纯滞后模型的参数。

在 2.2 节介绍了对于带有纯滞后的一阶线性对象，其模型的主要参数有三个：放大系数 K、时间常数 T、滞后时间 τ。利用计算公式与作图求取这三个参数，其步骤如下：

第一步，计算放大系数 K。

设阶跃输入量 $u(t)$ 的变化幅值为 $\Delta u(t)$，如输出量 $y(t)$ 的起始值和稳态值分别为 $y(0)$ 和 $y(\infty)$，则放大系数 K 可根据下式计算，即

$$K = \frac{y(\infty) - y(0)}{\Delta u(t)} \tag{2-30}$$

第二步，确定时间常数 T 和滞后时间 τ。

在图 2-8 所示的阶跃响应曲线的拐点 D 处作一切线，与时间轴交于 A 点，与曲线的稳态渐进线交于 B 点，则 OA 即为容量滞后时间 τ_h，AB 在时间轴上的投影 AC 对应的时间即为对象的时间常数 T。

2. 脉冲响应曲线法

阶跃响应法是一种最常用的测定对象特性的方法。但是，若对象长时间处于较大幅值的阶跃信号作用下，被控变量变化的幅度可能会超出生产工艺允许的范围，这是不允许的。这时可用矩形脉冲信号作为对象的输入信号，测定对象的矩形脉冲响应曲线，如图 2-12b 所示。由于利用阶跃响应曲线确定对象的数学模型比较简便，所以可将矩形脉冲响应曲线转换成阶跃响应曲线，然后按阶跃响应曲线确定对象的数学模型。

图 2-13 所示的矩形脉冲信号可以看作由两个极性相反、幅值相同、时间相差 a 的阶跃信号叠加而成，即

$$u(t) = u_1(t) + u_2(t) = u_1(t) - u_1(t - a) \tag{2-31}$$

假设被控对象是线性的，矩形脉冲响应曲线 $y(t)$ 也是由两个时间差为 a、极性相反、形

状完全相同的阶跃响应曲线 $y_1(t)$ 和 $y_2(t)$ 叠加而成，即

$$y(t) = y_1(t) + y_2(t) = y_1(t) - y_1(t-a) \quad (2\text{-}32)$$

则

$$y_1(t) = y(t) + y_1(t-a) \quad (2\text{-}33)$$

式 (2-33) 是由矩形脉冲响应曲线 $y(t)$ 画出相应的阶跃响应曲线 $y_1(t)$ 的依据。

由图 2-13 可见，当 t 在 $0 \sim a$ 之间时，$y(t) = y_1(t)$，阶跃响应曲线就是矩形脉冲响应曲线。当 t 在 $a \sim 2a$ 之间时，$y_1(2a) = y(2a) + y_1(a)$；当 t 在 $2a \sim 3a$ 之间时，$y_1(3a) = y(3a) + y_1(2a)$。依此类推，便可由矩形脉冲响应曲线求得完整的阶跃响应曲线。

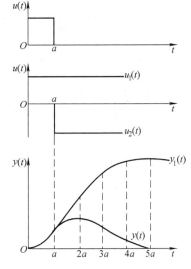

图 2-13 矩形脉冲响应曲线转化换为阶跃响应曲线

2.3.3 混合建模方法

混合建模法是机理建模法及实验建模法两者的结合。通常有两种方式：

1) 运用机理建模法推导出部分数学模型，该部分往往是已经熟知且经过实践检验，是比较成熟的，对于那些尚不十分熟悉或不很肯定的部分则采用实验建模方法获取。

2) 先通过机理分析确定模型的结构形式，再通过实验数据来确定模型中各个参数的大小。这种方法也称为参数估计。

机理建模法和实验建模法各有优缺点。对于机理建模，要求建模人员对生产过程的机理非常了解，但很多复杂的系统，这是很难做到的；而对于实验建模，必须设计一个合理的实验，以获得生产过程所含的最大信息量，这点往往也是非常困难的。因此，两种建模方法在不同的应用场合各有千秋。实际使用时，两种方法应该相互补充，而不能相互代替。

瑞典学者奥斯斯洛姆（Astrom）将机理建模问题称作"白箱"（White-box）问题，将实验建模问题称为"黑箱"（Black-box）问题。而对于混合建模，Astrom 则提出了类似的"灰箱"（Grey-box）理论，即机理建模和实验建模的结合，机理已知的部分采用机理建模方法，机理未知的部分采用实验建模方法。这样可以使建模问题简化，并充分发挥两种方法各自的优点。

习题与思考题

2-1 什么是对象的数学模型？建立对象的数学模型有什么重要意义？

2-2 建立对象的数学模型有哪两类主要方法？

2-3 什么是控制通道和干扰通道？

2-4 描述一阶线性对象的参数主要有哪些？它们对自动控制系统有怎样的影响？

2-5 为什么说放大系数 K 属于对象的静态特性？而时间常数 T 和滞后时间 τ 属于对象的动态特性？

2-6 机理建模的依据是什么？

2-7 什么是系统辨识？什么是参数估计？

2-8 已知一个对象特性具有一阶线性特性。其时间常数为 5min，放大系数为 10，纯滞后时间为 2min，试写出描述该对象特性的一阶微分方程式。

2-9 已知某水槽，在阶跃扰动量 $\Delta u(t) = 20\%$ 时，输出水位响应的实验数据见表 2-1。

表 2-1　习题 2-9 的表

t/s	0	20	30	40	50	60	70	80	90	100	110	120	130	140	150
h/mm	0	3.3	9	18	35	60	78	88	92	95	96	97	98	99	100

（1）试画出水位 h 的阶跃响应曲线。

（2）若将水位对象近似为一阶线性环节加纯滞后，试利用作图法确定其放大系数 K、时间常数 T 和滞后时间 τ。

第 3 章 检测变送仪表

3.1 检测变送仪表的基本性能与分类

　　检测是指利用各种物理和化学效应，将物理世界的有关信息通过测量的方法赋予定性或定量结果的过程。检测是生产过程自动化的基础，在工业生产过程中，必须对生产过程中的温度、压力、流量、液位、pH 值以及成分量、状态量等检测出来。用来检测生产过程中各个有关参数的技术工具称为检测仪表。在检测过程中，能够感受规定的被测量并按照一定的规律转换成可用输出信号的器件或装置称为传感器，通常由敏感元件和转换元件组成。当传感器的输出为规定的统一标准信号时，则称为变送器。

　　由于化工生产过程复杂、被测介质物理与化学性质不同、操作条件各异，因而检测要求也各不相同。这里仅对化工生产过程中常用的检测变送仪表，就其基本工作原理、结构、用途和使用等内容进行介绍，以便合理选择和正确使用检测变送仪表。

3.1.1 检测的基本概念

　　测量就是以同性质的标准量（也称为单位量）与被测量比较，并确定被测量对标准量的倍数。在测量过程中一般都会用到传感器，或选用相应的变送器等。

　　检测一般包括两个过程：第一过程是将被测参数（信息）转换成可以被人直接感受的信息（如机械位移、电压、电流等），它一般包括敏感元件、信号变换、信号传输和信号处理等 4 个部分；第二过程是用合适的形式显示被测参数，如数值显示、带刻度的指针显示、声音的变化等，这个过程可包括显示装置和与显示装置配套的相关测量电路。原理框图如图 3-1 所示。

图 3-1　检测过程的原理框图

　　敏感元件能将被测参数的变化转换成另一种物理量的变化。例如，用铜丝绕制而成的铜电阻能感受其周围温度的升降而引起电阻值的增减，所以铜电阻是一种敏感元件。又由于它能感受温度的变化，故称这种铜电阻为温度敏感元件。

　　传感器能直接将被测参数的变化转换成一种易于传送的物理量。有些传感器就是一个简单的敏感元件，例如前面提到的铜电阻。由于很多敏感元件对被测参数的响应输出不便于远传，因此，需要对敏感元件的输出进行信号变换，使之能具有远传功能。这种信号变换可以是机械式的、气动式的，更多的是电动式的。例如，作为检测压力常用的膜片是一种压力敏感元件，它能感受压力的变化并引起膜片的形变（位移），但由于该位移量非常小（一般为微米级），不便于远距离传送，所以它只是一个敏感元件，不是传感器。如果把该膜片与一固定极板构成一对电容器极板，则膜片中心的位移将引起电容器电容量的变化，这样它们构成了输出响应为电容量的压力传感器。

目前，绝大部分的传感器的输出是电量形式，如电势（电压）、电流、电荷、电阻、电容、电感、电脉冲（频率）等。有的传感器的输出则是气压（压缩空气）或光强形式。

变送器是一种特殊的传感器，它使用的是统一的动力源，而且输出也是一种标准信号。所谓标准信号是指信号的形式和数值范围都符合国际统一的标准。目前，变送器输出的标准信号有：4～20mA 直流电流（Ⅲ型仪表）；0～10mA 直流电流（Ⅱ型仪表）；0～5V 直流电压以及 20～100kPa 空气压力（气动仪表）。

3.1.2　检测仪表的基本性能

评价仪表的品质指标是多方面的，以下是常用的一些性能指标。

1. 测量范围和量程

每台检测仪表都有一个测量范围，仪表工作在这个范围内，可以保证仪表不会被损坏，而且仪表输出值的准确度能符合所规定的值。这个范围的最小值 X_{min} 和最大值 X_{max} 分别为测量下限和测量上限。测量上限和测量下限的代数差成为仪表的量程 X_m，即

$$X_m = X_{max} - X_{min}$$

例如，一台温度检测仪表的测量上限值是 500℃，下限值是 -50℃，则其测量范围为 -50～500℃，量程为550℃。仪表的量程在检测仪表中是一个非常重要的概念，它除了表示测量范围以外，还与它的准确度等级有关，也与仪表的选用有关。

2. 输入—输出特性

仪表的输入—输出特性主要包括仪表的灵敏度、死区、回差、线性度等。

1）灵敏度 S：是检测仪表对被测量变化的灵敏程度，常以在被测量改变时，经过足够时间检测仪表输出值达到稳定状态后，仪表输出变化量 Δy 与引起此变化的输入变化量 Δx 之比表示，即

$$S = \frac{\Delta y}{\Delta x} \tag{3-1}$$

可以看出，灵敏度就是仪表输入—输出特性曲线的斜率，如图 3-2 所示。灵敏度高的仪表表示在相同输入时具有较强的输出信号，或者从仪表示值中可读得较多的有效位数。

2）死区：检测仪表的输入量的变化不致引起输出量可察觉的变化的有限区间，在这个区间内，仪表灵敏度为零。引起死区的原因主要有电路的偏置不当，机械传动中的摩擦和间隙等。

3）回差（也称变差）：检测仪表对于同一被测量在其上升和下降时对应输出值间的最大误差，如图 3-3 所示。

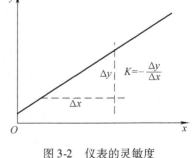

图 3-2　仪表的灵敏度

4）线性度：各种检测仪表的输入—输出特性曲线应该具有线性特性，以便于信号间的转换和显示，利于提高仪表的整体准确度。仪表的线性度是表示仪表的输入—输出特性曲线对相应直线的偏离程度。理论上具有线性特性的检测仪表，往往由于各种因素的影响，使其实际的特性偏离线性，如图 3-4 所示。

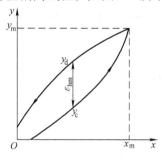

图 3-3　仪表的回差

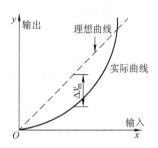

图 3-4　仪表的线性度

3. 稳定性

检测仪表的稳定性可以从两个方面来描述：一是时间稳定性，它表示在工作条件保持恒定时，仪表输出值在一段时间内随机变动量的大小；二是使用条件变化稳定性，它表示仪表在规定的使用条件内某个条件的变化对仪表输出的影响。以仪表的供电电压影响为例，如果仪表规定的使用电源电压为 AC（220±20）V，则实际电压在 AC 200～240V 内可用电源每变化 1V 时仪表输出值的变化量来表示仪表对电源电压的稳定性。

4. 重复性

在相同测量条件下，对同一被测量，按同一方向（由小到大或由大到小）多次测量时，检测仪表提供相近输出值的能力称为检测仪表的重复性。这些条件应包括相同的测量程序、相同的观察者、相同的测量设备、在相同的地点以及在短的时间内重复。

5. 误差

在测量过程中，任何测量结果都不可能绝对准确，必然存在测量误差。由仪表测量所得之被测量的值与被测量实际值之间总是存在一定的差距，这个差距称为测量误差。测量误差的表示方法有绝对误差和相对误差。

（1）绝对误差

绝对误差在理论上是指由测量所得之被测量的值 x 与被测量的真值 A 之差，记为 Δx，即

$$\Delta x = x - A \tag{3-2}$$

由此可见，Δx 为可正可负和有单位的数值，其大小和符号分别表示测量值偏离被测量实际值的程度和方向。所谓真值是指被测物理量客观存在的真实数值，它是无法得到的理论值。因此，实际上是用标准仪表（准确度等级更高的仪表）的测量结果作为约定真值，此时绝对误差也称为实际绝对误差。

例 3-1　测量两个电压，实际值 $U_1 = 100V$，$U_2 = 5V$，仪表的示值分别为 $U_{x1} = 101V$，$U_{x2} = 6V$。其绝对误差分别为

$$\Delta U_1 = U_{x1} - U_1 = (101 - 100)V = +1V$$

$$\Delta U_2 = U_{x2} - U_2 = (6-5)\,\mathrm{V} = +1\mathrm{V}$$

很显然，虽然两者的绝对误差相同，但是两者测量的准确度却相差甚远，因此有必要引入相对误差的概念。

（2）相对误差

仪表的实际绝对误差与被测量实际值之比的百分数称为实际值相对误差，即

$$\gamma_A = \frac{\Delta x}{A} \times 100\% \tag{3-3}$$

例 3-2　利用例 3-1 的数据。测量两电压的相对误差分别为

$$\gamma_{A1} = \frac{\Delta U_1}{U_1} \times 100\% = \frac{+1}{100} \times 100\% = 1\%$$

$$\gamma_{A2} = \frac{\Delta U_2}{U_2} \times 100\% = \frac{+1}{5} \times 100\% = 20\%$$

可见，两者绝对误差相同，但相对误差差别很大，测量 U_1 的精确度比 U_2 的高得多。

在工程测量中，常用仪表的指示值 x 代替被测量实际值 A，称为示值相对误差，即

$$\gamma_x = \frac{\Delta x}{x} \times 100\% \tag{3-4}$$

（3）引用误差

对于相同的绝对误差，相对误差随被测量 x 的增加而减小，相反，随 x 的减小而增加，在整个测量范围内相对误差不是一个定值。因此，相对误差无法用于评价检测仪表的准确度等级，也不便于用来划分检测仪表的准确度等级。为此提出了引用误差的概念。

最大引用误差是最大绝对误差与检测仪表满度值 x_{FS} 之比的百分数，即

$$\gamma_{\mathrm{om}} = \frac{\Delta x_{\mathrm{m}}}{x_{\mathrm{FS}}} \times 100\% \tag{3-5}$$

γ_{om} 是检测仪表在标准条件下使用不应超过的误差。由于在仪表的刻度线上各处均可能出现 Δx_{m}，所以从最大误差出发，在整个测量范围内各处示值的最大误差 Δx_{m} 是个常量。

按国家标准规定，用最大引用误差来定义和划分检测仪表的准确度等级，将检测仪表的准确度等级分为…，0.05、0.1、0.2、0.35、0.4、0.5、1.0、1.5、2.5、4.0、…。它们的最大引用误差分别为…，±0.05%、±0.1%、±0.2%、±0.35%、±0.4%、±0.5%、±1.0%、±1.5%、±2.5%、±4.0%、…。国家标准规定中，不同类型的仪表的准确度等级划分不同。当计算所得的 γ_{om} 与仪表准确度等级的分档不等时，应取比 γ_{om} 稍大的准确度等级值。仪表的准确度等级通常以 S 来表示。例如，$S = 1.0$，说明该仪表的最大引用误差不超过 ±1.0%。

例 3-3　某压力变送器测量范围为 0 ~ 400kPa，在校验该变送器时测得的最大绝对误差为 −5kPa，请确定该仪表的准确度等级。

解：按式（3-5）求得

$$\gamma_{\mathrm{om}} = \frac{-5}{400} \times 100\% = -1.25\%$$

去掉 ± 和 % 为 1.25，由于国家规定没有 1.25 级仪表，同时，该仪表的误差超过了 1.0 级仪

表所允许的最大误差，因此可确定该变送器准确度等级为 1.5 级。

例 3-4　根据工艺要求选择一测量范围为 $0 \sim 40\text{m}^3/\text{h}$ 的流量计，要求测量误差不超过 $\pm 0.5\text{m}^3/\text{h}$，请选择满足要求的最低准确度等级的流量计。

解： 按式（3-5）求得

$$\gamma_{om} = \frac{\pm 0.5}{40} \times 100\% = \pm 1.25\%$$

去掉 ± 和% 为 1.25，其数值介于 $1.0 \sim 1.5$ 之间，如果选择准确度等级为 1.0 级的仪表，其允许的误差为 $\pm 1.0\%$，超过了工艺上的数值，因此应该选择准确度等级为 1.0 级的流量计。

6. 反应时间

当用仪表对被测量测量时，被测量突然变化以后，仪表指示值总是要经过一段时间后才能准确地显示出来。反应时间就是用来衡量仪表能不能尽快反映出参数变化的品质指标。仪表反应时间的长短，反映了仪表动态特性的好坏。

仪表的反应时间有不同的表示方法。当输入信号突然变化一个数值后，输出信号将由原始值逐渐变化到新的稳态值。仪表的输出信号（即指示值）由开始变化到新稳态值的 63.2% 所用的时间，可用来表示反应时间，也有用变化到新稳态值的 95% 所用的时间来表示反应时间的。

3.1.3　检测仪表的分类

检测仪表根据技术特点或适用范围的不同有各种的分类方法，以下是常见的分类方法。

1）按被测参数分类，每个检测仪表一般被用来测量某个特定的参数，根据这些被测参数的不同，检测仪表可分为温度检测仪表（简称温度仪表）、压力检测仪表、流量检测仪表、物位检测仪表等。

2）按对被测参数的响应形式分类，检测仪表可分为连续式检测仪表和开关式检测仪表。

3）按仪表中使用的能源和主要信息的类型分类，检测仪表可分为机械式仪表、电式仪表、气式仪表和光式仪表。

4）按是否具有远传功能分类，检测仪表可分为就地显示仪表和远传式仪表。

5）按信号的输出（显示）形式分类，检测仪表可分为模拟式仪表和数字式仪表。

6）按应用的场所分类，检测仪表也有各种分类。根据安装场所有无易燃易爆气体及危险程度，检测仪表有普通型、隔爆型及本安型。根据使用的对象，检测仪表有民用仪表、工业仪表和军用仪表。

7）按仪表的结构方式分类，检测仪表可分为开环结构仪表和闭环结构仪表。

8）按仪表的组成形式分类，检测仪表可分为基地式仪表和单元组合式仪表。

基地式仪表的特点是将测量、显示、控制等各部分集中组装在一个表壳里，形成一个整体。这种仪表比较适于在现场做就地检测和控制，但不能实现多种参数的集中显示与控制。这在一定程度上限制了基地式仪表的应用范围。

单元组合式仪表的特点是将参数测量及其变送、显示、控制等各部分分别制成能独立工作的单元仪表（简称单元，例如变送单元、显示单元、控制单元等），各单元之间以统一的标准信号相互联系，可以根据不同要求，方便地将各单元任意组合成各种控制系统，实用性和灵活性都很好。

由于利用单元组合仪表能方便灵活地组成各种难易程度的过程控制系统，因此，它在过程控制系统中应用极为广泛。单元组合仪表有气动单元组合仪表和电动单元组合仪表两大系列。气动单元组合（QDZ型）仪表主要应用于特殊场合（例如要求本质安全防爆场合），其普及范围远比电动单元组合（DDZ型）仪表要小，已几乎被 DDZ—Ⅲ型仪表所替代。DDZ系列仪表又分为 DDZ—Ⅱ型和 DDZ—Ⅲ型。由于 DDZ—Ⅱ型性能远比 DDZ—Ⅲ型差得多，现在该仪表已停止生产；DDZ—Ⅲ型性能优越，又能用于易燃易爆场所，所以应用相当广泛。表 3-1 是 DDZ—Ⅱ型和 DDZ—Ⅲ型仪表的性能比较。

表 3-1　DDZ—Ⅱ型与 DDZ—Ⅲ型仪表的性能比较

系列		DDZ—Ⅱ	DDZ—Ⅲ
信号、传输方式、供电	信号	DC 0～10mA	DC 4～20mA、DC 1～5V
	传输方式	串联制（电流传送电流接收）	并联制（电流传送电压接收）
	现场变送器连接方式	四线制	三线制
	供电	AC 220V 单独供电	DC 24V 集中供电并有断电备用电源
防爆形式和电气元件开关	防爆型式	防爆型	安全火花型
	安全栅	无	有
	电气元件	分立元件	集成组件
结构、电路设计和功能	差压变送器	双杠杆机构	矢量机构
	温度变送器	无线性化电路	有线性化电路
	调节器	偏差指示 硬手动 手动—自动切换需先平衡 无保持电路 功能一般	全刻度指示和偏差指示 硬手动和软手动 软手动—自动切换可直接切换 有保持电路 功能多样
	系统构成	一般	灵活多样
	与计算机联用	兼容性差	兼容性好

3.1.4　变送器的使用

从使用的角度来说，变送器的量程调整、零点调整和零点迁移的概念是很重要的。

量程调整或称满度调整，其目的是使变送器输出信号的上限值（或满度值）y_{max} 与输入测量信号上限值 x_{max} 相对应。量程调整相当于改变变送器的灵敏度，即输入—输出特性的斜率，如图 3-5 所示。

变送器零点调整的目的是使其输出信号的下限值 y_{min} 与输入信号的下限值 x_{min} 相对应。例如，DDZ—Ⅲ型仪表，当输入 $x_{min}=0$ 时，其输出应为 $y_{min}=4mA$，否则应进行零点调整，如图 3-6a 所示。

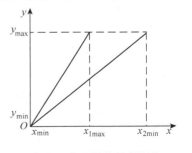

图 3-5　变送器的量程调整

将变送器的测量起始点由零点迁移到某一正值或负值，称为零点迁移。零点迁移有正迁移和负迁移，将变送器的测量起始点由零点迁移到某一正值，称为正零点迁移，如图 3-6b 所示；而将测量起始点迁移到某一负值，称为负零点迁移，如图 3-6c 所示。

变送器零点迁移后，若其测量范围 $x_{min} \sim x_{max}$ 不变，其输入—输出特性仅沿 x 轴方向向左或向右平移某一距离，变送器的灵敏度不变，如图 3-6b、c 所示。但是，变送器零点迁移后，若其测量范围扩大或减小，则其灵敏度减小或提高。因此，工程上常利用零点迁移和量程调整提高其灵敏度。

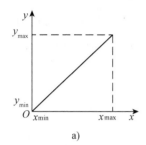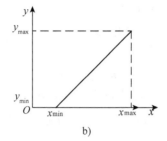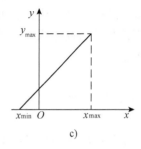

图 3-6　变送器的零点调整与零点迁移

a）零点调整　b）正零点迁移　c）负零点迁移

例如，某 DDZ—Ⅲ型温度变送器的测量范围是 0～800℃，若将零点迁移到 400℃，求迁移前后的灵敏度。

已知，测量温度为 0～800℃时，变送器输出为 DC 4～20mA，则其灵敏度 K_1 为

$$K_1 = \frac{20-4}{800-0} mA/℃ = 0.02 mA/℃$$

若将零点迁移至 400℃，则测量范围为 400～800℃，而变送器的输出电流仍然是 DC 4～20mA。零点迁移后灵敏度为

$$K_2 = \frac{20-4}{800-400} mA/℃ = 0.04 mA/℃$$

可见，零点迁移后，变送器的灵敏度是原来的两倍，即提高了一倍。

由上可见，零点迁移后，变送器的测量范围（即量程）缩小了，其灵敏度提高了。因此，为保证过程控制系统有足够的控制灵敏度，必须合理地选择变送器的量程或对变送器进行零点迁移。

3.2　压力检测仪表

压力是工业生产过程中的重要参数之一。特别是在化学反应中，压力既影响物料平衡，也影响化学反应速度，所以必须严格遵守工艺操作规程，这就需要检测或控制其压力，以保证工艺过程的正常进行。其次，压力检测或控制也是安全生产所必需的，通过压力监视可以及时防止生产设备因过压而引起破坏或爆炸。

3.2.1　压力的基本概念

压力是指均匀垂直地作用在对象单位面积上的力。在国际单位制中，压力的单位为帕斯卡（简称帕，用符号 Pa 表示），1N 力垂直而均匀地作用在 $1m^2$ 的面积上所产生的压力称为 1Pa，Pa 所代表的压力较小，工程上常用兆帕（MPa）表示，$1MPa = 10^6 Pa$。

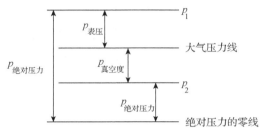

图 3-7　几种压力表示方法之间的关系

在压力测量中，常有表压、绝对压力、负压或真空度之分，其关系如图 3-7 所示。

当被测压力高于大气压力时，一般用表压来表示

$$p_{表压} = p_{绝对压力} - p_{大气压力}$$

当被测压力低于大气压力时，一般用负压或真空度来表示

$$p_{真空度} = p_{大气压力} - p_{绝对压力}$$

在工程中较少用到绝对压力。

3.2.2　压力检测仪表的分类

测量压力的仪表很多，按照其转换原理的不同，常用的压力检测仪表（简称压力表）可分为 4 类。

1）液柱式压力表：它根据流体静力学原理，将被测压力转换成液柱高度进行测量。按其结构形式的不同有 U 形管压力计、单管压力计等。这类压力表结构简单、使用方便。但是，其精度受工作液的毛细管作用、密度及视差等因素的影响，测量范围较窄，一般用来测量较低压力、真空度或压力差。

2）弹性式压力表：它是将被测压力转换成弹性元件变形的位移进行测量的。

3）电气式压力表：它是通过机械和电气元件将被测压力转换成电量（如电压、电流、频率等）来进行测量的仪表。

4）活塞式压力表：它是根据水压机液体传送压力的原理，将被测压力转换成活塞上所加平衡砝码的质量来进行测量的。这类压力计测量精度很高，允许误差范围 ±0.05% ~ ±0.02%，结构较复杂，价格较贵，通常用作标准压力表。

1. 弹性式压力表

弹性式压力表是利用各种形式的弹性元件，在被测介质压力的作用下，使弹性元件受压后产生弹性变形的原理而制成的测压仪表。这种仪表具有结构简单、使用方便、读数清晰、牢固可靠、价格低廉、测量范围宽以及有足够的精度等优点。若增加附加装置，如记录机构、电气变换装置、控制元件等，则可以实现压力的记录、远传、信号报警、自动控制等。弹性式压力表可用来测量几百帕到数千兆帕范围内的压力，在工业上是应用最为广泛的一种测压仪表。

（1）弹性元件

在外力作用下，物体的形状和尺寸会发生变化，若去掉外力，物体能恢复原来的形状和尺寸，此种变形就称为弹性变形。弹性元件就是基于弹性变形原理的一种敏感元件。

　　弹性元件作为一种敏感元件直接感受被测量的变化，产生变形或应变响应，其输出还可经转换元件变为电信号。弹性元件可用于测量力、力矩、压力及温度等参数，在检测技术领域有着广泛的应用。

　　当测压范围不同时，所用的弹性元件也不一样，常用的弹性元件的结构如图 3-8 所示。

　　1）弹簧管式弹性元件：测压范围较宽，可测量高达 1000MPa 的压力。单圈弹簧管是弯成圆弧形的金属管子，它的截面做成扁圆形或椭圆形，如图 3-8a 所示。这种弹簧管自由端位移较小，因此能测量较高的压力。为了增加自由端的位移，可以制成多圈弹簧管，如图 3-8b 所示。

　　2）薄膜式弹性元件：根据其结构不同还可分为膜片与膜盒两种弹性元件。它的测量范围比弹簧管式要窄。图 3-8c 所示为膜片式弹性元件，它是由金属或非金属材料做成的具有弹性的一张膜片（有平膜片与波纹膜片两种形式），在压力作用下能产生变形。有时也可以由两张金属膜片沿周口对焊起来，形成一薄膜盒，盒内充液体（例如硅油），称为膜盒，如图 3-8d 所示。

　　3）波纹管式弹性元件：是一个周围为波纹状的薄壁金属筒体，如图 3-8e 所示。这种弹性元件易于变形，自由端的位移大，常用于微压与低压的测量（一般不超过 1MPa）。

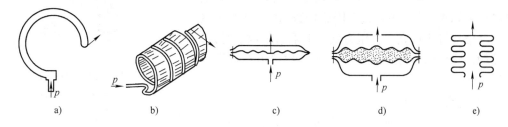

图 3-8　常用弹性元件的结构

（2）弹簧管压力表

　　弹簧管压力表是最常用的一种指示式压力表，其结构如图 3-9 所示。被测压力由接头 9输入，使弹簧管 1 的自由端产生位移，通过拉杆 2使扇形齿轮 3 作逆时针偏转，于是指针 5 通过同轴的中心齿轮 4 的带动而作顺时针偏转。与此同时，由于压缩游丝 7 而产生反作用力矩。当由于被测压力产生的作用力矩与游丝产生的反作用力矩相平衡时，指针 5 在面板 6 的刻度标尺上显示出被测压力的数值。改变调整螺钉 8 的位置（即改变机械传动的放大系数），可实现压力表的量程调节。由于弹簧管自由端的位移与被测压力呈线性关系，因此，压力表面上的刻度标尺是均匀的。

　　被测介质的性质和被测介质的压力高低决定了弹簧管的材料。对于普通介质，当 $p < 20$MPa 时，弹簧管采用磷铜；当 $p > 20$MPa 时，则采用不锈钢

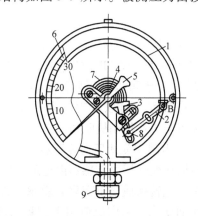

图 3-9　弹簧管压力表结构
1—弹簧管　2—拉杆　3—扇形齿轮　4—中心齿轮　5—指针　6—面板　7—游丝　8—调整螺钉　9—接头

或合金钢。对于腐蚀性介质，一方面采用隔离膜和隔离液；另一方面也可采用耐腐蚀的弹簧管材料。例如，测氨介质时需采用不锈钢弹簧管，测量氧气压力时，则严禁沾有油脂，以确保安全使用。

单圈弹簧管是一根弯成 270° 圆弧的椭圆截面的空心金属管子。管子的自由端 B 封闭，另一端固定在接头 9 上。当通入被测的压力 p 后，由于椭圆形截面在压力 p 的作用下，将趋于圆形，使弹簧管的自由端 B 产生位移。输入压力与弹簧管自由端 B 的位移成正比，只要测得 B 点的位移量，就能反映压力 p 的大小。弹簧管自由端 B 的位移量一般很小，直接显示有困难，所以必须通过放大机构才能指示出来。

在化工生产过程中，常需要把压力控制在某一范围内，即当压力低于或高于给定范围时，就会破坏正常工艺条件，甚至可能发生危险。因此应采用带有报警或控制触点的压力表。当被测压力偏离给定范围时，能及时发出信号，以提醒操作人员注意或通过中间继电器实现压力的自动控制。

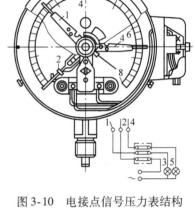

电接点信号压力表结构如图 3-10 所示。压力表指针上有动触点 2，表盘上另有两根可调节指针，上面分别有静触点 1 和 4。当压力超过上限给定数值时，2 和 4 接触，红色信号灯 5 点亮。若压力低于下限给定数值时，2 与 1 接触，绿色信号灯 3 点亮。1、4 的位置可根据需要灵活调节。

图 3-10 电接点信号压力表结构

1、4—静触点 2—动触点

3、5—信号灯

2. 电气式压力表

电气式压力表是一种能将压力转换成电信号进行传输及显示的仪表。一般弹性式压力表虽然应用十分广泛，但只能现场安装，就地显示。电气式压力表也是利用弹性元件作为敏感元件，在仪表中增加了辅助电源、指示器、记录仪、控制器和测量电路，能将弹性元件的位移转换为电信号输出。其组成框图如图 3-11 所示。电气式压力表常称为压力传感器，如果输出的电信号为标准的电流或电压信号，则称为压力变送器。

电气式压力表的测量范围较广，分别可测 7×10^{-5}Pa $\sim 5 \times 10^{2}$MPa 的压力，允许误差可至 0.2%；由于可以远距离传送信号，所以在工业生产过程中可以实现压力自动控制和报警，并可与工业控制机联用。

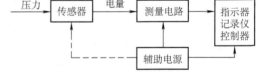

图 3-11 电气式压力表的组成框图

（1）电阻应变式压力传感器

电阻应变式压力传感器由电阻应变片和测量电路组成。电阻应变片是将作用在检测件上的应变变化转换成电阻变化的敏感元件。其敏感元件的电阻随着机械变形（伸长或缩短）的大小而变化。它广泛应用于测量力和与力有关的一些非电参数（如压力、荷重、扭力、加速度等）。电阻应变传感器的特点是精度高，测量范围广；结构简单，性能稳定可靠，寿命长；频率特性好，能在高温、高压、振动强烈、强磁场等恶劣环境条件下工作。

电阻应变片有金属和半导体应变片两类，被测压力使应变片产生应变。当应变片产生压缩（拉伸）应变时，其阻值减小（增加），再通过桥式电路获得相应的毫伏级电动势输出，并用毫伏计或其他记录仪表显示出被测压力，从而组成应变式压力计。

图 3-12 所示为一种应变片压力传感器的工作原理图。应变筒 1 的上端与外壳 2 固定在一起，下端与不锈钢密封膜片 3 紧密接触，两片锰白铜（康铜）丝应变片 r_1 和 r_2 用特殊胶合剂贴紧在应变筒的外壁。r_1 沿应变筒轴向贴放，r_2 沿径向贴放。应变片与筒体之间不发生相对滑动，并且保持电气绝缘。当被测压力 p 作用于膜片而使应变筒作轴向受压变形时，沿轴

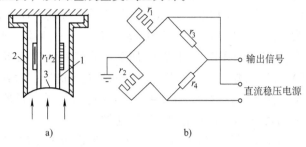

图 3-12 应变片压力传感器工作原理
a) 传感筒 b) 测量桥路
1—应变筒 2—外壳 3—密封膜片

向贴放的应变片 r_1 也将产生轴向压缩应变 ε_1，于是 r_1 的电阻值变小；而沿径向贴放的应变片 r_2，由于本身受到横向压缩将引起纵向拉伸应变 ε_2，于是 r_2 电阻值变大。但是由于 ε_2 比 ε_1 要小，故实际上 r_1 的减少量将比 r_2 的增大量为大。

应变片 r_1 和 r_2 与两个固定电阻 r_3 和 r_4 组成桥式电路，如图 3-12b 所示。由于 r_1 和 r_2 的阻值变化而使桥路失去平衡，从而获得不平衡电压 ΔU 作为传感器的输出信号。在桥路供给直流稳压电源最大为 10V 时，可得到最大 ΔU 为 5mV 的输出。传感器的被测压力可达 25MPa。由于传感器的固有频率在 25kHz 以上，故有较好的动态性能，适用于快速变化的压力测量。传感器的非线性及滞后误差小于额定压力的 1.0%。

（2）压阻应变式压力传感器

电阻应变片虽然有许多优点，但却存在灵敏度低的一大弱点，压阻应变片就能克服这一缺点。

压阻应变片是根据单晶硅的压阻效应原理工作的。对一块单晶硅的某一轴向施加一定的载荷而产生应力时，其电阻率会发生变化。当压力变化时，单晶硅产生应变也变化，使直接扩散在其上面的应变电阻产生与被测压力成比例的变化，再由桥式电路获得相应的电压输出信号，如图 3-13 所示。

压阻应变片突出的优点是：灵敏度系数高，可测微小应变（一般 600 微应变以下）；机械滞后小；动态特性好；横向效应小；体积小。其主要缺点是：电阻温度系数大，一般可达 $10^{-3}\Omega/℃$；灵敏度系数 k 随温度变化大；

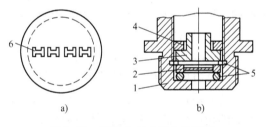

图 3-13 压阻应变式压力传感器
a) 单晶硅片 b) 结构
1—基座 2—单晶硅片 3—导环
4—螺母 5—密封垫圈 6—等效电阻

非线性严重；测量范围小。因此，在使用时需采用温度补偿和非线性补偿措施。以上缺点目前已得到很好的解决，所以应用广泛。

3.2.3 差压（压力）变送器

力矩平衡式差压（压力）变送器是一种典型的自平衡检测仪表，它利用负反馈的工作

原理克服元件材料、加工工艺等不利因素的影响，仪表具有测量精度较高（准确度等级一般为 0.5 级）、工作稳定可靠、线性好、不灵敏区小等一系列优点。根据输出信号的不同有气动差压变送器和电动差压变送器两种。气动差压（压力）变送器使用 140kPa 的净化空气作为气源，其输出为 20～100kPa 的空气压力信号。电动差压变送器又有 DDZ—Ⅱ 型和 DDZ—Ⅲ 型两种，前者使用 220V 交流电源，输出为 DC 0～10mA 电流信号；后者使用 24V 直流电源，输出为 DC 4～20mA 电流信号。目前使用最多的是 DDZ—Ⅲ 型电动差压变送器。

图 3-14 所示为差压（压力）变送器的结构原理。DDZ—Ⅲ 型差压（压力）变送器是采用二线制的安全火花仪表，它与输入安全栅配合使用，可构成安全火花防爆系统，适用于各种易燃易爆场所。

DDZ—Ⅲ 型差压（压力）变送器是以力矩平衡原理工作的，它主要由机械杠杆系统和振荡放大电路两部分组成。

被测压力通过高压室 1 和低压室 2 的比较转换成差压 $\Delta p = p_1 - p_2$，该差压作用于敏感元件膜片或膜盒 3 上，产生输入力 F_i，F_i 作用于主杠杆 5 下端，使主杠杆以密封膜片 O_1 为支点按逆时针方向偏转。其结果形成力 F_1 推动矢量机构 8 沿水平方向移动。矢量机构将 F_1 分解成垂直向上的分力 F_2 和斜向分力 F_3。F_2 作用于副杠杆 14 上使其以支点 O_2 作顺时针方向偏转，使固定在副杠杆上的位移检测片 12 靠近差动变压器 13，因此其气隙减小，差动变压器的输出电压增加，通过放大器 15 转换成 DC 4～20mA 输出电流 I_o 也增大。输出电流 I_o 流过反馈线圈 16，在永久磁钢 17 作用下产生反馈力 F_f 作用在副杠杆上，使副杠杆按逆时针方向偏转。当反馈力 F_f 与作用力 F_2 在副杠杆上形成的力矩达到动态平衡时，杠杆系统保持稳定状态，放大器的输出电流 I_o 稳定在某一数值，I_o 的大小反映了被测差压 Δp 的大小。

根据以上分析，可画出杠杆、矢量机构的受力图如图 3-15 所示。

差动变压器副杠杆的位移检测片的微小位移，利用低频位移检测放大器检测，并转换成 DC 4～20mA 输出。低频位移检测放大器的组成框图如图 3-16 所示。

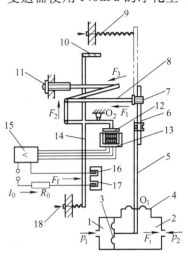

图 3-14　DDZ—Ⅲ 型差压（压力）
变送器的结构原理

1—高压室　2—低压室　3—膜片或膜盒
4—密封膜片　5—主杠杆　6—过载保护
簧片　7—静压调整螺钉　8—矢量机构
9—零点迁移弹簧　10—平衡锤
11—量程调整螺钉　12—检测片
13—差动变压器　14—副杠杆
15—放大器　16—反馈线圈
17—永久磁钢　18—调零弹簧

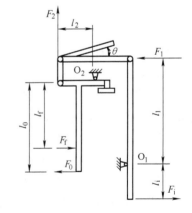

图 3-15　杠杆、矢量机构受力图

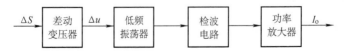

图 3-16　低频位移检测放大器的组成框图

位移检测片与差动变压器间距离 S 的微小变化量 ΔS，经差动变压器转变成其二次侧输出电压 Δu，差动变压器的有效电感与电容配接组成晶体管低频选频振荡器，并将输入电压 Δu 放大，经检波电路和滤波后成为直流电压，最后经功率放大并转换成 DC $4 \sim 20\text{mA}$ 输出。

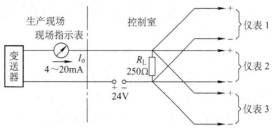

图 3-17　DDZ—Ⅲ型差压变送器二线制系统

DDZ—Ⅲ型差压变送器的输出电流 I_0 与输入差压成正比关系，因此，可将差压变送器等效为一个内阻 R_0 可随输入差压 Δp 而变化的放大器。R_0 与 DC 24V 电源和 250Ω 负载电阻 R_L 组成二线制系统，如图 3-17 所示。

安全火花防爆是 DDZ—Ⅲ型变送器的主要特点之一。实现安全火花性能主要采取了如下措施：首先是采用低压 24V 直流集中供电，限制了打火能量；其次是尽可能少用 L、C 储能元件，如确实需要采用储能元件，断电时给储能元件一个放电的通路，并限制储能元件两端的电压；三是采取限压限流措施，以限制打火能量，以免超过安全火花的能量。因此，DDZ—Ⅲ型差压变送器与安全栅配合，可用于任何易燃易爆场所，扩大了变送器的适用范围。

3.2.4　差动电容差压（压力）变送器

基于力矩平衡原理的差压（压力）变送器，由于有力矩传动机构，其体积和重量均较大，且零点和量程调整相互干扰。而基于差动电容式差压（压力）变送器，由于没有机械传动机构，仅由差动电容和电子放大电路两部分组成，因此其体积小、重量轻、零点和量程调整互不干扰，其性能较为优越、应用广泛。

差动电容差压（压力）变送器差动电容结构示意图如图 3-18 所示。压力 p_1 和 p_2 分别作用于膜片两侧，通过硅油传递到差动电容的动极板两侧。当 $p_1 = p_2$ 时，即 $\Delta p = p_1 - p_2 = 0$ 时，动极板处于中间位置，即 $d_1 = d_2 = d_0$，此时 $C_1 = C_2 = C_0$。

p_1 接于高压室，p_2 接于低压室，即 $p_1 > p_2$。电容动极板的位移 Δd 与差压 Δp 成线性关系。于是使 C_1 减小，C_2 增加。

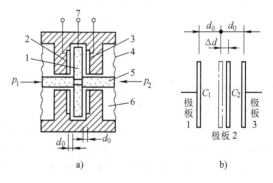

图 3-18　差动电容结构示意图

a）结构图　b）等效电路

1—动极板　2、3—固定极板　4—膜片
5—连接轴　6—硅油　7—引线

选取差动电容的电容之比为 $\dfrac{C_2 - C_1}{C_1 + C_2}$ 作为输出信号，经调制解调器调制后，于是有

$$\frac{C_2 - C_1}{C_1 + C_2} = K_2 \Delta d \tag{3-6}$$

式中，K_2 为常数，$K_2 = 1/d_0$。

差动电容差压变送器的转换放大电路的作用就是将式（3-6）的电容比提取出来，并转变成 DC 4～20mA 输出。

1151 型电容式差压变送器是该类变送器的典型产品，转换电路的原理框图如图 3-19 所示。式（3-6）的电容比调制是在差动电容检测头内完成的。图中，振荡器是变压器反馈的单管自激励 LC 振荡器，其作用是向检测头的调制器提供稳频稳幅的交流调制信号，完成式（3-6）的电容比变换；同时也向解调器提供解调开关信号。解调器实际上是相敏检波电路，检波信号经 RC 滤波后成为直流信号 I_s。解调器的输出电压作为振荡控制器的输入，其输出控制振荡器的输出电压的幅值，从而达到稳频稳幅的要求。变送器的输出电流 I_o 与被测差压 Δp 具有良好的线性关系。该类差压变送器也是二线制仪表，且具有安全火花性能，可用于易燃易爆的场合。

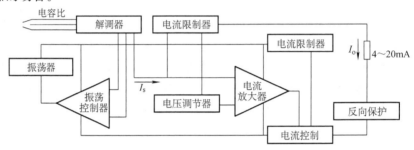

图 3-19　转换电路原理框图

3.2.5　微型化压力变送器

微电子技术的出现，为变送器的微型化创造了条件。它可以取代传统的力矩杠杆系统，同时在测量元件的制作上也有了新的突破。目前已得到良好应用的有采用扩散硅或刻蚀技术制作的测量敏感元件，这些测量元件可直接将压力信号转换成电信号，不再使用任何杠杆力矩系统。因此，变送器的体积大大缩小，功耗大大降低。

微型化变送器多数采用刻蚀工艺、扩散硅技术或机械微加工技术，在一片硅片上制作检测元件和信号调理电路而成。这里介绍三种已得到广泛应用的微型变送器。

1. 扩散硅差压变送器

扩散硅差压变送器检测元件的结构如图 3-20a 所示。整个检测元件由两片研磨后胶合成（即硅杯）的硅片组成。在硅杯上制作压阻元件，利用金属丝将压阻元件引接到印制电路板上，再穿过玻璃密封引出。硅杯两面浸在硅油中，硅油与被测介质间有金属隔离膜片分开。被测差压 $\Delta p = p_1 - p_2$ 引入测量元件后，通过金属膜片和硅油传递到硅杯上，压阻元件的电阻值发生变化。该差压变送器的测量电路如图 3-20b 所示，在被测差压 Δp 作用下，R_A、R_D 增加，而 R_B、R_C 减小，桥路失去平衡，其输出的不平衡电压经运算放大器 A 和晶体管 V 线性地转换成 DC 4～20mA 输出电流 I_o。该差压变送器也是二线制安全火花防爆型仪表。

2. MPX7000 系列压力变送器

MPX7000 系列压力变送器为 Motorola 公司专利技术生产的 DC 4～20mA 输出的二线制安全火花防爆型变送器，传输距离可达 50m 以上，负载电阻为 150～400Ω，可与 DDZ—Ⅲ 型调节器组成自动控制系统。该系列变送器具有温度自动补偿、线性度好、灵敏度高、重复性好和精度高的特点。

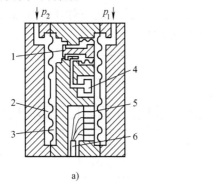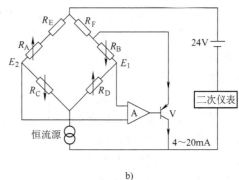

a)   b)

图 3-20 扩散硅差压力变送器

a) 差压检测元件的结构 b) 测量电路

1—过载保护装置 2—金属隔离膜 3—硅油 4—硅杯 5—金属丝 6—引出线

图 3-21a 所示为该系列压力变送器的检测元件结构及接线。在硅膜片上利用离子注入工艺刻蚀出 X 形压敏电阻，因此也称为 X 形压敏检测元件。被测压力作用在硅膜片上，硅膜片产生弹性变形，因此，压敏电阻的阻值变化。检测元件的输出端（2 引脚和 4 引脚）输出直流差分电压 ΔU。ΔU 经运算放大器 A 和晶体管 V 线性地转换成 DC 4~20mA 输出，如图 3-21b 所示。

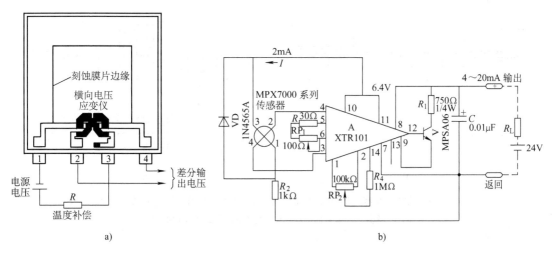

a)   b)

图 3-21 MPX7000 系列压力（差压）变送器原理图

a) 检测元件结构及接线 b) 测量电路

3. 数字式变送器

（1）数字式变送器的一般结构

目前，虽然得到实际应用的数字式变送器的种类很多，其结构各有差异，但是从总体结构来看是相似的，具有一定的共性。数字式变送器结构框图如图 3-22 所示。由于在变送器中集成了微计算机，其控制和信号处理能力较强，其处理功能一般可包括信号的检测、信号的线性化处理、数据变换、量程调整、系统自检和数据通信等。同时，还控制 A – D 和 D – A单元的运行，实现模拟信号和数字信号的转换。这类数字式变送器除了数字显示和数字信号的远距离传送外，还兼有DC4～20mA 统一标准信号输出。

数字式变送器由于采用了先进的加工和制造技术，结构上已做到检测和变换一体化，变换、放大和设定调制一体化，在使变送器微型化的同时，还大大提高了变送器的性能，使其达到可靠性高、稳定性好和精度高的水平，在现代控制系统中得到广泛应用。

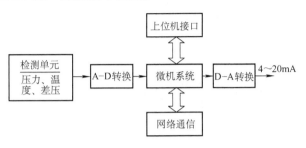

图 3-22　数字式变送器结构框图

（2）电容式数字输出压力变送器

电容式数字输出压力变送器是利用 CMOS 技术和机械微加工技术制作的，它由一个传感器芯片和一个数字电路集成芯片组成，然后将两个芯片经混合集成工艺封装在 28 个引脚的塑料外壳上，封装成双列直插式的芯片。其横截面结构如图 3-23a 所示，由图可见，在硅片上制作一个参考电容 C_0，其电容量不随被测压力而变化；制作一个传感电容 C_x，其电容量随被测压力的增加而增加；在 C_x 旁边制作数字集成电路。变送器内部组成原理框图如图 3-23b所示，由图可见，传感器芯片由一个参考电容 C_0、一个传感器电容 C_x 和两个完全相同的电容—频率（C/f）转换器组成。

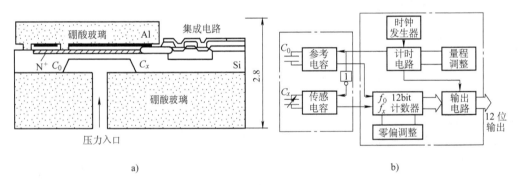

图 3-23　电容式数字输出压力变送器的结构及组成原理框图
a）传感器芯片横截面结构　b）变送器内部组成原理框图

数字集成电路主要由时钟电路、定时电路、12 位计数器、零位调整、量程调整和输出电路组成。变送器的灵敏度温漂和零点温漂可在传感器芯片中进行调整，传感电容和参考电容经各自独立的 C/f 转换器转换成 f_x 和 f_0 送入 12 位计数器进行计数，计数器计数结果经输出电路输出 12 位数字信号。为了防止相互干扰，两个 C/f 转换器在定时电路的控制下交替地工作。由于零位调整和量程调整在各自独立的电路内进行，因此零位调整不会影响量程，量程调整不会影响零位。

3.2.6　压力检测仪表的选用和安装

正确地选用和安装压力表是保证压力表在生产过程中发挥应有作用的重要环节。

1. 压力表的选用

压力表的选用应根据工艺生产过程对压力检测的要求，结合其他各方面的情况，加以全面的考虑和具体分析。一般应该考虑下列几个方面的问题：

（1）仪表类型的确定

仪表类型的选择必须满足工艺生产的要求。例如，是否需要远传变送、自动记录或报警；是否进行多点测量；被测介质的物理化学性质是否对测量仪表提出特殊要求；现场环境条件对仪表类型是否有特殊要求等。总之，根据工艺要求来选择仪表类型是保证仪表正常工作及安全生产的重要前提。

例如，测氨气压力时，应选用氨用表，普通压力表的弹簧管大多采用铜合金，高压时用碳钢，氨用表的弹簧管采用碳钢材料，不能用铜合金，否则容易腐蚀而损坏。而测氧气压力时，所用仪表与普通压力表在结构和材质上完全相同，只是严禁沾有油脂，否则会引起爆炸。氧气压力表在校验时，不能像普通压力表那样采用变压器油作为工作介质，必须采用油水隔离装置，如发现校验设备或工具有油污，必须用四氯化碳清洗干净，待分析合格后再进行使用。

（2）仪表量程的确定

仪表的量程是根据操作中被测变量的大小来确定的。测量压力时，为了保证弹性元件能在弹性变形的安全范围内可靠地工作，在选择压力表测量范围时，必须根据被测压力的大小和压力变化范围，留有充分的余地。因此，压力表的上限值应该高于工艺生产中可能出现的最大压力值。根据《化工自控设计技术规定》：在测量稳定压力时，最大工作压力不应超过测量上限值的 2/3；测量脉动压力时，最大工作压力不应超过仪表测量上限值的 1/2；测量高压时，最大工作压力不应超过仪表测量上限值的 3/5。一般被测压力的最小值不应低于仪表测量上限值的 1/3，从而保证仪表的输出与输入之间的线性关系，提高仪表测量结果的准确度和灵敏度。

选择的具体方法是，根据被测压力的最大值和最小值计算求出仪表的上、下限，但不能以此数值直接作为仪表的测量范围，而必须在国家规定生产的标准系列中选取。国内目前生产的压力表测量范围规定系列有：$-0.1 \sim 0$MPa、$-0.1 \sim 0.06$MPa、0.15MPa；$0 \sim 1 \times 10^n$kPa、1.6×10^nkPa、2.5×10^nkPa、4×10^nkPa、6×10^nkPa、10×10^nkPa（其中 n 为自然整数，可为正、负值）。

一般所选测量上限应大于（最接近）或至少等于计算求出的上限值，并且同时满足最小值的规定要求。

（3）仪表准确度等级的确定

根据工艺生产上允许的最大绝对误差和选定的仪表量程，计算仪表允许的最大引用误差 q_{max}，在国家规定的准确度等级中确定仪表的等级。按国家统一划分的仪表准确度等级有：0.005、0.02、0.05、0.1、0.2、0.35、0.4、0.5、1.0、1.5、2.5、4.0 等。经常使用的压力表的准确度等级为 2.5、1.5 级，如果是 1.0 和 0.5 级的属于高精度压力表，现在有的数字压力表已经达到 0.25 级甚至更高的准确度等级。

一般所选准确度等级加上"%"、"±"后应小于或至少等于工艺要求的仪表允许最大引用误差 q_{max}。在满足测量要求的情况下尽可能选择精度较低、价廉耐用的仪表，以免造成不必要的投资浪费。

2. 压力表的安装

（1）取压位置的选择

取压位置要具有代表性，应该能真实地反映被测压力的变化。因为测取的是静压信号，取压位置应按下述原则选择：

1）要选在被测介质直线流动的管段部分，不要选在管路拐弯、分叉、死角或其他易形成漩涡的地方。

2）取压位置的上游，在压力表安装规程规定的距离内，不应有突出管路或设备的阻力件（如温度计套管、阀门、挡板等），否则应保证一定的直管段要求。

3）取压口位置应使压力信号走向合理，避免发生气塞、水塞或流入污物。就具体情况而言，当被测介质为液体时，取压口应开在容器下方（但不是最底部），以避免气体或污物进入导压管；当被测介质为气体时，取压口应开在容器上方，以避免气体凝结产生的液滴进入导压管。

4）测量差压时，两个取压口应在同一个水平面上，以避免产生固定的系统误差。

（2）导压管的安装

导压管的安装要注意以下方面：

1）一般在工业测量中，管路长度不得超过 60m，测量高温介质时不得小于 3m；导压管直径一般在 7 ~ 38mm 之间。表 3-2 列出了导压管长度、直径与被测流体的关系。

表 3-2　被测流体在不同导压管长度下的导压管直径

被测流体	导压管直径/mm		
	< 16m	16 ~ 45m	45 ~ 90m
水、蒸汽、干气体	7 ~ 9	10	13
湿气体	13	13	13
低、中粘度的油品	13	19	25
脏液体、脏气体	25	25	38

2）导压管口最好应与设备连接处的内壁保持平齐，若一定要插入对象内部时，管口平面应严格与流体流动方向平行。此外导压管口端部要光滑，不应有凸出物或毛刺。

3）取压点与压力表之间在靠近取压口处应安装切断阀，以备检修压力仪表时使用。

4）对于水平安装的导压管应保证有 1:10 ~ 1:20 的倾斜度，以防导压管中积液（测气体时）或积气（测液体时）。

5）测量液体时，在导压管系统的最高处应安装集气瓶；测量气体时，在导压管的最低处应安装水分离器；当被测介质有可能产生沉淀物析出时，应安装沉淀器；测量差压时，两根导压管要平行放置，并尽量靠近以使两导压管内的介质温度相等。

6）如果被测介质易冷凝或冻结，必须增加保温伴热措施。

（3）压力表的安装

压力仪表的安装要注意以下几方面：

1）压力仪表应安装在易观察和易维修处，力求避免振动和高温影响。

2）测量蒸汽压力或差压时，应装冷凝管或冷凝器，如图 3-24a 所示，以防止高温蒸汽直接与测压元件接触；对有腐蚀介质的压力测量，应加装充有中性介质的隔离罐，如图 3-24b 所示。另外针对具体情况（高温、低温、结晶、沉淀、粘稠介质等）采取相应的防护措施。

3）压力仪表的连接处根据压力高低和介质性质，必须加装密封垫片，以防泄漏。一般低于 80℃及 2MPa 时，用石棉板或铝垫片；温度和压力更高（50MPa 以下）时，用退火纯铜或铅垫。另外要考虑介质性质的影响，如测量氧气时，不能使用浸油或有机化合物垫片；测量乙炔、氨介质时，不能使用铜垫片。

4）当被测压力较小，而压力仪表与取压点不在同一高度时，由高度差引起的测量误差应进行修正。

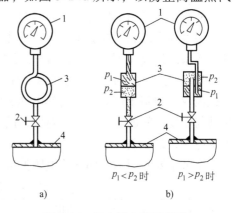

图 3-24　压力计安装示意图
a）测量蒸汽时　b）测量有腐蚀性介质时
1—压力计　2—切断阀门
3—凝液管　4—取压容器

3.3　温度检测仪表

温度是反映物体冷热状态的物理参数。温度是与人类生活息息相关的物理量。工业生产自动化流程，温度测量点要占全部测量点的一半左右。因此，人类离不开温度，当然也离不开温度检测仪表。温度检测仪表是实现温度检测和控制的重要器件。

在化工生产中，温度的测量与控制有着重要的作用。物体的许多物理现象和化学性质都与温度有关，许多生产过程，特别是化学反应过程，都是在一定的温度范围内进行的。任何一种化工生产过程都是伴随着物质的物理和化学性质的改变，都必然有能量的交换和转化，其中最普通的交换形式是热交换形式。因此，化工生产的各种工艺过程都是在一定的温度下进行的。

例如，在乳化物干燥过程中，浓缩乳液由高位槽流经过滤器滤去凝块和杂质后经阀由干燥器上部的喷嘴以雾状喷洒而出；空气由鼓风机送至由蒸汽加热的换热器混合后送入干燥器，由下而上吹出将雾状乳液干燥成奶粉；生产工艺对干燥后的奶粉质量要求很高，奶粉的水分含量是主要质量指标，对干燥温度应严格控制在 $T \pm 2℃$ 范围内，否则产品质量不合格。又如，N_2 和 H_2 合成 NH_3，在触媒存在的条件下反应温度是 500℃；否则产品不合格，严重时还会发生事故。因此，温度的测量与控制是保证化学反应过程正常进行与安全运行的重要环节。

3.3.1　温度测量的方法

温度不能直接测量，只能借助于冷热不同物体之间的热交换，以及物体的某些物理性质随冷热程度不同而变化的特性来间接测量。

任意两个冷热程度不同的物体相接触，必然要发生热交换现象，热量将由受热程度高的物体传到受热程度低的物体，直到两物体的冷热程度完全一致，即达到热平衡状态为止。利用这一原理，就可以选择某一物体同被测物体相接触，并进行热交换，当两者达到热平衡状态时，选择物体与被测物体温度相等。于是，可以通过测量选择物体的某一物理量（如液体的体积、导体的电量等），便可以定量地给出被测物体的温度数值。

温度检测仪表根据敏感元件与被测介质接触与否，可以分成接触式和非接触式两大类。接触式检测仪表主要包括基于物体受热体积膨胀或长度伸缩性质的膨胀式温度检测仪表（如玻璃管水银温度计、双金属温度计）、基于导体或半导体电阻值随温度变化的热电阻温度检测仪表和基于热电效应的热电偶温度检测仪表。非接触式检测仪表是利用物体的热辐射特性与温度之间的对应关系，对物体的温度进行检测。各种温度检测仪表各有自己的特点和测温范围，详见表3-3。

本节主要介绍热电偶和热电阻温度检测仪表的原理和使用方法。

表3-3　主要测温检测方法及特点

测温方式		测温仪表	测温范围/℃	主要特点
接触式	膨胀式	玻璃液体	-50～600	结构简单、使用方便、测量准确、价格低廉；测量上限和精度受玻璃质量的限制，易碎，不能远传
		双金属	-80～600	结构紧凑可靠；测量准确度低、量程和使用范围有限
	压力式	液体 气体 蒸汽	-30～600 -20～350 0～250	结构简单，耐震，防爆，能记录、报警，价格低廉；精度低，测温距离短，滞后大
	热电效应	热电偶	-200～2800	测温范围广、测量准确度高，便于远距离、多点、集中检测和自动控制，应用广泛；需自由端温度补偿，在低温段测量精度较低
	热阻效应	铂电阻	-200～600	测量准确度高，便于远距离、多点、集中检测和自动控制，应用广泛；不能测高温
		铜电阻	-50～150	
		热敏电阻	-50～150	灵敏度高、体积小、结构简单、使用方便；互换性较差，测量范围有一定限制
非接触式	辐射式	辐射式 光学式 比色式	400～2000 700～3200 900～1700	不破坏温度场，测温范围大，响应快，可测运动物体的温度；易受外界环境的影响，低温不准
	红外线	光电探测 热电探测	0～3500 200～2000	测温范围大，不破坏温度场，适用于测量温度分布，响应快；易受外界环境的影响，标定较困难

3.3.2　热电偶温度检测仪表

热电偶传感器简称热电偶。热电偶能满足温度测量的各种要求，具有结构简单，精度高，范围宽（-269～2800℃），响应较快，具有较好的稳定性和复现性，因此在测温领域中应用广泛。

1. 热电偶的测温原理

把两种不同的导体（或半导体）接成图3-25所示的闭合电路，把它们的两个接点分别置于温度为 t 及 t_0（$t > t_0$）的热源中，则在回路中将产生一个电动势，称为热电动势，或塞贝克电动势。这种现象称为热电效应或叫塞贝克效应。

图 3-25 中的两种导体叫热电极，两个接点，一个称为工作端或热端（t），另一个称为自由端或冷端。由这两种导体组成并将温度转换成热电动势的传感器称为热电偶。

热电动势由两种导体接触电动势（或称珀尔帖电动势）和单一导体的温差电动势（汤姆逊电动势）组成。热电动势的大小与两种导体的材料及接点的温度有关。

图 3-25 中的热电偶回路有 4 个热电动势；两个接触电动势 $E_{AB}(t)$、$E_{AB}(t_0)$ 和两个温差电动势 $E_A(t, t_0)$、$E_B(t, t_0)$，热电动势的等效电路如图 3-26 所示，回路热电动势为

$$E_{AB}(t,t_0) = E_{AB}(t) + E_B(t,t_0) - E_{AB}(t_0) - E_A(t,t_0)$$

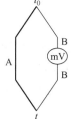

图 3-25　热电偶工作原理

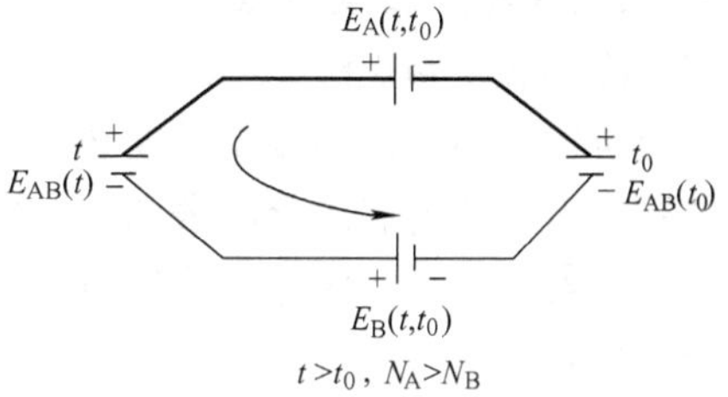

图 3-26　热电动势等效电路

由于温差电动势很小，而且 $E_B(t, t_0)$ 与 $E_A(t, t_0)$ 的极性相反，两者互相抵消，可忽略不计。因此，热电偶回路的热电动势为

$$E_{AB}(t,t_0) = E_{AB}(t) - E_{AB}(t_0) \tag{3-7}$$

式（3-7）中，下标 A、B 表示热电偶的材料和极性，写在前面的材料 A 为正极，写在后面的材料 B 为负极。因此，有

$$E_{AB}(t,t_0) = -E_{BA}(t,t_0)$$

$$E_{AB}(t,t_0) = -E_{AB}(t_0,t)$$

由式（3-7）可见，当电极材料一定时，热电偶回路的热电动势 $E_{AB}(t, t_0)$ 为温度 t 和 t_0 的函数之差，即

$$E_{AB}(t,t_0) = f(t) - f(t_0)$$

若保持冷端温度 t_0 恒定，$f(t_0) = c = $ 常数，则上式可写成

$$E_{AB}(t,t_0) = f(t) - c = \varphi(t) \tag{3-8}$$

由式（3-8）可见，热电偶回路的热电动势 $E_{AB}(t, t_0)$ 与热端温度 t 具有单值函数关系。此即为热电偶测温的工作原理。

由于电极材料的电子密度与温度有关，温度变化，电子密度并非常数，因此式（3-8）的单值函数关系很难用计算方法准确得到，而是通过实验方法获得。规定在 $t_0 = 0℃$（$T_0 = 273.15K$）时，将测得的 $E_{AB}(t, t_0)$ 与 t 的对应关系制成表格，称为各种热电偶的分度表。

2. 有关热电偶回路的几点结论

1）热电偶回路的热电动势仅与热电偶电极的热电性质及两端温度有关，而与热电极的几何尺寸（长短、粗细）无关。由于该结论的存在，使用中烧断的热电偶重新焊接并经校验合格后可继续使用。

2）若组成热电偶的两电极的材料相同，则无论两接点的温度如何，热电偶回路的热电动势总是等于零。

3）若热电偶两接点的温度相同，即 $t = t_0$，则尽管热电极材料 A、B 不同，热电偶回路的热电动势总是等于零。

4）热电偶回路的热电动势 $E_{AB}(t, t_0)$ 仅与两端温度 t 和 t_0 有关，而与热电偶中间温度无关。此结论为热电偶补偿导线（或称延伸导线）的使用提供了理论依据。

5）在热电偶回路中接入第三种材料的导体，只要第三种材料导体两端的温度相同，第三种导体的接入不会影响热电偶回路的热电动势。

由于这一结论，可以在热电偶回路中接入导线、仪表等，而不必担心会影响热电偶回路的热电动势。也可以采用开路热电偶对液态金属或金属壁进行测温。

3. 热电偶冷端温度补偿

（1）冷端温度修正法

如前所述，热电偶的冷端温度必须保持恒定，热电偶的热电动势才与被测温度具有单值函数关系。由于热电偶的分度表和显示仪表是在热电偶冷端温度 $t_0 = 0℃$ 刻度的，利用热电偶测温时，若其冷端温度 $t_0 \neq 0℃$，必须对仪表示值进行修正，否则会引起较大误差。

修正公式为

$$E_{AB}(t, 0) = E_{AB}(t, t_0) + E_{AB}(t_0, 0) \tag{3-9}$$

式中，$E_{AB}(t, 0)$ 为修正值，它是冷端 $t_0 \neq 0℃$ 时对 0℃ 的热电动势。

例 3-5　镍铬-镍硅热电偶（分度号 K）工作时冷端温度 $t_0 = 30℃$，测得热电动势 $E(t, t_0) = 39168\mu V$。求被测介质实际温度和不进行冷端温度修正时示值引起的相对误差。

解：由附录 C 查出 $E(30, 0) = 1203\mu V$。由式（3-9）则

$$E(t, 0) = E(t, 30) + E(30, 0) = 39168\mu V + 1203\mu V = 40371\mu V$$

由附录 C 查出 $E(t, 0) = 40371\mu V$，$t = 977℃$。

由于显示仪表在 $t_0 = 0℃$ 时刻度，其内部无冷端自动补偿器，对显示仪表而言，相当于 $E(t', t_0) = 39168\mu V$，由附录 C 查得 $t' = 946.39℃$ 为仪表示值。因此，由于不进行冷端温度修正引起的相对误差为

$$\gamma = \frac{t' - t}{t} \times 100\% = \frac{946.39 - 977}{977} \times 100\% = -3.13\%$$

（2）补偿导线法（延伸导线法）

热电偶的电极材料大多数是贵金属合金，为降低成本，最常用的长度是 350mm。使用时，其冷端接近被测温度场，其冷端温度是不稳定的。因此，需利用补偿导线法将热电偶的冷端延伸到温度恒定的场合，如图 3-27 所示。

补偿导线是指在一定温度范围内（0 ~ 100℃），其热电特性与其所连接的热电偶的热电特性相同或相近的一种廉价的导线。其作用是利用廉价、线径较粗的补偿导线作为贵金属热电偶的延伸线，以节约贵金属，将热电偶的冷端延伸至远离被测温度场而且温度较恒定的场合，便于冷端温度的修正和减小测量误差。

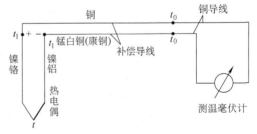

图 3-27　补偿导线接线

使用补偿导线时必须注意：

1）热电偶的补偿导线只能与相应型号的热电偶配合使用，且必须同极性连接，见表

3-4，否则会引起较大的误差。

表 3-4 常用热电偶补偿导线的特性

配用热电偶 正-负	补偿导线 正-负	导线外皮颜色 正	负	补偿温度 范围/℃	100℃热电动势 /mV	150℃热电动势 /mV
铂铑 10- 铂	铜- 铜镍①	红	绿	0 ~ 150	0. 643 ± 0. 023	1. 025 $^{+0.024}_{-0.055}$
镍铬- 镍硅铝	铜- 锰白铜 （铁- 锰白铜）	红	蓝	− 20 ~ 100 （− 20 ~ 150）	4. 10 ± 0. 15	6. 13 ± 0. 20
镍铬- 锰白铜	镍铬- 锰白铜	红	黄	—	6. 95 ± 0. 30	10. 69 ± 0. 38
铜- 锰白铜	铜- 锰白铜	红	蓝	—	4. 10 ± 0. 15	6. 13 ± 0. 20
钨铼 5- 钨铼	铜- 铜镍②	红	蓝	0 ~ 100	1. 337 ± 0. 045	—
铂铑 30- 铂铑 6	铜- 铜			0 ~ 150	± 0. 034	± 0. 092

① 99.4% Cu，0.6% Ni。

② 98.2% ~ 98.3% Cu，1.7% ~ 1.8% Ni。

2）热电偶与补偿导线连接处的温度不应超过 100℃，否则由于热电特性不同带来新的误差。

3）只有新延伸的冷端温度恒定或所配显示仪表内具有冷端温度自动补偿器时，使用补偿导线才有意义。

例 3-6 图 3-28 所示为 K 型热电偶测温简图，其灵敏度为 0.0411mV/℃，A′B′分别 AB 的同极补偿导线。求与不接错极性时回路电动势的相对误差。

解： 根据补偿导线的定义和作用，若不接错极性，相当于将冷端温度用补偿导线从 t_1 延伸到 t_0 对回路电动势不产生影响，因此回路电动势为

$$E_{AB}(t,t_0) = E_{AB}(t) - E_{AB}(t_0) = (0.0411 \times 800 - 0.0411 \times 25)\,\mathrm{mV} = 31.8525\mathrm{mV}$$

图 3-28 为错接补偿导线极性，由 A 与 B′和 B 与 A′分别组成的热电偶，其接点温度为 t_1，此时回路电动势为

$$\begin{aligned} E_{AB}(t,t_1,t_0) &= E_{AB}(t) + E_{BA}(t_1) + E_{AB}(t_0) + E_{BA}(t_1) \\ &= E_{AB}(t) - E_{AB}(t_1) + E_{AB}(t_0) - E_{AB}(t_1) \\ &= E_{AB}(t) - 2E_{AB}(t_1) + E_{AB}(t_0) \\ &= (0.0411 \times 800 - 2 \times 0.0411 \times 40 + 0.0411 \times 25)\,\mathrm{mV} \\ &= 30.6195\mathrm{mV} \end{aligned}$$

由于接错极性，引起的相对误差为

$$\gamma = \frac{30.6195 - 31.8525}{31.8525} \times 100\% = -3.9\%$$

可见，引起的相对误差是相当大的。同时若配错热电偶的补偿导线，也会引起较大的误差，使用时必须注意。

（3）冷端恒温法

利用补偿导线将热电偶的冷端延伸到温度恒定的地方，如图 3-29 所示。图中 A、B 为热电偶，C、D 为其补偿导线。E、F 为铜连接线，P 为显示仪表，K 为恒温槽或冰点槽，用以保持热电偶冷端温度稳定在 t_0。热电偶测量温度为 t，当测出热电动势 E_{AB}（t，t_0）数值后，可以根据 t_0 的大小加以修正。必须注意，测量时除保证接点 3、4（冷端）真正恒温外，还得保证 1、2 点温度一致，且其温度 t_n 不得超过补偿导线规定的使用温度。

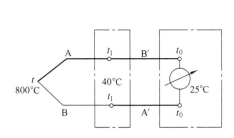

图 3-28　K 型热电偶测温简图

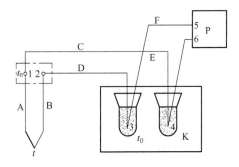

图 3-29　冷端恒温法

（4）补偿电桥法

由式（3-7）可知，热电偶的热电动势 $E_{AB}(t, t_0)$ 随着冷端温度 t_0 的增加而减小；或相反，随着 t_0 的减小而增加。设温度增加 Δt_0，则 $E_{AB}(t, t_0)$ 减小 $\Delta E = k_r \Delta t_0$，$k_r$ 为热电偶在 t_0 附近的灵敏度；若补偿电路产生一个补偿电动势 U_{ab}，k_B 为补偿电路在 t_0 附近的灵敏度，并使 $\Delta E = U_{ab}$，即 $k_r = k_B$，将 U_{ab} 加到热电偶的热电动势 $E_{AB}(t, t_0)$ 中去，则可达到完全补偿。此即为补偿电桥法的工作原理，其电路如图 3-30 所示。

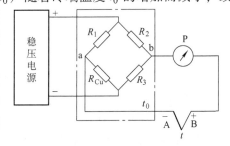

图 3-30　补偿电桥法原理电路

4. 常用热电偶及其特性

下面介绍几种常用标准化热电偶，所谓标准化热电偶是国家标准规定了其电动势与温度的关系和允许误差，并有统一的标准分度表的热电偶。标准化热电偶的技术数据见表 3-5。

表 3-5　标准化热电偶的技术数据

热电偶名称	分度号[①]	代号	热电极材料			电阻率/ ($\Omega \cdot mm^2 \cdot m^{-1}$) (20℃)	E (100,0) /mV	测温范围/℃		允许误差/℃	
			极性	识别	化学成分			长期	短期	温度/℃	允许误差/℃
铂铑 10 -铂	S (LB—3)	S (WRP)	正	较硬	90% Pt,10% Rh	0.24	0.645	0 ~ 1300	0 ~ 1600	≤600	±1.5（Ⅱ级） （±3.0） 或 ±0.5%t
			负	较软	100% Pt	0.16				>600	
铂铑 30- 铂铑 6	B (LL—2)	B (WRR)	正	较硬	70% Pt,30% Rh	0.245	0.033	0 ~ 1600	0 ~ 1800	≤800	±4（Ⅱ级）
			负	稍软	94% Pt,6% Rh	0.215				>800	±0.5%t
镍铬- 镍硅	K (EU—2)	K (WRN)	正	不亲磁	9% ~10% Cr 0.4% Si 其余 Ni	0.68	4.10	-200 ~1000	-200 ~1300	≤400	±3.0（Ⅱ级）
			负	稍亲磁	2.5% ~3% Si, Cr≤0.6% 其余 Ni	0.25 ~ 0.33				>400	±0.75%t
镍铬- 锰白铜	E (EA—2)	E (WRK)	正	色较暗	9% ~10% Cr 0.4% Si 其余 Ni	0.68	6.95	-50 ~ 600	-50 ~ 800	≤300	±3.0
			负	银白色	56% Cu,44% Ni	0.47				>300	±1%t

（续）

热电偶名称	分度号[①]	代号	热电极材料			电阻率/($\Omega \cdot mm^2 \cdot m^{-1}$)(20℃)	E(100,0)/mV	测温范围/℃		允许误差/℃	
			极性	识别	化学成分			长期	短期	温度/℃	允许误差/℃
铜-锰白铜	T(CK)	T(WRC)	正	红色	100% Cu	0.017	4.28	-200~200	-200~400	(-200~-50)	(±1.5%t)
			负	银白色	60% Cu,40% Ni	0.49				(-50~300)	(±0.75%t)

① 分度号列中，带括号的分度号是旧分度号。例如 S 型热电偶的旧分度号是 LB—3，其余类推。

（1）铂铑 10-铂热电偶（S 型）

物理化学性能稳定，耐高温，故 S 型热电偶测量的准确性高，可用于精密测量，可作为标准热电偶，校验或标定其他温度测量仪表。宜在氧化性及中性气氛中使用，其主要缺点是热电动势小，价格贵。

（2）镍铬-镍硅热电偶（K 型）

由于 K 型热电偶化学性能稳定，复制性好，热电动势大，线性好，价格便宜，可在 1000℃ 以下长期使用，短期测量可达 1200℃，是工业生产中最常用的一种热电偶。

如果把 K 型热电偶用于还原性介质，则必须加保护套管，否则很快被腐蚀；在此种情况下，若不加保护套，只能用于测量 500℃ 以下的温度。

（3）镍铬-锰白铜热电偶（E 型）

其分度号用 E 表示，镍铬为正极，锰白铜为负极，适用于还原性和中性介质，长期使用温度不可超过 600℃，短期测量可达 800℃。E 型热电偶特点是热电特性的线性好，灵敏度高，价格便宜；缺点是锰白铜易受氧化而变质，测温范围低而且窄。

（4）铂铑-铂铑热电偶（B 型）

简称为双铂铑热电偶，是一种贵金属热电偶。其正负极含质量分别（下同）为 30% 的铑和 6% 的铑。B 型热电偶的特点是抗污染能力强，性能稳定，准确度高；缺点是热电动势小，价格昂贵。

5. 热电偶的结构形式

由于热电偶的用途和安装位置不同，其外形也常不同。工业常用热电偶外形结构形式分以下几种：

1）普通型热电偶，主要由热电极、绝缘管、保护套管、接线盒、接线端子组成，其结构形式如图 3-31a 所示。

2）铠装热电偶又称缆式热电偶，是由热电极、绝缘材料和金属保护套管三者加工在一起的坚实缆状组合体，其结构形式如图 3-31b 所示。铠装热电偶与普通热电偶相比，有反应速度快、机械强度高、耐冲击、耐振动、可以任意弯曲、使用寿命长、易安装、可装入普通热电偶保护管内使用等优点。铠装热电偶已得到了越来越多的使用，是温度测量中应用最广泛的温度器件。

3）表面型热电偶，表面型热电偶利用真空镀膜工艺将电极材料蒸镀在绝缘基板上，其尺寸小、热容量小、响应速度快，主要用来测量微小面积上的瞬时温度。其结构形式如图 3-31c所示。

4）快速热电偶，快速热电偶用于测量钢水及高温熔融金属的温度，是一次性消耗式热电偶。它的工作原理是根据金属的热电效应，利用热电偶两端所产生的温差电动势测量钢水及高熔融金属温度。

快速热电偶主要由测温偶头与大纸管构成。偶头主要有正负偶丝焊接在补偿导线上，补偿导线穿嵌在支架上，支架外套有小纸管，偶丝以石英支撑和保护。最外装有防渣帽，全部零组件集中装入泥头中并以耐火填充剂粘合成一整体，而不可拆卸，故为一次性使用。其结构形式如图 3-31d 所示。

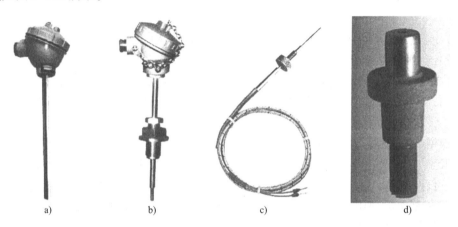

a)　　　　　　　b)　　　　　　　c)　　　　　　　d)

图 3-31　热电偶的结构形式

a）普通热电偶　b）铠装热电偶　c）表面型热电偶　d）快速热电偶

3.3.3　热电阻温度检测仪表

热电偶一般适用于中、高温的测量。测量 300℃ 以下的温度时，热电偶产生的热电动势较小，对测量仪表的放大器和抗干扰能力要求很高，而且冷端温度变化的影响变得突出，增大了补偿难度，测量的灵敏度和准确度都受到一定的影响。通常对 500℃ 以下的中、低温区，都使用热电阻来进行测量。

工业上广泛应用的热电阻温度计，可测量 -200~650℃ 范围内的液体、气体、蒸汽及固体表面的温度。其测量准确度高，性能稳定，不需要进行冷端温度补偿，便于多点测量和远距离传送、记录。

利用电阻随温度变化的特性制成的传感器称热电阻传感器。热电阻传感器按其制造材料来分，可分为金属热电阻及半导体热电阻两大类；按其结构来分，有普通型热电阻、铠装热电阻及薄膜热电阻；按其用途来分，有工业用热电阻、精密的和标准的热电阻。热电阻传感器主要用于对温度和温度有关的参量（如压力、流速）进行测量。

1. 铂热电阻

铂热电阻是用高纯铂丝制成的，温度在 -200~0℃ 之间时，其电阻数值和温度的关系为

$$R_t = R_0 \left[1 + At + Bt^2 + Ct^3 (t - 100) \right] \tag{3-10}$$

式中，R_t 和 R_0 为 t（℃）和 0℃ 时铂电阻的阻值。

温度在 0~650℃ 之间时，其温度特性为

$$R_t = R_0 \left[1 + At + Bt^2 \right] \tag{3-11}$$

式 (3-10) 和式 (3-11) 中，A、B、C 为铂的电阻温度系数，其值为

$$A = 3.9687 \times 10^{-3} \, ℃^{-1}$$

$$B = -5.84 \times 10^{-7} \, ℃^{-2}$$

$$C = -4.22 \times 10^{-12} \, ℃^{-3}$$

国家统一规定用 100℃ 的阻值 R_{100} 和 0℃ 的阻值 R_0 之比 $W_{100} = R_{100}/R_0$ 表示铂的纯度，W_{100} 必须达到一定数值才能做热电阻，其技术特性见表 3-6。铂电阻已经标准化，已制成了统一的分度表，见附录 D。由于铂电阻具有精度高、稳定性好、性能可靠和复现性好等特点，国际温标规定，从 -259.34 ~ 630.74℃ 温域内以铂电阻温度计作为基准器制定其他温度标准。

表 3-6　热电阻的技术特性

名称 （代号）	温度范围 /℃	分度号[①]	R_0 名义值 /Ω	R_0 允许误差 （%）	精度 等级	$W_{100}(R_{100}/R_0)$	最大允许误差/℃
铂热电阻 （WZP）	-200 ~ 650	Pt46 （BA₁）	46.00	±0.05	Ⅰ	1.3910 ± 0.0007	Ⅰ 级：-200 ~ 0℃，±（0.15 + 4.5 × 10⁻³ t）
				±0.1	Ⅱ	1.391 ± 0.001	0 ~ 650℃，±（10.15 + 3 × 10⁻³ t）
		Pt100 （BA₂）	100.00	±0.05	Ⅰ	1.3910 ± 0.0007	Ⅱ 级：-200 ~ 0℃，±（0.3 + 6.0 × 10⁻³ t）
				±0.1	Ⅱ	1.391 ± 0.001	0 ~ 650℃，±（0.3 + 4.5 × 10⁻³ t）
		Pt300 （BA₃）	300.0	±0.1	Ⅱ	1.391 ± 0.001	
铜热电阻 （WZC）	-50 ~ 150	C	53.0	±0.1	Ⅱ	1.425 ± 0.001	±（0.3 + 3.5 × 10⁻³ t）
		Cu50	50.0				
		Cu100	100.0	±0.1	Ⅱ	1.425 ± 0.002	±（0.3 + 6.0 × 10⁻³ t）
镍热电阻 （WZN）	-60 ~ 180	Ni100	100.0	±0.0	—	1.617 ± 0.003	-60 ~ 0℃ ±（0.2 + 2 × 10⁻² t）
		Ni300	300.0				0 ~ 180℃
		Ni500	500.0				±（0.2 + 1 × 10⁻² t）

①　括号内的分度号是旧分度号。

目前，我国常用的工业铂电阻有：分度号 Pt46，$R_0 = 46.00\Omega$；分度号 Pt100，$R_0 = 100.00\Omega$；标准铂电阻或实验室用铂电阻的 R_0 为 10.00Ω 或 30.00Ω。

2. 铜热电阻

工业铜电阻的测温范围为 -50 ~ 150℃，其电阻与温度的关系为

$$R_t = R_0 \left[1 + At + Bt^2 + Ct^3 \right] \tag{3-12}$$

式中，R_0、R_t 的意义同上；A、B、C 为电阻温度系数，分别为

$$A = 4.28899 \times 10^{-3} \, ℃^{-1}$$

$$B = -2.133 \times 10^{-7} \, ℃^{-2}$$

$$C = 1.233 \times 10^{-9} \, ℃^{-3}$$

对于铜电阻，我国也有标准化的统一规定，其技术特性见表 3-6。铜电阻也制成了标准化分度表，见附录 E 和附录 F。

铜电阻的电阻温度系数高，铜容易提纯，价格便宜。其缺点是铜电阻率小，与铂相比，制成相同阻值的铜电阻，其体积大；铜在高温下容易氧化，其测温上限一般不超过150℃。

3. 测量电路

热电阻将温度的变化转换成电阻的变化量，常用平衡电桥或不平衡电桥作为其测量电路。为了减小热电阻的引线电阻和引线电阻随环境温度的变化而变化引起的测量误差，工业测量用热电阻用三线制接入桥路，如图3-32a所示。图中，R_t为热电阻；$R_{L1} = R_{L2} = R_{L3}$为三根引线的等效电阻；电位器RP是为适合不同分度号的热电阻而设置的，例如，$R_3 = 100\Omega$，若R_t为Pt100，$R_0 = 100\Omega$，则$R_{RP} = 0$；若R_t为Pt46，$R_0 = 46\Omega$，则$R_{RP} = 54\Omega$。

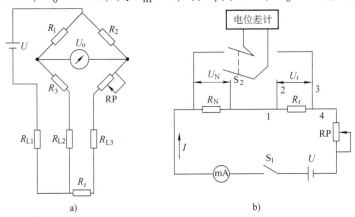

图3-32　热电阻测量电路
a）三线制接入桥路　b）四线制测量电路

为了减小热电阻的引线电阻及引线电阻随环境温度变化而变化和由于接触电阻及接触电动势引起的测量误差，在实验室精密测量时，热电阻用四线制接入测量电路，如图3-32b所示。图中，R_t为热电阻；R_N为标准电阻；RP的作用是调整工作电流I至适当值。测量时，切换开关S_2先后测量R_t和R_N上的压降U_t和U_N，则

$$R_t = \frac{U_t}{U_N} R_N \tag{3-13}$$

由于电位差计在平衡时读数不向被测电路吸取电流，且热电阻的引线2和3无电流，故可克服引线电阻和引线电阻随环境温度变化的影响，此外，U_t和U_N中均含有接触电动势，由式（3-13）可见，接触电动势的影响是相互抵消的，因此，可提高测量精度。

必须指出，热电阻用于测温时，流过热电阻的电流不应超过其额定值（工业测温为4～5mA），否则，由于热电阻自身发热而引起温度附加误差。

3.3.4　DDZ—Ⅲ型温度变送器

温度变送器将温度、温差以及与温度有关的工艺参数和直流毫伏信号变换成DC 4～20mA或DC 1～5V的统一标准信号。温度变送器的种类繁多，除了常用的DDZ—Ⅲ型温度变送器外，随着微电子技术和微机技术的发展，已经出现了许多微型化和智能化温度变送器。

DDZ—Ⅲ型温度变送器主要将温度、温差、压力以及与温度有关的工艺参数变换成 DC 4～20mA 或 DC 1～5V 的统一标准信号。它具有如下的主要特点：

1）采用低漂移、高增益的运算放大器作为主要放大器，具有电路简单和良好的可靠性、稳定性及各项技术性能。

2）在配热电偶和热电阻的变送器中采用线性比电路，使其输出电流 I_0 与被测温度呈线性关系，测量精度高。

3）电路中采用了安全火花防爆技术措施，可用于易燃易爆场合。

4）采用 DC 24V 集中供电，实现了二线制接线方式。

DDZ—Ⅲ型温度变送器原理框图如图 3-33 所示，由图可见，该变送器由量程单元和放大单元组成。图中，"$\Longrightarrow$"表示供电回路，"→"表示信号回路。反映被测参数大小的输入毫伏信号 U_i 与桥路部分的输出信号 U_z 以及反馈信号 U_f 相叠加，送入放大单元，经电压放大、功率放大和隔离输出电路，转换成 DC 4～20mA 输出电流 I_0 和 DC 1～5V 电压 U_0 输出。

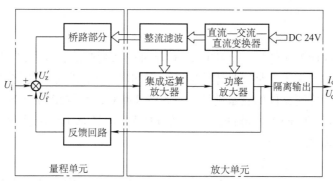

图 3-33　DDZ—Ⅲ型温度变送器原理框图

DDZ—Ⅲ型温度变送器有三个品种：

1）直流毫伏变送器，其输入信号是直流毫伏信号。凡是能将工艺参数变换成直流毫伏信号的传感器或检测元件均可与该变送器配合使用，将被测工艺参数转换成 DC 4～20mA 统一标准信号，从而扩大了变送器的应用范围。

2）热电偶温度变送器。

3）热电阻温度变送器。

三种变送器在电路结构上都由量程单元和放大单元两部分组成。其中放大单元是通用的，而量程单元则随品种、测量范围的不同而异。

3.3.5　微型化温度变送器

由于大规模和超大规模集成电路的发展，将组成变送器的多个组成单元，例如检测元件、信号调理电路、线性化处理电路、信号转换电路、功率放大电路、通信控制电路和输入、输出电路等集成在一片芯片上，DC 24V 电源供电，属二线制变送器，具有安全火花性能，与安全栅配合使用，可构成本质安全防爆系统，可用于易燃易爆场合，极大地缩小了变送器的体积和提高了其稳定性、可靠性和准确度，目前已得到广泛的应用。微型变送器是

21 世纪最具发展前景和影响力的一项高科技产品。微型变送器的厂商云集、产品繁多、型号各异，由于篇幅所限，本节仅介绍几种微型温度变送器的原理及其特性。

1. AD590 构成的温度变送器

该变送器由 AD590 系列温度检测元件和 AD707A 运算放大器组成。AD590 系列温度检测元件有系列产品，计有 AD590I、AD590J、AD590K、AD590L 和 AD590M。以 AD590M 的性能最佳，其最大非线性误差为 ±0.3℃，重复性误差范围为 ±0.05℃，标定误差为 ±0.5℃，响应时间仅为 20μs。测量范围为 -55~150℃，其输出为 DC 4~20mA。该变送器的缺点是测量范围较窄。

2. TMP17 构成温度变送器

TMP17 系列温度检测元件有 TMP17F 和 TMP17G 两种产品，以 TMP17F 的准确度较高，若经精心校准，其准确度可达 ±1℃，非线性误差仅为 ±0.5℃。其抗干扰能力强，稳定性好，价格低廉。其测温范围为 -40~105℃。输出为 DC 4~20mA 的统一标准信号。

TMP17 是采用激光修正的模拟集成温度检测元件，其工作原理与 AD590 相近。TMP17 采用双列直插式小型化封装。

3. TMP35 构成微型温度变送器

TMP35 系列温度检测元件是一个共有 15 种品种的系列产品，其中以 TMP37 的灵敏度最高，达 20mV/℃。其工作原理是以晶体管的基—射结电压 U_{be} 随温度变化而变化的原理工作的。TMP35 系列温度检测元件的测量范围为 -50~125℃，其输出为 DC 4~20mA，最高可达 150℃，测量准确度为 ±1℃，非线性误差为 ±0.5℃，静态工作电流仅为 50μA。其内部集成有恒流源，因此稳定性好。

4. TMP01 构成温度变送器

TMP01 系列温度检测元件有 TMP01E/F/G 三个品种，其中以 TMP01E 的准确度最高。TMP01E 准确度达 ±1%，电压灵敏度达 60mV/℃，内含 2.500V 的基准电压源、缓冲器、窗口比较器、滞后电压发生器及集电极开路晶体管等，输出信号是具有滞后特性的控制电压，输出电流达 20mA。TMP01 系列温度检测元件不仅适用于温度检测，而且适用开关式温度控制的场合，其测量范围为 -55~125℃，其输出为 DC 4~20mA，功耗仅为 2mW。

3.4　流量检测仪表

3.4.1　流量的基本概念

在现代生产过程自动化中，流量是重要参数之一。为了有效地进行生产操作、监视和自动控制，需对生产过程中各种介质的流量进行检测及变送，以便为生产操作和控制提供依据。生产过程中物料的总量的计量还是经济核算和能源管理的重要依据。因此，流量的检测及变送是发展生产、节约能源、改进产品质量、提高经济效益和管理水平的重要工具，是工业自动化仪表与装置中的重要仪表之一。

流体的流量是指在单位时间内流过管道某一截面积的流体的数量。其常用单位有以下两种：

1）体积流量 Q：在单位时间内流过管道某一截面的流体的体积，用 m^3/h 或 L/h 等单位表示。

2）质量流量 M：在单位时间内流过管道某一截面的流体的质量，用 kg/h 表示。

上述两种流量的关系为

$$M = \rho Q \qquad (3\text{-}14)$$

式中，ρ 为流体密度。

上述两种是流体的瞬时流量。在工程上为了经济核算也常用流体总量来表示。在某一段时间内流过管道截面积的流体的总量或累积流量，称为流体总量。它是瞬时流量在某一段时间内的积分，即

$$Q_{\mathrm{t}} = \int_0^t Q\mathrm{d}t = Qt \qquad (3\text{-}15)$$

$$M_{\mathrm{t}} = \int_0^t M\mathrm{d}t = Mt \qquad (3\text{-}16)$$

式中，Q_{t} 和 M_{t} 分别为体积总量和质量总量；t 为累加时间。

流量测量仪表也称为流量计。它通常由一次仪表和二次仪表组成。一次仪表也称为传感器，二次仪表称为显示装置或变送器。

流量测量仪表的种类繁多，各适用于不同场合，其分类见表 3-7。

表 3-7　流量仪表的分类

类　别		仪 表 名 称
体积流量计	容积式流量计	椭圆齿轮流量计、腰轮流量计、皮膜式流量计等
	差压式流量计	节流式流量计、均速管流量计、弯管流量计、靶式流量计、转子流量计等
	速度式流量计	涡轮流量计、涡街流量计、电磁流量计、超声波流量计等
质量流量计	推导式质量流量计	体积流量经密度补偿或温度、压力补偿求得质量流量等
	直接式质量流量计	科里奥利流量计、热式流量计、冲量式流量计等

由于篇幅所限，仅介绍一些常用的流量测量仪表的工作原理及其外特性。

3.4.2　差压式流量计

差压式流量计基于在流通管道上设置流动阻力件，流体通过阻力件时将产生差压，此差压与流体流量之间有确定的数值关系，通过测量差压值便可求得流体流量，并转换成电信号输出，例如 DC 4～20mA 统一标准信号。差压式流量计由产生差压的装置和差压计两部分组成，结构简单、可靠。

产生差压的装置有多种形式，包括节流装置，如孔板、喷嘴、文丘里管等，以及动压管、均速管、弯管等。

其中，节流式流量计可用于测量液体、气体或蒸汽的流量，在流量的检测和变送中有重要的地位。节流式流量计的组成如图 3-34 所示。节流式流量计中产生差压的装置称为节流装置或节流元件。节流装置分为标准节流装置和非标准节流装置。图 3-35 示出了三种最常用的标准节流装置的形状。

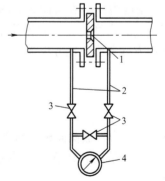

图 3-34　节流式流量计的组成
1—节流元件　2—引压管路
3—三阀组　4—差压计

标准节流装置的研究最充分，实验数据最完善，其形式已标准化和通用化，只需根据有关标准进行设计计算，严格遵照加工要求和安装要求，这样的节流式流量计不需进行单独标定和校验便可以使用。而非标准节流装置用以解决脏污和高粘度流体的流量测量问题，尚缺乏足够的实验数据，没有标准化。

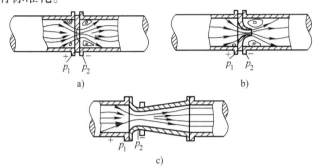

图 3-35　标准节流装置的形状

a）孔板　b）喷嘴　c）文丘里管

1. 节流式流量测量原理

节流式流量计的测量原理是以能量守恒定律和流体流动的连续性定律为依据的。图 3-36 示出了标准孔板前后流体的静压力和流动速度的分布情况。充满管道稳定连续流动的流体流经孔板时，流束在截面 1 处开始收缩，位于边缘处的流体向中心加速。流束中央的压力开始下降。在截面 2 处流束达到最小收缩截面，此处流速最快，静压力最低。在截面 2 后流束开始扩张，流动速度逐渐减慢，静压力逐渐恢复。但是，由于流体流经节流装置时有压力损失，所以静压力不能恢复到收缩前的最大压力值。

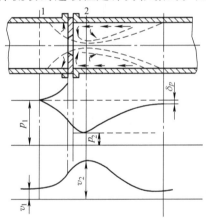

图 3-36　流体流经孔板时静压力与流动速度的分布情况

设流体是不可压缩的流体，在管道中连续而稳定流动，在截面 1 处的静压力为 p_1，流动速度为 v_1，密度为 ρ_1，在截面 2 处的静压力为 p_2，流动速度为 v_2，密度为 ρ_2。根据能量守恒定律，可写出伯努利方程和连续性方程为

$$\frac{p_1}{\rho_1} + \frac{v_1^2}{2} = \frac{p_2}{\rho_2} + \frac{v_2^2}{2} \qquad (3\text{-}17)$$

$$A\rho_1 v_1 = A_0 \rho_2 v_2 \qquad (3\text{-}18)$$

式中，A 为管道截面积；A_0 为最小收缩截面面积。

由于节流装置很短，可认为 $\rho_1 = \rho_2 = \rho_0$，用节流件的开孔面积 A_t 代替 A_0，即 $A_t = A_0 = \frac{\pi}{4}d^2$，$d$ 为节流元件的开孔直径；并且令 $\beta = d/D$，D 为管道直径。由式（3-17）和式（3-18）可求得 v_2 为

$$v_2 = \frac{1}{\sqrt{1 - \beta^4}} \sqrt{\frac{2}{\rho}(p_1 - p_2)} \qquad (3\text{-}19)$$

令 $\Delta p = p_1 - p_2$ 为节流装置前后差压，可得流体的体积流量为

$$Q = A_0 v_2 = \frac{A_0}{\sqrt{1 - \beta^4}} \sqrt{\frac{2}{\rho}\Delta p} \qquad (3\text{-}20)$$

在实际计算过程中，由于用节流元件的开孔面积代替流束最小截面积，差压 Δp 有不同的取压方法，必然会造成测量误差，为此引入流量系数 α，则式（3-20）变为

$$Q = \alpha A_0 \sqrt{\frac{2}{\rho}\Delta p} = \alpha \frac{\pi}{4} d^2 \sqrt{\frac{2}{\rho}\Delta p} \qquad (3\text{-}21)$$

式中，流量系数 $\alpha = CE$，E 为渐进速度系数，$E = 1/\sqrt{1 - \beta^4}$，C 为流出系数。

式（3-21）中的 α 和 C 必须由实验确定。应当指出，流量系数 α 是一个影响因素复杂的实验系数。实验证明，在管道直径 D，节流元件的形式、开孔尺寸和取压位置确定情况下，α 仅与流体的雷诺数 Re 有关。当 Re 大于某一数值（称为界限雷诺数 Re_{min}）时，可认为 $\alpha =$ 常数。因此，使用节流式流量计时，必须保证流体的雷诺数大于界限雷诺数 Re_{min}。α 与 Re、β 的关系可查图表得到。

对于可压缩流体，必须引入流束的膨胀系数 ε 进行修正，其流量方程为

$$Q = \alpha \varepsilon \frac{\pi}{4} d^2 \sqrt{\frac{2}{\rho}\Delta p} \qquad (3\text{-}22)$$

对于可压缩流体 $\varepsilon < 1$，ε 与 β、$\Delta p/p_1$、气体熵指数及节流件的形式有关，可查有关图表得到。对不可压缩流体，$\varepsilon = 1$。

流量方程式（3-22）的单位是国际单位制（SI）。目前，在工程上还习惯使用另一些常用单位，把这些单位代入式（3-22），并进行换算可得到工程上实用的流量 Q（m^3/h）的方程

$$Q = 0.01251 \varepsilon \alpha \beta^2 D^2 \sqrt{\frac{\Delta p}{\rho}} \qquad (3\text{-}23)$$

式中，ρ 的单位为 kg/m^3；Δp 的单位为 Pa；D 的单位为 mm。

由式（3-23）可见，当 α、ε、ρ 和 β 均为常数时，流量与差压 Δp 的二次方根成比例。这表明，节流式流量计的输出信号与被测量流量是非线性的。

流量方程式（3-22）和式（3-23）表示的是体积流量，欲测量质量流量 M 应根据式（3-14）换算。

节流式流量计中的差压计常用 DDZ—Ⅲ 型差压变送器将被测量转换成 DC 4～20mA 统一标准信号。

2. **标准节流装置的设计计算**

标准节流装置的设计计算通常有两种命题：

1）已知管道内径、节流元件的形式和开孔尺寸、取压方式、被测流体的参数等必要条件以及要求，根据所测得的差压值计算被测介质的流量。即已经有了标准节流装置，要求计算出差压值所对应的流量。

2）已知管道内径、被测流体的参数和其他必要条件以及预计的流量范围，要求选择适

当的差压上限 Δp_{max}，并确定节流元件的形式、开孔尺寸、取压方式以及确定差压变送器。该命题属于设计新的节流式流量计。这一类设计计算所需提供的数据如下：

① 被测流体的名称、组分；

② 被测流体的最大流量 Q_{max}、最小流量 Q_{min} 和常用流量 Q；

③ 被测流体的工作状态：工作压力 p_1、工作温度 t_1 及其变化范围，被测介质的密度 ρ，安装地的平均大气压力 p；

④ 允许压力损失 δ_p；

⑤ 管道材质，20℃的管道内径 D_{20}，管道内表面情况；

⑥ 管道设置情况和局部阻力形式；

⑦ 其他方面的要求，例如测量气体时的相对湿度等。

制造厂商多数已有设计计算的计算机软件，用户只需提供足够的原始数据即可。

3. 节流式流量计使用注意事项

为保证测量精度，对管道的选择、流量计的安装和使用条件均有严格的规定。

1）管道内壁表面应无可见坑凹、毛刺和沉积物等。

2）适用的管道直径 $D_{min} \geqslant 50mm$。节流元件前后必须有足够长度的直线管道 L_1 和 L_2，通常 $L_1 > 10D$，$L_2 > 5D$。

3）节流装置安装时要注意节流元件开孔必须与管道同轴，节流元件方向不能装反。

4）取压导管内径不得小于6mm，长度在16m以内。

5）取压导管与差压变送器的连接应安装截止阀和平衡阀。此外还应有冷凝器、集气器、沉降器、隔离器、吹气系统等，如图3-37所示。图3-37a为测量液体流量的情况；图3-37b为测量气体流量情况；图3-37c为测量蒸汽流量情况。

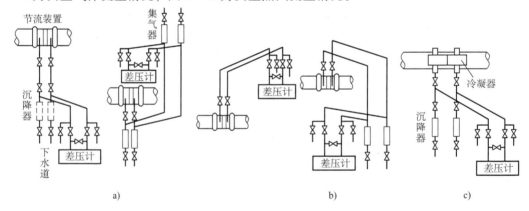

图3-37　差压变送器的安装

6）当利用节流式流量计测量可压缩流体时，若使用的工作压力 p 和热力学温度 T 与设计时的标准压力 p_0 和热力学温度 T_0 不符，则会引起较大误差，因此，必须进行修正，其修正公式为

$$Q = Q_0 \sqrt{\frac{pT_0}{p_0 T}} \tag{3-24}$$

式中，Q_0 和 Q 分别为设计时和使用时的流量。

7）由于差压变送器的输出信号 I_o 与被测流量 Q 是非线性的，I_o 正比于 Δp，而 $Q = K\sqrt{\Delta p}$，因此，必须利用开方器进行线性化处理。

3.4.3 靶式流量计

在管道中垂直于流动方向安装一圆盘形阻挡件，称之为"靶"，如图 3-38 所示。流体流经靶时，由于受阻将对靶产生作用力 F，F 与流体流动速度的关系为

$$F = KA_d \frac{\rho v^2}{2g} \qquad (3-25)$$

式中，K 为阻力系数；A_d 为垂直于流速的靶面积；ρ 为流体密度；v 为通过环形面积的流速；g 为重力加速度。

设管道的直径为 D，靶的直径为 d，则流体通过的环形面积为 $A_0 = \frac{\pi}{4}(D^2 - d^2)$。可求出体积流量与靶上受力关系为

$$Q = A_0 v = K_a \frac{D^2 - d^2}{d} \sqrt{\frac{\pi g}{2}} \sqrt{\frac{F}{\rho}} \qquad (3-26)$$

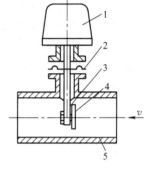

图 3-38　靶式流量计结构原理
1—力平衡转换器　2—密封膜片
3—杠杆　4—靶　5—测量导管

式中，K_a 称为流量系数，$K_a = \sqrt{\dfrac{1}{K}}$，它的数值由实验确定。

以直径比 $\beta = d/D$ 表示，式（3-26）可改写成

$$Q = K_a D \left(\frac{1}{\beta} - \beta \right) \sqrt{\frac{\pi g}{2}} \sqrt{\frac{F}{\rho}} \qquad (3-27)$$

当流体流动的雷诺数 Re 超过界限雷诺数 Re_{min} 时，流量系数 K_a 趋于常数。由于界限雷诺数 Re_{min} 之值较低，故靶式流量计可用于测量高粘度、低雷诺数的流体流量。

靶式流量计靶上所受的力 F，可利用与 DDZ—Ⅲ 型差压变送器力矩平衡原理和电子电路相同的方法，转换成 DC 4~20mA 统一标准信号输出。

靶式流量计可采用砝码挂重方法，代替靶上所受的力 F，进行校验、零点调整（或零点迁移）和量程调整。此方法称为"干校"。

目前，靶式流量计的配管直径为 $D = 15~200mm$ 系列，测量准确度可达 ±1%；量程比为 3:1；其主要缺点是压力损失较大。

3.4.4 转子流量计

转子流量计也是根据节流原理测量流体流量的，但是它是改变流体的流通面积来保持转子上下的差压 $\Delta p = p_1 - p_2$ 恒定，故又称为变流通面积恒差压流量计，也称为浮子流量计。

1. 测量原理及结构

转子式流量计的测量主体由一根自下而上扩大的垂直锥形管和一只可以沿锥管轴线向上向下自由移动的转子组成，如图 3-39 所示。

流体由锥管的下端进入，经过转子与锥管间的环形流通面积从上端流出。当流体通过环

形流通面积时，由于节流作用在转子上下端面形成差压 Δp，Δp 作用于转子而形成转子的上升力。当此上升力与转子在流体中的重力相等时，转子就稳定在一个平衡位置上，平衡位置的高度 h 与所通过的流量有对应关系，因此，可用转子的平衡高度代表流量值。

根据转子在锥形管中的受力平衡条件，可写出平衡公式

$$\Delta p A_{\mathrm{f}} = V_{\mathrm{f}}(\rho_{\mathrm{f}} - \rho)g \tag{3-28}$$

式中，A_{f} 和 V_{f} 分别为转子的截面积和体积；ρ_{f} 为转子密度；ρ 为被测流体的密度；g 为重力加速度。

将式（3-28）的恒差压 Δp 代入节流式流量计的流量方程式（3-22）得

$$Q = \alpha A_0 \sqrt{\frac{2g(\rho_{\mathrm{f}} - \rho)V_{\mathrm{f}}}{\rho A_{\mathrm{f}}}} \tag{3-29}$$

式中，α 为流量系数；A_0 为转子高度为 h 时的环形流通面积。

设转子高度为 h 时，锥管的半径为 R，转子的最大半径为 r，则环形流通面积 A_0 为

$$A_0 = \pi(R^2 - r^2) \tag{3-30}$$

由图 3-39 可见，$R = r + h\tan\varphi$，式中 φ 为锥管的夹角，代入式（3-30）并整理得

$$A_0 = \pi h(R + r)\tan\varphi = Ch$$

式中，$C = \pi(R + r)\tan\varphi = $ 常数。

将上式代入式（3-29），得

$$Q = \alpha Ch \sqrt{\frac{2gV_{\mathrm{f}}(\rho_{\mathrm{f}} - \rho)}{\rho A_{\mathrm{f}}}} = Kh \tag{3-31}$$

式中，K 为比例系数，$K = \alpha\pi(R + r)\tan\varphi \sqrt{\dfrac{2gV_{\mathrm{f}}(\rho_{\mathrm{f}} - \rho)}{\rho A_{\mathrm{f}}}} = $ 常数。

由此可见，转子流量计具有线性的流量特性。

转子流量计有玻璃管式直读式和金属管式电远传式两个大类。前者将流量标尺直接刻在锥管上，由转子高度直接读取流量值；后者利用差动变压器将转子的位移转换成 DC 4～20mA 统一标准信号，供显示或调节器对被控参数进行控制，其结构原理如图 3-40 所示。

2. 转子流量计的使用

1）转子流量计的刻度换算：转子流量计是一种非标准性仪表，出厂时需单个标定刻度。测量液体的转子流量计用常温的水来标定；测量其他介质流量的用标准状态下（20℃，$9.8 \times 10^4 \mathrm{Pa}$）的净化空气标度。实际测量时，若被测介质不是水或空气，则流量计的指示值与实际流量间存在较大差别，因此，必须进行刻度换算。

对于一般液体介质，当被测介质的密度 ρ' 与标定介质密度 ρ_0

图 3-39　转子流量计的测量原理

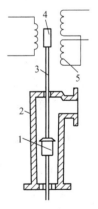

图 3-40　电远传式转子流量计结构原理

1—转子　2—锥管　3—连动杆
4—铁心　5—差动线圈

不一致时，必须进行校正，其校正公式为

$$Q = Q_0 \sqrt{\frac{(\rho_f - \rho')\rho_0}{(\rho_f - \rho_0)\rho'}} \tag{3-32}$$

对于气体介质，由于 $\rho_f >> \rho'$，$\rho_f >> \rho_0$，式（3-32）可简化为

$$Q = Q_0 \sqrt{\frac{\rho_0}{\rho'}} \tag{3-33}$$

当已知被测介质的密度和流量测量范围后，可根据式（3-32）或式（3-33）选择合适量程的转子流量计。

2）转子流量计的改量程：量程的改变可以采用不同材料的同形转子。增加转子的密度可以扩大量程，相反，减小转子的密度可以缩小量程。改量程后的流量刻度与原来的流量刻度可用下式计算：

$$Q = Q_0 \sqrt{\frac{\rho_f' - \rho}{\rho_f - \rho}} \tag{3-34}$$

式中，Q 和 ρ_f' 为改量程后的流量和转子密度；Q_0 和 ρ_f 为改量程前的流量和转子密度；ρ 为被测介质密度。

3）温度和压力的修正：由于液体介质是不可压缩流体，温度和压力的变化，对液体的粘度密度变化极小，故不用修正。但是，由于气体是可压缩流体，温度和压力变化会引起较大误差，必须修正，其修正公式见式（3-24）。

4）转子流量计必须垂直安装在管道上，流体必须自下而上流过转子流量计，不应该有明显的倾斜。配管直径一般小于 50mm。测量时，流体的雷诺数 Re 应大于界限雷诺数 Re_{min}。流量计的最佳测量范围应为量程上限的 1/3 ~ 2/3 刻度。

3.4.5 容积式流量计

容积式流量计是直接根据排出流体体积进行流量累计的仪表。它由测量室、运动部件、传动和显示部件组成。设测量室的固定标准容积为 V_0，在某一时间间隔内经过流量计排出的流体的固定标准容积数为 N，则被测流体的体积总量 Q 为

$$Q = nV_0 \tag{3-35}$$

利用计数器通过传动机构测出运动部件的转速 n，便可显示出被测流体的流量 Q。

容积式流量计的运动部件有往复运动式和旋转运动式两种。往复运动式有家用煤气表、活塞式油量表等。旋转运动式有旋转活塞式流量计、椭圆齿轮流量计、腰轮流量计等。各种容积式流量计适用不同场合和条件。下面仅介绍椭圆齿轮流量计的原理。

椭圆齿轮流量计的测量体由一对相互啮合的椭圆齿轮和仪表壳体组成，如图 3-41 所示。两个椭圆齿轮 A、B 在进出口流体差压作用下，交替地相互驱动。在图 3-41a 位置，齿轮 B 的差压为零，齿轮 A 的

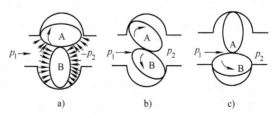

图 3-41 椭圆齿轮流量计的工作原理

差压不等于零，齿轮 A 为主动轮作顺时针方向转动，带动齿轮 B 作逆时针方向转动，当旋转达到图 3-41c 位置时，将固定标准容积 V_0 的流体排出表外。然后，齿轮 B 为主动轮，带动齿轮 A 转动。如此交替地相互驱动，当椭圆齿轮流量计转动一周时，将 4 个半月形标准容积 V_0 的流体排出去。因此，体积流量方程为

$$Q = 4nV_0 \tag{3-36}$$

式中，n 为椭圆齿轮的转速，单位为 r/min。

齿轮的转速通过变速机构直接驱动机械计数器显示总流量。也可通过电磁转换装置转换成相应的脉冲信号，用频率计对脉冲信号计数便能显示出流量的大小。脉冲的频率经 f/U 转换成电压信号，再经 U/I 转换成 DC 4～20mA 统一标准信号供调节器对被控参数进行调节，或指示记录仪指示记录被测流量。

椭圆齿轮流量计结构简单，可测高粘度液体的流量。准确度可达 ±0.2%～±0.5%，量程比可达 10:1，压力损失小。

腰轮流量计的工作原理与椭圆齿轮流量计的工作原理完全相同，仅将椭圆齿轮换成腰轮，两个腰轮的驱动是由套在壳体外的与腰轮同轴上的啮合齿轮来完成。

3.4.6　涡轮流量计

涡轮流量计是一种速度式流量仪表，其工作原理是基于安装在管道中可以自由转动的叶轮感受流体的流速的变化，从而测定管道中流体的流量。涡轮流量计的结构如图 3-42 所示。

由图 3-42 可见，流量计主要由壳体、导流器、轴承、涡轮和电磁转换器组成。涡轮是测量元件，它由磁导率较高的不锈钢材料制成，轴心上装有数片呈螺旋形或直形叶片，流体作用于叶片，使涡轮转动。壳体和前、后导流器由非导磁的不锈钢材料制成，导流器起导直流体作用。在导流器上装有滚动轴承或滑动轴承，用来支撑转动的涡轮。

将涡轮转速转换成电信号的方法以磁电式转换方法的应用最为广泛。磁电信号检测器包括磁电转换器和前置放大器。磁电转换器由线圈和永久磁钢组成，用于产生与叶片转速成比例的电信号。前置放大器放大微弱的电信号，使之便于远传。

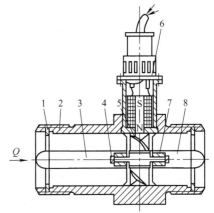

图 3-42　涡轮流量计的结构
1—紧固环　2—壳体　3—前导流件　4—止推片
5—涡轮　6—电磁转换器　7—轴承　8—后导流件

流体流过涡轮流量计时，推动涡轮转动，涡轮叶片周期性地扫过磁钢，使磁路的磁阻发生周期性变化，感应线圈便产生交流信号，其频率与涡轮的转速成正比，即与流体的流动速度 v 成正比。因此，涡轮流量计的流量方程为

$$Q = \frac{f}{\xi} \tag{3-37}$$

式中，Q 为体积流量；f 为脉冲信号的频率；ξ 为仪表常数。

仪表常数 ξ 与流量计的涡轮结构等因素有关。在流量较小时，ξ 值随流量的增加而增大，当流量达到一定数值后，ξ 近似为常数。在流量计的使用范围内，ξ 值保持为常数，其

单位为升每秒（L/s）。因此，必须保证流体的雷诺数大于界限雷诺数。

频率为 f 的交流电信号经过前置放大器放大，然后整形成方波脉冲信号，便可用电子计数器计数，并以 m³/h 显示。同时频率为 f 的方脉冲可经 f/U 和 U/I 电路转换成 DC 4～20mA 统一标准信号输出。

涡轮流量计可测量气体和液体流量，其准确度等级较高，一般为 0.5 级，小量程范围准确度等级达 0.1 级，因此常作为标准仪器校验其他流量计。

涡轮流量计一般水平安装，并保证其前后要有一定直管段，为保证被测介质洁净，表前装过滤装置。

3.4.7 涡街流量计

涡街流量计是利用流体振荡原理进行流量测量的，当流体流过非流线型阻挡体时，会产生稳定的漩涡，产生的漩涡的频率与流体流速具有确定的对应关系，测量漩涡频率的变化，便能得知流体的流量。

涡街流量计的测量主体是漩涡发生体，其形状有柱形、三角柱形、矩形柱形、T 形柱形以及由以上简单柱形组合而成的复合柱形。当流体流经置于管道中心的漩涡发生体时，在发生体的两侧会交替地产生漩涡，并在其下游形成两列不对称的漩涡列，如图 3-43 所示。当每两个漩涡之间的纵向距离 h 与横向距离 L 满足一定的关系，即 $h/L = 0.281$ 时，这两个漩涡列是稳定的，称之为"卡门涡街"。

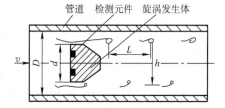

图 3-43 涡街流量计原理示意图

大量实验证明，在一定的雷诺数范围内，稳定的漩涡产生的频率 f 与漩涡发生处的流速 v 有如下确定的关系：

$$f = Sr \frac{v}{d} \tag{3-38}$$

式中，d 为漩涡发生体的特征尺寸；Sr 称为斯特劳哈尔数。

Sr 与漩涡发生体的形状及流体雷诺数 Re 有关，在一定的雷诺数范围内，Sr 的值基本不变，例如，圆柱体，$Sr = 0.21$；三角柱体，$Sr = 0.16$。其中三角柱体漩涡强度较大，稳定性好，压力损失适中，应用较多，图 3-43 的漩涡发生体即为三角柱体。

在漩涡发生体的形状和尺寸确定后，通过测量漩涡产生的频率 f，便能确定流体的体积流量 Q

$$Q = \frac{f}{K} \tag{3-39}$$

式中，K 为仪表系数，一般通过实验确定。

漩涡频率 f 的检测方式有一体式和分体式两种。一体式将检测元件放在漩涡发生体内，例如热丝式、膜片式和热敏电阻式等。分体式将检测元件安装于漩涡发生体的下游，如压电式和超声式等。图 3-43 中所示的为三角柱一体式涡街检测器原理示意图。

在三角柱的逆流面对称地嵌入两只热敏电阻，通入恒定电流加热热敏电阻，使其温度稍高于流体温度，在交替产生的漩涡作用下，两只热敏电阻被周期性地冷却，其阻值作周期性变化。由上述可见，流体的体积流量 Q 越大，漩涡的频率 f 越高，热敏电阻阻值变化的频率也越高。将热敏电阻与两只固定锰铜电阻接成测量桥路，便可测得漩涡的频率，从而测得流体的体积流量。

涡街流量变送器的输出信号有两种：一种是与体积流量成正比的频率信号；另一种是 DC 4~20mA 统一标准信号。

涡街流量变送器可用于测量气体、液体和蒸汽的流量。其测量几乎不受流体的温度、压力、密度、粘度等参数的影响。但是，必须保证流体的雷诺数大于界限雷诺数和上、下游有足够长度的直线管道以及没有阻力件。通常上游直管长度应大于 $(15~40)D$，下游应大于 $5D$，其中 D 为管道直径。

涡街流量变送器测量准确度等级较高，可达 0.5 级以上，量程比可达 30:1，是一种得到广泛应用的流量变送器。

3.4.8 电磁流量计

电磁流量计是根据电磁感应定律工作的，因此它只能测量导电液体的流量，例如水、酸、碱、盐溶液、水泥浆、纸浆、矿浆以及合成纤维等导电液体的流量，而不能测量气体、蒸汽以及石油等流量。

电磁流量计的测量原理如图 3-44 所示。当充满管道连续流动的导电液体在磁场中垂直于磁力线方向流过时，由于导电液体切割磁力线，则在管道两侧的电极上将产生感应电动势 E，E 的大小与液体流动速度 v 有关，即

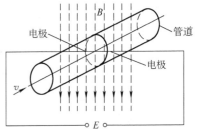

图 3-44 电磁流量计的测量原理

$$E = BDv \times 10^{-8} \tag{3-40}$$

式中，B 为磁感应强度；D 为管道直径，单位为 cm。

流体的体积流量 Q（cm^3/s）与流速 v（cm/s）的关系为

$$Q = \frac{\pi}{4}D^2 v \tag{3-41}$$

将式（3-41）代入式（3-40）得

$$E = 4 \times 10^{-8}\frac{B}{\pi D}Q = kQ \tag{3-42}$$

式中，k 称为仪表常数，$k = 4 \times 10^{-8}\dfrac{B}{\pi D}$，当 B 和 D 一定时，$k =$ 常数。

由式（3-42）可见，电磁流量计的感应电动势与流量具有良好的线性特性。

电磁流量变送器的转换部分将感应电动势进行电压放大、相敏检波、功率放大和 U/I 转换，最后转换成 DC 4~20mA 统一标准信号 I_o 输出，可见 I_o 与被测流量具有线性关系。

电磁流量变送器的测量管道中无阻力元件，其压力损失小，流速范围大，可达 0.5~10m/s；量程比达 10:1；其准确度等级可优于 0.5 级。电磁流量变送器对被测液体的电导率有一定的要求，一般要求电导率 $\gamma > 10^{-4}$S/cm。同时，流量计前后要有一定的直管道长度，通常大于 $(5~10)D$，其中 D 为管道直径。电磁流量变送器一般为水平安装，液体应充满管

道连续流动，也可以垂直安装，要求液体自下而上流过变送器。

3.5　物位检测仪表

物位是指液体与气体、液体与液体、固态物质与气体之间的界面相对于容器底部或某一基准面的高度。容器中液体介质的高低叫液位，容器中固体或颗粒状物质的堆积高度叫料位。测量液位的仪表叫液位计，测量料位的仪表叫料位计，测量两种密度不同液体介质的分界面的仪表叫界面计。上述三种仪表统称为物位仪表。

通过物位的测量，可以正确获知容器设备中所储存原料、半成品或产品的体积或重量，以保证连续供应生产中各个环节所需要的物料，或进行经济核算；通过物位测量，还可以了解容器内的物位是否在规定的工艺要求范围内，并可进行越限报警，以保证生产过程的正常进行、保证产品的产量和质量、保证生产安全。

物位测量仪表种类繁多，大致可分为接触式和非接触式两大类：

1）接触式物位仪表：主要有直读式、差压式、浮力式、电磁式（包括电容式、电阻式、电感式）、浮子式等物位仪表。

2）非接触式物位仪表：主要有辐射式、声波式、光电式等物位仪表。

工业上应用最广泛的物位仪表是差压式和浮力式物位仪表；光电式物位仪表适用于测量高温、熔融介质的液位；核辐射式物位仪表适用于测量高温、高压、易燃易爆、有结晶、沉淀和腐蚀性介质的液位；而浮子式物位仪表适用于测量糊状、颗粒状、大块状料位。

下面介绍几种常用的液位变送器。

3.5.1　浮力式液位变送器

浮力式液位变送器是根据阿基米德原理工作的，即液体对一个物体浮力的大小，等于该物体所排出的液体的重量。浮力式液位变送器可分为恒浮力式和变浮力式两种。

1. 恒浮力式液位变送器

图 3-45 所示为恒浮力式液位计的原理。浮子通过绳带与平衡锤连接，绳子的拉力与浮子的重量及浮力相平衡，以维持浮子处于平衡状态而漂浮在液面上，平衡锤的位置即反映了浮子的位置，平衡锤上的指针在标尺上指示出液位的高低。

设圆柱形浮子的外径为 D，浮子浸入液体的高度为 h，液体的密度为 ρ，其所受浮力 F 为

$$F = \frac{\pi D^2}{4} h \rho g \tag{3-43}$$

式中，g 为重力加速度。

可见，该液位计具有线性特性。

浮子位置的检测方法很多，可以直接指示，如图 3-45 所示。平衡锤上指针的位移可通过磁电转换装置，例如带动差动变压器的铁心上、下位移，便转换成差动变压器二次侧的输出电压，再通过相敏检波、滤波和 U/I 转换成 DC 4~20mA 统一标准信号，供调节器对液位进行控制，或供显示记录仪显示记录液位的变化。

2. 变浮力式液位变送器

图 3-46 所示为浮筒式变浮力液位计的原理。圆柱形浮筒部分沉浸于液体中，当浮筒被液体浸没的高度变化时，其所受浮力 F 也变化，F 的变化压缩弹簧，弹簧的弹性力与浮筒的重力相平衡时，浮筒便处于某一平衡位置，测量弹簧的压缩位移，并转换成统一标准信号，便可得知液位高度。

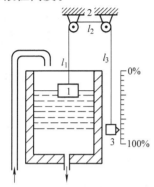

图 3-45　恒浮力式液位计的原理

1—浮子　2—滑轮　3—平衡锤

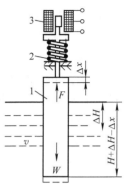

图 3-46　浮筒式变浮力液位计的原理

1—浮筒　2—弹簧　3—差动变压器

设浮筒质量为 m，截面积为 A，弹簧的刚度和压缩位移为 c 和 x_0，被测液体的密度为 ρ，浮筒浸没高度为 H_0，对应于起始液位有如下力平衡关系：

$$cx_0 = mg - A\rho g H_0 \tag{3-44}$$

当液位变化 ΔH 时，浮筒所受浮力变化，弹簧的变形有增量 Δx，达到新的平衡位置时，力平衡关系为

$$c(x_0 - \Delta x) = mg - A(H_0 + \Delta H - \Delta x)\rho g \tag{3-45}$$

将式 (3-44) 代入式 (3-45) 可求得

$$\Delta H = \left(1 + \frac{c}{A\rho g}\right)\Delta x = K\Delta x \tag{3-46}$$

由式 (3-46) 可见，弹簧的变形 Δx 与液位变化 ΔH 成正比关系，若设法检测 Δx 的值，便可求得 ΔH，因此可求得容器的液位高度为

$$H = H_0 + \Delta H$$

弹簧的压缩位移 Δx 带动差动变压器的铁心位移，便转换成其二次侧的电动势变化量，经相敏检波、滤波和 U/I 转换，从而输出 DC $4 \sim 20\text{mA}$ 统一标准信号。

3.5.2　差压式液位计

差压式液位计是利用容器内的液位改变时，由液柱产生的静压也相应变化的原理工作的，如图 3-47 所示。差压式液位计由于测量范围大、便于零点迁移、安装方便、工作可靠、准确度高，故其应用最普遍。

设容器上部空间的气体压力为 p_A，选定的零液位处的压力为 p_B，零液位至液面的液位高度为 H，其产生的差压 Δp 为

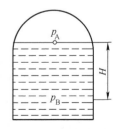

图 3-47　差压式液位计原理

$$\Delta p = p_B - p_A = H\rho g \tag{3-47}$$

式中，ρ 为被测液体的密度；g 为重力加速度。

当被测液体的密度 ρ 不变时，利用差压变送器将 Δp 或利用压力变送器将 p_B 转换成 DC $4\sim20\text{mA}$ 统一标准信号，便得知被测液位 H。

对于开口容器，式（3-47）中 p_A 为大气压力，利用压力变送器测量容器底部或零液位处的压力 p_B，便代表了容器内的液位高度 H，如图 3-48a 所示。若测量密闭容器的液位高度 H，将差压变送器按图 3-48b 所示接法连接，差压变送器的输出电流 I_0（$4\sim20\text{mA}$）便代表液位高度 H。

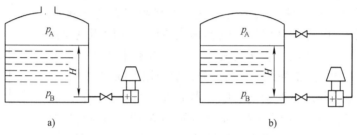

图 3-48 静压力式液位测量原理

a）敞口容器 b）密闭容器

若密闭容器内的被测介质为腐蚀性（如酸、碱、盐溶液）、有结晶颗粒、黏度大或易凝固的液体介质，可用法兰式差压变送器，如图 3-49 所示。感压膜盒或膜片安装在法兰中，通过充以硅油的毛细管与差压变送器的测量室相连接。被测差压 $\Delta p = p_B - p_A$ 作用于感压膜盒或膜片，通过毛细管内的硅油传递到差压变送器的测量室，将被测液位转换成统一标准信号远传。

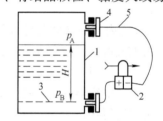

图 3-49 法兰式差压计
液位测量原理

1—容器 2—差压计 3—零液位线
4—法兰 5—毛细管

由于差压变送器的安装位置一般不能和被测容器的最低液位处于同一高度，如图 3-50 所示，在这种情况下，应对差压变送器的零点进行校正。

图 3-50a 中，差压变送器低于最低液位的高度为 h，其差压为

$$\Delta p = H\rho g + h\rho g \tag{3-48}$$

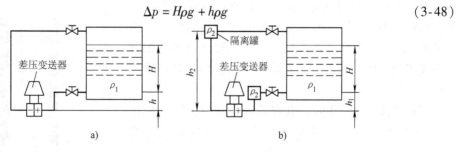

图 3-50 差压变送器位置与零液位线不一致时的连接

a）差压变送器低于零液位线 b）带隔离液体的安装情况

式（3-48）与式（3-47）比较可知，Δp 增加了静压力 $h\rho g$，因此使变送器的输出零点

与液位不对应，为使其相对应，应进行零点迁移，其迁移量为 $h\rho g$。

对于腐蚀性介质或可凝结的蒸汽的液位测量，常需在正负压室与取压点之间加装隔离罐，罐内充满密度为 ρ_2 的隔离液体，如图 3-50b 所示。由图可见，差压变送器两侧差压为

$$\Delta p = H\rho_1 g - (h_2 - h_1)\rho_2 g \qquad (3\text{-}49)$$

可见，差压变送器的零点迁移量 $(h_2 - h_1)\rho_2 g$ 为负值，即负零点迁移。

3.5.3　电容式物位计

电容式物位计是电磁式物位检测方法之一，其原理是直接把物位的变化转换成电容的变化量，然后再变换成统一的标准电信号，传输给各种仪表进行指示、记录、报警或控制。电容式物位计由电容物位传感器和检测电容的电路组成，适用于各种导电、非导电液体的液位或粉末状物位的测量。由于它的传感器结构简单，无可动部分，故应用范围广。

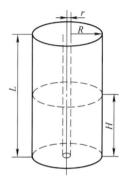

电容式物位传感器是根据圆筒形电容器原理进行工作的，结构如图 3-51 所示。它由两个长度为 L、半径分别为 R 和 r 的圆筒形金属导体组成内、外电极，中间隔以绝缘物质构成圆筒形电容器。电容的表达式为

$$C = \frac{2\pi\varepsilon L}{\ln\dfrac{R}{r}}$$

图 3-51　电容式物位
传感器结构

式中，ε 为内、外电极之间的介电常数。

由上式可见，改变 R、r、ε、L 其中任意一个参数时，均会引起电容 C 的变化。实际物位测量中，一般是 R 和 r 固定，采用改变 ε 或 L 的方式进行测量。电容式物位传感器实际上是一种可变电容器，随着物位的变化，必然引起电容量的变化，且与被测物位高度成正比，从而可以测得物位。

由于所测介质的性质不同，采用的方式也不同，下面分别介绍测量不同性质介质的方法。

1. 非导电介质的液位测量

当测量石油类制品、某些有机液体等非导电介质时，电容传感器可以采用如图 3-52 所示方法。它用一个电极作为内电极 1，用与它绝缘的同轴金属圆筒作为外电极 2，外电极上开有孔和槽，以便被测液体自由地流进或流出。内、外电极之间采用绝缘材料 3 进行绝缘固定。

当被测液位 $H = 0$ 时，电容器内、外电极之间气体（最常见的是空气）的介电常数为 ε_0，电容器的电容量为

$$C_0 = \frac{2\pi\varepsilon_0 L}{\ln\dfrac{R}{r}} = 常数 \qquad (3\text{-}50)$$

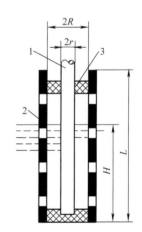

图 3-52　非导电介质液位测量
1—内电极　2—外电极　3—绝缘材料

当液位为某一高度 H 时，电容器可以视为两部分电容的并联组合，即

$$C_x = \frac{2\pi\varepsilon_x H}{\ln\dfrac{R}{r}} + \frac{2\pi\varepsilon_0(L-H)}{\ln\dfrac{R}{r}} \tag{3-51}$$

式中，H 为被液体浸没电极的高度；ε_x 为被测液体的介电常数；ε_0 为气体的介电常数。

当液位变化时，引起电容的变化量为 $\Delta C = C_0 - C_x$，由式（3-50）和式（3-51）可得

$$\Delta C = \frac{2\pi(\varepsilon_x - \varepsilon_0)}{\ln\dfrac{R}{r}}H = KH \tag{3-52}$$

式中，K 为电容—液位转换的灵敏系数，$K = \dfrac{2\pi(\varepsilon_x - \varepsilon_0)}{\ln\dfrac{R}{r}}$。

由此可见，介质介电常数与空气介电常数的差值越大，或内外电极的半径 R 和 r 越接近，传感器的灵敏度越高。所以，测量非导电液体的液位时，传感器一般不采用容器壁做外电极，而是采用直径较小的竖管做外电极，或将内电极安装在接近容器壁的位置，以提高测量灵敏度。

2. 导电介质的液位测量

如果被测介质为导电液体，内电极要采用绝缘材料覆盖，测量导电介质液位的电容式液位计原理如图 3-53 所示。直径为 $2r$ 的纯铜或不锈钢内电极，外套聚四氟乙烯塑料套管或涂以搪瓷作为电介质和绝缘层，内电极外径为 $2R$。直径为 $2R_0$ 的容器是用金属制作的。当容器中没有液体时，介电层为空气加塑料或搪瓷，电极覆盖长度为整个 L，如果导电液体液位高度为 H 时，则导电液体就是电容的另一极板的一部分。在高度范围内，作为电容器外电极的液体部分的内半径为 R，内电极半径为 r。因此整个电容量为

$$C_x = \frac{2\pi\varepsilon_x H}{\ln\dfrac{R}{r}} + \frac{2\pi\varepsilon_0(L-H)}{\ln\dfrac{R_0}{r}} \tag{3-53}$$

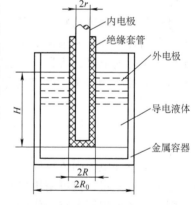

图 3-53 导电介质的液位测量

式中，H 为被液体浸没电极的高度；ε_x 为绝缘套管或涂层的介电常数；ε_0 为电极绝缘层和容器内气体共同组成的电容器的等效介电常数。

当容器空，即 $H=0$ 时，式（3-53）的第二项就成为电极与容器组成的电容器，其电容量为

$$C_0 = \frac{2\pi\varepsilon_0 L}{\ln\dfrac{R_0}{r}} \tag{3-54}$$

当液位 H 发生变化时

$$C_x = \left(\frac{2\pi\varepsilon_x}{\ln\dfrac{R}{r}} - \frac{2\pi\varepsilon_0}{\ln\dfrac{R_0}{r}} \right) H + C_0 = KH + C_0 \tag{3-55}$$

式中，K 为传感器的灵敏系数，$K = \dfrac{2\pi\varepsilon_x}{\ln\dfrac{R}{r}} - \dfrac{2\pi\varepsilon_0}{\ln\dfrac{R_0}{r}}$。

由于 $R_0 \gg r$，且 $\varepsilon_0 \ll \varepsilon_x$，忽略上式中第二项，所以有

$$K \approx \frac{2\pi\varepsilon_x}{\ln\dfrac{R}{r}}$$

$$\Delta C = C_x - C_0 = \frac{2\pi\varepsilon_x}{\ln\dfrac{R}{r}} H = KH \tag{3-56}$$

由式（3-56）可见，由于 ε_x、R 和 r 均为常数，测得 ΔC 即可获得被测液位 H。但此种方法不能适用于粘滞性介质，因为当液位变化时，粘滞性介质会粘附在内电极绝缘套管表面上，造成虚假的液位信号。

3. 固体的料位测量

由于固体物料的流动性较差，故不宜采用图 3-52 所示的双筒电极。

对于非导电固体物料的料位测量，通常采用一根不锈钢金属棒与金属容器器壁构成电容器的两个电极，如图 3-54 所示，金属棒 1 作为内电极，容器壁 2 作为外电极。将金属电极棒插入容器内的被测物料中，电容变化量 ΔC 与被测料位 H 的函数关系仍可用非导电液位的函数关系式（3-52）来表述，只是式中的 ε_x 代表固体物料的介电常数，R 代表容器器壁的内径，其他参数相同。

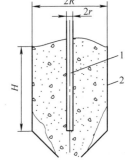

图 3-54　非导电料位测量
1—金属棒内电极　2—容器壁

如果测量导电的固体料位，则需要对图 3-54 中的金属棒内电极加上绝缘套管，测量原理同导电液位测量，也可用相同的函数表述。

同理，还可以用电容物位计测量导电和非导电液体之间及两种介电常数不同的非导电液体之间的分界面。

3.5.4　超声波物位计

所谓超声波一般是指频率高于可听频率极限（20kHz 以上频段）的弹性振动，这种振动以波动的形式在介质中的传播过程就形成超声波。超声波可以在气体、液体、固体中传播，并具有一定的传播速度。超声波在穿过介质时会被吸收而产生衰减，气体吸收最强则衰减最大，液体次之，固体吸收最少则衰减最小。超声波在穿过不同介质的分界面时会产生反射，反射波的强弱决定于分界面两边介质的声阻抗，两介质的声阻抗差别越大，反射波越强。声阻抗即介质的密度与声速的乘积。根据超声波从发射至接收到反射回波的时间间隔与

物位高度之间的关系，就可以进行物位的测量。

利用超声波的物理性质可以制成超声波物位计，根据安装方式的不同，可分为声波阻断型和声波反射型两种类型：

（1）超声波阻断型

它是利用超声波在气体、液体和固体介质中被吸收而衰减的情况的不同，来探测在超声波探头前方是否有液体或固体物料存在。当液体或固体物料在储罐、料仓中积存高度达到预定高度位置时，超声波即被阻断，即可发出报警信号或进行限位控制。这种探头安装方式主要用于超声波物位控制器中，也可用于运动体（人员、车辆）以及生产流水线上工件流转等的计数和自动开门控制中。

（2）超声波反射型

它是利用超声波回波测距的原理，可以对液位进行连续测量。实际应用中可以采用多种方法：根据传声介质的不同，有气介式、液介式和固介式；根据探头的工作方式，又有自发自收的单探头方式和收、发分开的双探头方式。这些方法的相互组合可得到不同的测量方案。

超声波测量液位的方法有以下几种，如图 3-55 所示。

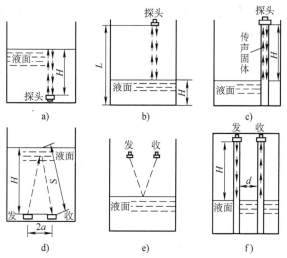

图 3-55　超声波测量液位的几种测量方法

1）液介式测量方法：如图 3-55a 所示，探头固定安装在液体中最低液位处，探头发出的超声脉冲在液体中由探头传至液面，反射后再从液面返回到同一探头而被接收。探头接收到回波的时间为

$$t = \frac{2H}{v}$$

式中，v 为超声波在液体中的传播速度。

2）气介式测量方式：如图 3-55b 所示，探头安装在最高液位之上的气体中，有

$$t = \frac{2(L-H)}{v}$$

只是 v 代表气体中的声速。

3）固介式测量方式：图 3-55c 所示是固介式测量方法，将一根传声的固体棒或管插入液体中，上端要高出最高液位，探头安装在传声固体的上端。

4）双探头液介式测量方法：如图 3-55d 所示。

5）双探头气介式方式：如图 3-55e 所示。

6）双探头固介式方式：如图 3-55f 所示，它需要采用两根传声固体，超声波从发射探头经第一根固体传至液面，再在液体中将声波传至第二根固体，然后沿第二根固体传至接收探头。

7）液—液相界面的测量：利用超声波反射时间差法也可以检测液—液相界面位置。如图 3-56 所示，两种不同的液体 A、B

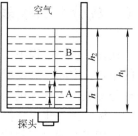

图 3-56　超声波界面计

的相界面在 h 处，液面总高度为 h_1，超声波在 A、B 两液体中的传播速度分别为 v_1 和 v_2。采用单探头液介式方式进行测量。

3.5.5 光电式物位计

光学式物位测量最简单的模式是：发光光源（如灯泡）放在容器的一侧，另一侧相对光源处装置光敏元件，当物位升高至物料遮挡光源时，光敏元件输出信号突变，仪表发出开关信号，进行报警或控制。

目前常用的光源发射器有激光器、发光二极管、普通灯光等，光源的接收可由光敏电阻、光敏二极管、光电池、光电倍增管等多种光电器件来实现。在选定某种光源器件后，再据此来选择光接收器件，并与合适的电路配合，组成物位计。

光接收器件是光电式测量系统的关键部件，起着将光转换为电信号的作用。基于光电效应原理工作的光电转换器件称为光电器件或光敏器件，按其转换原理可分为光电发射型、光导型和光伏型。

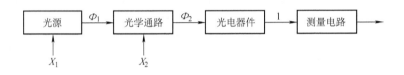

图 3-57 光电式传感器的基本组成

光电式传感器是以光为媒介、以光电效应为基础的传感器，主要由光源、光学通路、光电器件及测量电路等组成，如图 3-57 所示。

光电式液位计利用光的全反射原理实现液位测量。如图 3-58 所示，发光二极管作为发射光源，当液位传感器的直角三棱镜与空气接触时，由于入射角大于临界角，光在棱镜内产生全反射，大部分光被光敏二极管接收，此时液位传感器的输出便保持在高电平状态；而当液体的液位

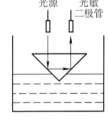

图 3-58 光电式液位计

到达传感器的敏感面时，光线则发生折射，光敏二极管接收的光强明显减弱，传感器从高电平状态变为低电平，由此实现液位的检测。

3.6 成分分析仪表

在化工生产过程中，成分是最直接的控制指标。利用成分分析仪表，可以了解生产过程中的原料、中间产品及成品的质量。这种控制要比控制温度、压力、流量等参数直接得多。将成分参数送入计算机与其他参数综合，进行数据的分析和处理，可以及时了解产品的各项控制指标，进一步提高控制质量，实现优质、高产、低耗的控制目标。目前气体分析仪表已广泛应用于在线检测与控制。

尽管成分分析仪表工作原理不同，复杂程度各异，但其基本构成都是相同的，一般都是

由取样装置、预处理系统、检测器（传感器）、信号处理及显示环节以及整机自动控制系统组成的，如图 3-59 所示。

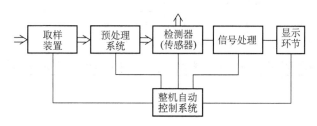

图 3-59　成分分析仪表基本构成

1. 取样装置

取样装置的作用是从工艺流程中取出具有代表性的待分析样品引入分析仪表。取样装置应有足够的机械强度，不与样品起化学反应和催化作用，不会造成过大的测量滞后，耐腐蚀，易安装，清洁。所取样品应有代表性，没有被测组分的损失。

2. 预处理系统

预处理系统的任务是将生产过程中提取的样品加以处理，以满足检测器对样品状态的要求。一般是除去待分析样品中的灰尘、蒸汽、雾及有害物质和干扰组分，调整样品的压力、流量和温度等，保证样品符合分析仪表规定的使用条件。

3. 检测器

检测器为分析仪表的核心。此环节采用各种敏感元件，如光敏电阻、热敏电阻以及各种化学传感器等，将待分析样品的成分量或物性量转换成便于测量的电信号输出。

4. 信号处理及显示环节

将分析装置送来的信号进行放大、运算等处理后，进行相应的指示、记录，显示出成分分析的最终结果。

按使用场合来分，成分分析仪表分为实验室分析仪表和工业分析仪表。按测量原理分类，成分分析仪表的种类见表 3-8。本节将介绍几种常用的分析仪表。

表 3-8　成分分析仪表的分类

类　别	品　种
热学式	热导式分析仪表，热化学式分析仪表，差热式分析仪表
磁力式	热磁式分析仪表，磁力机械式分析仪表
光学式	光电比色分析仪表，红外吸收式分析仪表，紫外吸收式分析仪表，光干涉式分析仪表，光散射式分析仪表，光度式分析仪表，分光光度式分析仪表，激光分析仪表，化学发光式分析仪表
射线式	X 射线分析仪表，电子光学式分析仪表，核辐射式分析仪表，微波式分析仪表
电化学式	电导式分析仪表，电量式分析仪表，电位式分析仪表，电解式分析仪表，极谱仪，pH 计（酸度计），离子浓度计
色谱仪	气相色谱仪，液相色谱仪

（续）

类　别	品　种
质谱仪	静态质谱仪，动态质谱仪，其他质谱仪
波谱仪	核磁共振波谱仪，电子顺磁共振波谱仪，λ共振波谱仪
物性仪	温度计，水分计，粘度计，密度计，浓度计，尘量计
其他	晶体振荡分析仪表，蒸馏及分离分析仪表，气敏式分析仪表，化学变色式分析仪表

3.6.1　pH 计

许多工业生产都涉及酸碱度的测定，酸碱度对氧化、还原、结晶、生化等过程都有重要的影响。在化工、纺织、冶金、食品、制药等工业中要求能连续、自动地检测出酸碱度，以便监测、控制生产过程的正常进行。酸度在化学、化工常用 pH 值表示，即氢离子 [H^+] 的浓度大小来表示，pH 值定义为 [H^+] 的对数的负数。因此，pH 计是一种常用的仪器设备，主要用来精密测量液体介质的酸碱度值，配上相应的离子选择电极也可以测量离子电极电位 mV 值，广泛应用于工业、农业、科研、环保等领域。

氢离子浓度的测定通常采用两种方法：一种是酸碱指示剂法，它利用某些指示剂颜色随离子浓度而改变的特性，以颜色来确定离子浓度范围。颜色可以用比色或分光比色法确定；另一种是电位测定法，它利用测定某种对氢离子浓度有敏感性的离子选择性电极所产生的电极电位来测定 pH 值。这种方法的优点是使用简便、迅速，并能取得较高的精度，在通常的 pH 值范围内，实验室多采用此法。本节仅说明电位法测定氢离子浓度的基本原理和所用的测量仪表。

pH 计（也称酸度计）是以电位测定法来测量溶液 pH 值的，它由电极组成的变换器和电子部件组成的检测器构成，如图 3-60 所示。

变换器由参比电极、工作电极和外面的壳体所组成。当被测溶液流经变换器时，电极和被测溶液就形成一个化学原电池，两电极间产生一个原电动势，该电动势的大小与被测溶液的 pH 值成比例。

参比电极的电极电位是一个固定的常数，工作电极的电极电位则随溶液氢离子浓度而变化。参比电极

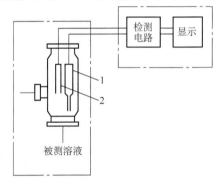

图 3-60　pH 计的组成
1—参比电极　2—工作电极

与工作电极的电位的差值，代表溶液中的氢离子浓度。将参比电极和工作电极插入被测溶液中，根据能斯特公式，原电池的电动势 E 与被测溶液的 pH 值之间的关系为

$$E = 2.303 \frac{RT}{F} \lg [H^+] = -2.303 \frac{RT}{F} pH_x$$

式中，E 为电极电动势，单位为 V；R 为气体常数，$R = 8.314 J/(mol \cdot K)$；$T$ 为热力学温度，单位为 K；F 为法拉第常数，$F = 9.6487 \times 10^4 C/mol$；$pH_x$ 为被测溶液的 pH 值。

由于电极的内阻相当高，可达到 $10^9 \Omega$，所以它要求信号的检测电路的输入阻抗至少要达到 $10^{11} \Omega$ 以上，电路采用两方面的措施：一是选用具有高输入阻抗的放大器件，例如场效应晶体管、变容二极管或静电计管；二是电路设计有深度负反馈，它既增加了整机的输入阻

抗，又增加了整机的稳定性能，这是 pH 计检测电路的特点。测量结果的显示可以用电流，也可将电流信号转换为电压信号，用电子电位差计指示、记录。

应用于工业流程分析的酸度计，其变换器与检测器分成两个独立的部件，变换器装于分析现场，而检测器则安装在就地仪表盘或中央控制室内。信号电动势可作为远距离传送，其传送线为特殊的高阻高频电缆，如用普通电缆时，则灵敏度下降，误差增加。

由于仪表的高阻特性，要求接线端子保持严格的清洁，一旦污染后，绝缘性能可以下降几个数量级，降低了整机的灵敏度和精度。实际使用中出现灵敏度与精度下降的一个主要原因是传输线两端的绝缘性能下降，所以保持接线端子的清洁是仪器能正常工作的一个不可忽略的因素。

工业上常用使用方便的甘汞电极作为参比电极，也常用银—氯化银电极作为参比电极。工作电极常用的有玻璃电极、氢醌电极和锑电极等。

3.6.2 红外气体分析仪

红外气体分析仪是利用不同的气体对不同波长的红外线辐射能具有选择性吸收的特性来进行气体浓度分析的。它具有量程范围宽、灵敏度高、反应迅速、选择性强的特点。

红外线的波长范围为 $0.75 \sim 1000 \mu m$，红外气体分析仪中利用的波长范围为 $2 \sim 25 \mu m$，可以用恒定电流加热镍铬丝到某一适当的温度而产生某一特定波长范围的红外线。除了具有对称结构、无极性的双原子气体（如 O_2、H_2、Cl_2、N_2）和单原子分子气体（如 He、Ar）外，几乎所有气体以及水蒸气等对红外线都具有强烈的选择性吸收特性。部分气体的特征吸收峰波长见表 3-9。

表 3-9　部分气体的特征吸收峰波长

气　体	特征吸收峰波长/μm	气　体	特征吸收峰波长/μm
CO	4.65	H_2S	7.6
CO_2	2.7, 4.26, 14.5	HCl	3.4
CH_4	2.4, 3.3, 7.65	C_2H_4	3.4, 5.3, 7, 10.5
NH_3	2.3, 2.8, 6.1, 9	H_2O	在 $2.6 \sim 10$ 之间都有相当的吸收
SO_2	7.3		

某一种气体对于一定波长的红外线辐射能的吸收，遵循贝尔（Bell）定律，即

$$I = I_0 e^{-kcl} \tag{3-57}$$

式中，I 为透射光强度；I_0 为入射光强度；k 为吸收系数；c 为气体浓度；l 为气体吸收层厚度。

由式（3-57）可见，当 l 和 I_0 一定时，红外线被待测气体吸收后的光强度 I 是气体浓度 c 的单值函数。I 与 c 的关系是按指数规律变化的，如图 3-61 所示。

若气体吸收层的厚度 l 很薄和待测气体浓度 c 很低，即 $klc \ll 1$ 时，则式（3-57）可近似为

$$I = I_0(1 - kcl) \tag{3-58}$$

此时，I 与 c 具有线性关系。

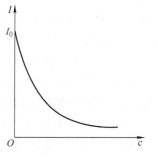

图 3-61　I 与 c 的关系曲线

在红外线气体分析仪中，为使 I 与 c 具有线性关系，应使 c、l 之值较小，因此，应根据被测气体浓度 c 选择测量室的厚度 l，使 l 较小，或根据 l 选择较低浓度的待测气体。同时也可在电子电路中进行线性化处理，保证 I 与 c 具有线性特性。

目前，工业生产过程中常用的红外气体分析仪的原理框图如图 3-62 所示。由图可见，分析仪的测量原理可简述如下：

恒光源 1 发出光强为 I_0 的某一特征波长的红外光，经反射镜 2 产生两束平行的红外光，同步电动机 6 带动有若干对称圆孔的切光片 5，将连续红外光调制成两束频率相同的脉冲光。其中一束射入测量气室 3（分析室），另一束射

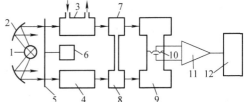

图 3-62　红外气体分析仪原理框图
1—光源　2—反射镜　3—分析室
4—参比气室　5—切光片　6—同步电动机
7、8—干扰滤光室　9—接收室
10—电容传感器　11—放大器　12—记录仪表

入参比气室 4。待测样气中含有待测气体和干扰气体，在测量气室中待测气体和干扰气体分别吸收各自特征波长的红外线能量，然后到达干扰滤光室 7、8。在参比气室中充满不吸收红外线的气体（如 N_2），从参比气室射出的红外光能量不变，然后到达干扰滤光室。干扰滤光室充满浓度 100% 的干扰气体，在干扰滤光室中，干扰气体将其对应的特征波长的红外光能量全部吸收光。然后，两束红外光分别到达接收室 9 的上、下两个气室。接收室由膜片将其分成容积相等的上、下两个部分。膜片与定极板组成一只电容传感器 10。接收室上、下两室均充满浓度为 100% 的待测气体，因此在接收室中，待测气体将其吸收特征波长的两束红外线能量全部吸收掉。由于参比室中 N_2 没吸收红外线能量，而测量室中待测气体吸收了部分能量，因此到达下接收室的红外线强度比到达上接收室的红外线强度强。在接收室中分别被吸收完后，下接收室产生的能量比上接收室产生的能量大，致使电容传感器动极板（膜片）产生位移，改变两极板间的距离 d，所以引起电容传感器的电容值发生变化。最后，放大器 11 将电容的变化量 ΔC 转变成电压或电流输出，便于信号远传。同时也可供记录仪表 12 显示和记录被测气体的百分含量。

被测气体的百分含量越大，到达接收室的两束红外线的强度差值越大，电容的变化量 ΔC 越大，放大器的输出电压或电流也越大。

3.6.3　气相色谱分析仪

气相色谱分析仪的测量原理是基于不同物质在固定相和流动相所构成的体系，即色谱柱中具有不同的分配系数而将被测样气各组成分离开来，然后用检测器将各组成气体的色谱峰转变成电信号，经电子放大器转换成电压或电流输出。

色谱柱有两大类：一是填充色谱柱，其内填充一定的固体吸附剂颗粒（如氧化铝、硅胶、活性炭等）或液体（固定液）而构成；另一种是空心色谱柱或空心毛细管，将固定液附着在毛细管内管壁上而构成。由于被分析的样气体积很小，不能自流动，必须由具有一定压力的载气带入色谱柱，并定向流过色谱柱。载气（如 N_2、H_2、He、Ar 等）在固定相上的吸附或溶解能力远比样气中各组分弱得多，由于样气中各组分在固定相上的吸附或溶解能力不同，因此，样气中各组分在流动相和固定相中的分配系数 K_i 也不同，K_i 可表示为

$$K_i = \frac{C_n}{C_m} \tag{3-59}$$

式中，C_n 为组分 i 在固定相中的浓度；C_m 为组分 i 在流动相中的浓度。

分配系数 K_i 大的组分不容易被流动相带走，因而在固定相中停滞时间较长；而分配系数 K_i 小的组分较容易被流动相带走，在固定相中停滞时间较短。样气在载气的带动下反复多次通过色谱柱，便能使样气中不同组分得到完全分离。用一句话来说，分配系数 K_i 最小的组分首先离开色谱柱到达检测器，而 K_i 最大的组分则最后离开色谱柱到达检测器。图 3-63 所示为样气中各组分在色谱柱中的分离过程。图中，组分 A 的 K_i 比组分 B 小，故组分 A 较组分 B 首先到达检测器（t_4 时刻），而组分 B 在 t_5 时刻才到达检测器。

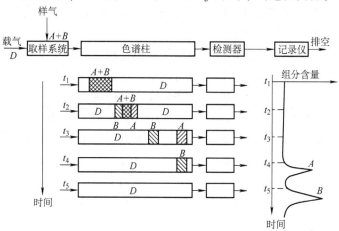

图 3-63　样气在色谱柱中的分离过程

最常用的检测器是热导式检测器，利用电阻丝（如铂丝）绕制 4 只阻值相同的微型电阻。在参比室和测量室各放置两只，并接成电桥电路。参比室的两只电阻和测量室的两只电阻分别接在相邻桥臂上，并通以恒定的电流使电阻体发热至某一温度。参比室通以载气，测量室通以由色谱柱分离出来的待测组分。当无待测组分时，两室通过的均为相同的载气，电桥平衡，其输出电压为零。当有待测组分通过测量室时，由于其热导率与载气的不同，改变了散热条件，从而其阻值变化，桥路失去平衡，输出电压不为零。经电子放大器放大，U/I 转换，输出 DC 1 ~ 5V 和 DC 4 ~ 20mA 统一标准信号，或者在记录仪上记录各组分的百分含量。

3.6.4　氧量分析仪

在一些生产过程中，尤其是燃烧过程和氧化反应过程中，测量和控制混合气体中的氧含量是非常重要的。例如，在加热炉或锅炉燃烧系统中，为了达到完全燃烧，使其有较高的热效率，并且减少对大气污染，目前较多采用了热效率控制。通过测出烟道中氧含量来调节空气量，控制合适的燃油（或燃气）与空气比例，使燃烧始终保持在完全燃烧的过程中，以达到最高热效率，既节能又减少大气污染。

目前，氧含量分析方法有两种：一种是物理分析法，如磁氧分析仪；另一种是电化学法，如氧化锆分析仪。磁氧分析仪是利用氧的磁化特性工作的，根据仪器结构原理不同，磁氧分析仪又可分为热磁式氧分析仪和磁力机械式氧分析仪。本章着重介绍热磁式氧分析仪和氧化锆分析仪。

1. 热磁式氧分析仪

在氧量分析仪中，应用最广泛的是热磁式氧分析仪，它具有量程宽、稳定性好、不消耗被分析气体和使用简便等优点。

任何物质都具有一定的磁性，只不过是磁性的大小不同而已，磁性大的物质，可以被磁场吸引，而磁性小的物质，就不能被磁场所吸引。所以任何物质，在外界磁场作用下，都能被磁化，不同物质受磁化的程度不同。磁化率为正的物质称为顺磁性物质，它们在外界磁场中被吸引；磁化率为负的物质，它们在外界磁场中被排斥。磁化率数值越大，则受吸引或排斥的力也越大。由表 3-10 可知，常见气体中，氧的相对磁化率最大，除一氧化氮、二氧化氮、空气外，其他气体的相对磁化率都比较小。

虽然氧的相对磁化率最大，但其磁化率的绝对值是很小的，难于直接测量，一般利用磁化率与热力学温度的二次方成反比的特性进行测量。这就是热磁式氧分析仪的工作原理。

表 3-10　常见气体的相对磁化率

气体名称	相对磁化率	气体名称	相对磁化率	气体名称	相对磁化率
氧	100.0	氢	-0.11	二氧化碳	-0.57
一氧化氮	36.2	氮	-0.22	氨	-0.57
空气	21.1	氯	-0.40	氩	-0.59
二氧化氮	6.16	水蒸气	-0.40	甲烷	-0.68
氮	-0.06	氯	-0.41		

热磁式氧分析仪的传感器结构如图 3-64 所示。传感器是一个具有中间水平通道的测量环室。在水平通道外，用金属铂丝均匀地绕制两只同阻值的电阻 R_1 和 R_2。R_1 和 R_2 既是加热元件，又是检测元件。利用恒压源或恒流源向 R_1 和 R_2 通以恒定的电流使其发热至某一恒定温度（通常为 100～250℃ 间的某一值）。在水平通道的左端 R_1 附近放一永久磁铁，磁场强度一般取 0.5～0.9T 间的某一值。被测样气由环室上端连续进入，由下端流出。

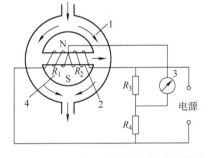

图 3-64　热磁式氧分析仪的传感器结构
1—测量环室　2—水平管道
3—显示仪表　4—磁场

当样气中不含待测氧气时，样气进入环室后，由于水平通道两侧的压力相等，故水平通道无气流。当样气含有待测氧气时，由于氧气是磁化率高的顺磁性气体，能被永久磁场吸引而由水平通道左侧进入，再由右侧流出。于是氧气在水平通道被加热，其磁导率迅速下降，永久磁场对水平通道右侧的热氧气的吸引力迅速下降，而对水平通道左端的冷氧气的吸引力较大。因此，永久磁场不断将左端的冷氧气吸进水平通道，迫使水平通道右侧的热氧气从右端排出，进入环室由环室下端流出。由此可见，在水平通道形成了热磁对流（也称为磁风）。磁风的大小与样气中含氧量有关，含氧量越高，产生的磁风越大。

由于热磁对流的影响，铂电阻 R_1 被气流带走的热量要比从 R_2 被带走的热量多，而且冷的样气首先经过 R_1，样气吸收 R_1 的热量后，再流经 R_2，因此，R_1 的温度比 R_2 的温度低，R_1 的阻值比 R_2 的阻值小。在 R_1 和 R_2 与固定阻值的锰铜电阻 R_3 和 R_4 组成桥路中，桥路失去平衡，输出不平衡电压或电流，其大小即反映了样气中含氧量之值。桥路输出的不平衡信号幅值较小，经放大和 U/I 转换后，输出 DC 1 ~ 5V 和 DC 4 ~ 20mA 统一标准信号远传，供控制系统对含氧量进行自动控制，或经显示记录仪显示和记录含氧量的大小。

2. 氧化锆分析仪

氧化锆分析仪是 20 世纪 60 年代初期出现的一种分析仪器，由氧化锆探头和变送器两部分组成。它能直接与烟气接触，大大简化采样处理系统，与磁氧分析仪相比较，具有结构简单、稳定性好、灵敏度高、响应快等特点。氧化锆探头可直接插入管道内进行检测，它将被测气体中的氧含量转换成氧浓差电动势，经变送器将氧浓差电动势转换成 DC 1 ~ 5V 或 DC 4 ~ 20mA 统一标准信号输出或远传。在冶金、炼油、化工等工业部门，氧化锆分析仪被广泛用于测量各种锅炉、轧钢加热炉等烟道气的氧含量；它也可方便地与调节器配合组成氧含量自动控制系统，实现最佳燃烧控制，从而到达节约能源、提高经济效益、减少环境污染等目的。

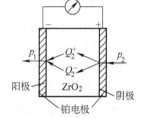

图 3-65　氧浓差电池原理

氧化锆分析仪是利用氧化锆固体电解质原理工作，如图 3-65 所示。图中，右侧为铂参比电极（阴极），充以参比气体，左侧为铂测量电极（阳极），充以被测气体。阳极与阴极之间用氧化锆固体电解质连接。

氧化锆是固体电解质，在高温下具有传导氧离子的特性。在氧化锆两侧装上多孔质的铂电极，其中一个铂电极与已知氧含量的气体（如空气）充分接触，另一个铂电极与待测含氧气体充分接触。当两侧气体中的氧气浓度不同时，浓度高的一侧，氧分子从铂电极获取电子，变成氧离子，使铂电极成为电池的阴极，氧离子经氧化锆电介质到达浓度低的一侧失去电子给铂电极，变成氧分子，使铂电极成为电池的阳极，从而形成以氧化锆为电介质的浓差电池，两极板间将产生氧浓度电动势。氧浓度电动势为

$$E = 4.9615 \times 10^{-2} T \lg \frac{20.8}{\Phi} \qquad (3-60)$$

式中，T 为热力学温度，单位为 K；Φ 为待测气体中氧的百分含量；20.8 为空气中的氧百分含量。

由式（3-60）可见，只有 T = 常数时，E 与 Φ 具有单值函数关系。只要测量出氧浓度电动势 E，便能测量出氧气中的氧气的百分含量 Φ。可采用两种方法为消除氧化锆探头温度 T 的影响：第一种是利用温度自动控制系统保证 T = 850℃；第二种是利用电子电路补偿 T 的影响。图 3-66 所示为氧化锆分析仪的变送器组成框图。图中，温度变换和除法器两个单元是为了消除 T 的影响而设置的。

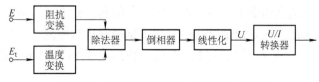

图 3-66　氧化锆分析仪的变送器组成框图

3.7　显示仪表

在工业生产、现代化农业生产以及其他许多领域，除了需要用各种传感器、变送器把被测参数的大小检测出来外，还要把这些测量值显示出来。显示仪表就具有这种功能，它能够接收传感器或变送器送来的信号，然后经过测量电路和显示装置，最后以字符、数字、图形等形式将被测参数的值显示或记录下来。

在早期，对有关参数的检测与显示往往是在一块仪表中完成的，只能就地指示，如指针式压力表。而在现代化大规模生产中，已基本上都使用电子式显示仪表，它能够显示记录远距离传来的被测信号。

电子式显示仪表一般又分为模拟式显示仪表、数字式显示仪表和图像显示仪表三大类。

所谓模拟式显示仪表，是以仪表指针（或记录笔）线位移或角位移配合度盘的方法来显示被测参数连续变化的仪表。

数字式显示仪表是以数字形式直接显示被测参数，其测量速度快，抗干扰能力强，准确度高，读数直观，具有自动报警、自动量程切换、自动检测、参数自整定等功能，其性能远优于模拟式显示仪表。数字式显示仪表的标志就是仪表的输出直接为数字显示，而不是靠指针的指示读出有关数值。

图像显示仪表则是把工艺参数不仅用文字符号而且配以图像、动画等手段在大屏幕上显示出来，它是现代化大型企业计算机控制体系的一个终端设备。由于微机的普及，图像显示仪表的性能越来越高，价格越来越低，微机和传感器直接结合，微机就是仪表，微机的显示屏就是仪表的显示屏，虚拟仪表就此诞生。化工参数种类繁多，所处生产条件也各有不同，自动检测这些参数的检测仪表（也称测量仪表）也是琳琅满目、多种多样，而以微机软、硬件为平台的"虚拟仪表"原则上都可取代这些品种繁多的仪器仪表。

3.7.1　模拟式显示仪表

模拟式显示仪表采用磁电偏转机构和电动机伺服机构，测量速度较慢，但结构简单、工作可靠，能够反映被测参数的变化趋势，所以在一些中小型工厂中还经常使用。

模拟式显示仪表一般分为动圈式显示仪表和自动平衡式显示仪表两大类。

1. 动圈式显示仪表

动圈式显示仪表是发展较早的一种模拟式显示仪表，它的准确度等级为1.0级，是我国自行设计、定型，实际使用最多的一种仪表。由于这类仪表的体积小，质量轻，结构简单，价格低，指示清晰，既能对参数单独显示（如XCZ型），又能对参数显示控制（如XCT型）等特点，所以一直被许多中小型企业广泛使用。

2. 自动平衡式显示仪表

动圈式显示仪表虽然结构简单，易于安装维护，但其准确度低，可动部分易损坏，怕振动，阻尼时间较长，不便实现自动记录，不宜用于精密测量与控制。而自动平衡式显示仪表克服了上述缺点，可以对微弱的信号进行准确、快速的测量，测量准确度高，可以自动记录。

3. 声光式显示仪表

声光式显示仪表是以声音或光柱的变化反映被测参数超越极限或模拟显示被测参数的连续变化的仪表。其中，应用最广泛的是反映被测参数超越极限时，进行声光报警的闪光信号报警仪。光柱式显示仪表是以等离子柱、荧光光柱及发光二极管（LED）光柱的高低变化来模拟显示被测参数连续变化的显示仪表。这类仪表制造工艺简单，造价低，寿命长，可靠性高，显示直观、清晰，可取代常规模拟式显示仪表。目前，这类仪表大多与智能数字式显示仪表配合，共同显示模拟量与数字量。

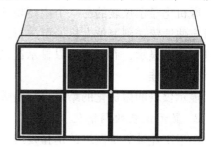

XXS—10 型闪光信号报警仪是 8 路报警仪，其外观如图 3-67 所示，可以与各种电接点式控制、检测仪表配合使用，用来指示生产过程中的各种参数是否越限，实现越限报警。

该报警仪以单片机为核心，有 8 个闪光报警回路，每个回路带有一个闪光信号灯。每个回路可以

图 3-67　XXS—10 型闪光信号报警仪外观

监视一个界限值，每个报警回路的信号，可以是常开方式，也可以是常闭方式，在一台仪表中可以混合使用。

报警仪每 4 个闪光报警回路合用一块印制电路板，称为报警单元板，整机有两块报警单元板。灯光电源、振荡、音响放大合用一块印制电路板，称为公用板，它是与报警回路上的印制电路板插座组合而成为整体的。

XXS—10 型闪光信号报警仪可以在线设置 8 种报警方式，可以选择开路报警或短路报警，一台仪表可以实现多路报警；采用 8 个平面发光器，发光强烈、均匀，可输出声响控制信号和快闪、慢闪、平光三种发光控制信号；可带报警记忆功能；可外接遥控开关，实现远距离控制。

报警信号输入电路采用光隔离器件及开关电源，具有极强的电压适应性和抗干扰性。仪表采用国际通用卡入式结构设计，安装、维修、更换简单方便，装拆仅需几秒钟。

闪光信号报警仪具有报警可靠，操作简单，使用灵活，维修方便，功耗低，报警方式可调等特点，适用于极限控制系统的显示和报警。

3.7.2　数字式显示仪表

前述传统的模拟式显示仪表可将一个或多个被测参数的连续变化过程直接绘制在记录纸上，记录曲线具有连续性和直观性，可以一目了然地判断被测参数的大小及何时大何时小，同时，还能判断被测参数的稳定度、波动频率、参数的变化趋势以及是否超出允许范围等，因此，它一直在实际应用中深受使用者的欢迎。但随着微型计算机技术、多媒体技术和网络技术的应用，显示仪表已得到了迅猛的发展，数字化、微型化、网络化和智能化的显示仪表具有更加强大的功能和更完善的性能。

3.7.3　显示仪表的发展趋势

1. 微机化和数字化

微机化是数字式显示仪表发展的必然要求。因为，虽然大规模和超大规模数字逻辑集成

电路的出现，为显示仪表实现数字化和微机化创造了有利条件，可实现数字显示和数字打印，但是，数字集成电路逻辑芯片只能完成单一的功能，用途有限。而微型计算机，尤其是单片微机的出现，其利用强大的控制和数据处理能力，使显示仪表的许多功能主要由软件决定，在不改变硬件条件下便能实现更多、更强大的功能，带微机的显示仪表性能之优越，远非传统仪表可以比拟。

微机化显示仪表的另一个主要特征是增加了与上位微机的接口。仪表上采集到的各种信息可方便地传送到上位微机，可进行进一步的处理和分析；利用上位微机的显示器，不仅可以进行数字显示，而且还可以显示记录被测参数变化的曲线，显示内容更加丰富、细腻。直观，效果更佳。

显示仪表的微机化的结果必然是数字化。

2. 显示仪表的网络化

由于工业计算机网络的迅猛发展，显示仪表向网络化发展是必然趋势。随着各种现场总线系统的出现和应用，目前许多厂商和研究部门正在研究和开发各种将现场级网络与显示仪表相结合的应用系统。这类系统既能实现被测参数的现场实时显示记录，又可通过现场级网络完成实时数据的相互传输，以保证控制系统的信息集成。此外，也能与上位微机进行数据通信。

3. 显示仪表的多媒体化

在计算机多媒体技术的支持下，计算机已可将图形、文字、声音等多种信息综合显示在屏幕上，显示功能得到极大地增强。同时，还可以与工业生产过程的监控信息相结合，实现多种实时数据、图像和信息的集成。新近出现的虚拟显示记录仪表就是其典型的应用。

3.7.4　全数字式显示仪表

模拟显示仪表无论其精度如何，从记录纸上的曲线获取精确的数据都是十分困难的，何况记录纸的伸缩性、曲线线条的宽度等，常使仪表的记录误差比指示误差还要大，因而影响了整机的精度。

在数字式显示仪表中，用 LED 或 LCD 显示被测参数之值，具有显示清晰、直观、不易读错数的优点；用专用打印机取代了传统的机械记录机构，这样既实现了整机的数字化，又保留了记录曲线的直观性。

典型的全数字式显示仪表的组成框图如图 3-68 所示。各部分的功能简述如下：

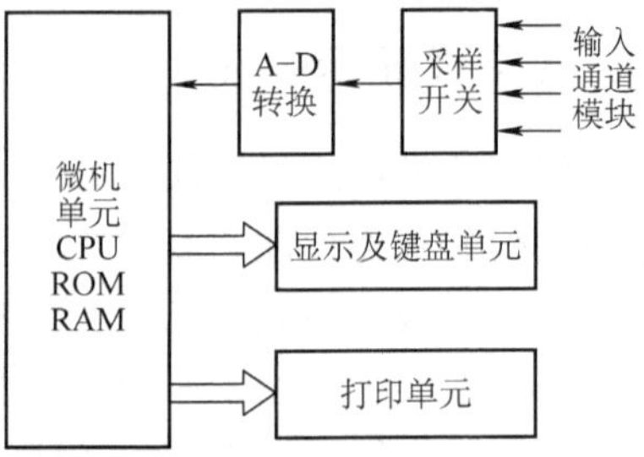

1. 微机单元

微机单元由微机芯片（多数为单片机）、程序存储器 ROM 或 EPROM 及数据读写存储器 RAM 组成，它是数字式显示仪表的核心。仪表的功能扩展和性能的完善主要取决于存储在 ROM

图 3-68　全数字式显示记录仪表的组成框图

或 EPROM 内的监控程序和数据处理以及自检和故障自诊断等。常规的数据处理包括仪表输入输出特性的线性化、消除交叉灵敏度的影响、量程设定、量程的自动切换、热电偶测温的冷端温度自动补偿和放大器的零点漂移及增益漂移的自校正等。所有这些都是在微机的统一控制与管理下，靠存储于 ROM 或 EPROM 内的监控程序和数据处理程序完成的。

2. 输入通道模块

输入通道模块包括输入信号调理电路、采样/保持（S/H）器和模－数（A－D）转换器等。传感器或变送器将被测参数转换成微弱的电信号输入到数字显示仪表，首先由信号调理电路对信号进行调理（如放大、滤波等）到模/数转换器要求的归一化电平；然后经 S/H 电路采样和保持；最后送到 A－D 转换器转换成数字量，由微机单元进行运算和处理。全数字显示仪表的优越的性能除了取决于数据处理软件外，也取决于输入通道模块的性能，例如 A－D 转换器的位数决定仪表的准确度，其位数越多，分辨率越高，量化误差也越小，因而仪表的准确度越高。又如，A－D 转换器、S/H 器及信号调理电路的稳定性和可靠性也决定显示仪表的稳定性和可靠性。由此可见，欲获得优越的性能，输入通道模块的设计在仪表设计中起到举足轻重的作用。

3. 显示及键盘单元

显示部分负责以数字方式显示各种被测量、参数设置及仪表工作状态等信息。而仪表工作所需的各种设定（如仪表的量程，上、下限报警值以及各种功能的选择等）和必要的命令则主要由键盘完成。

4. 打印单元

数字式显示仪表的所有记录、数据输出以及报警信息等完全由打印单元实现。

目前研究和开发的全数字式显示仪表一般都配有与计算机的通信接口，方便将数字式显示仪表记录的参数的相关数据信息传送到计算机中作进一步的处理和分析。

3.7.5 数字模拟混合显示仪表

如前所述，模拟式显示仪表和数字式显示仪表各有优缺点。数字模拟混合显示仪表既综合了上述二者的优点又避免了二者存在的缺点，是功能强大、性能稳定、小巧、精确、灵活和可靠的新一代显示仪表。

图 3-69 所示是一般数字模拟混合显示仪表的组成框图。主要由微机单元、输入单元、输出单元和显示记录单元组成，各单元之间的信号联系由总线（地址总线、数据总线和控制总线）联系起来。

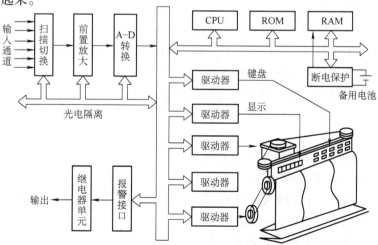

图 3-69 数字模拟混合显示仪表的组成框图

微机单元是整个仪表的核心部分，其工作原理和要求与数字式显示仪表完全相同，所不同的是其功能更加强大，性能更加完善。

输入单元的功能及其要求也与数字式显示仪表相同。

输出单元的功能较为单一，负责报警信号的外传和与外界设备的电气隔离。这主要是为了生产安全方面设置的。

显示记录单元是数字和模拟两种显示记录的结合，用数字和机械两种方式实现被测参数的显示和记录功能。它由多种驱动器控制，实现被测参数的数字打印、曲线的实时记录和记录纸的驱动等。通常，数字模拟混合显示仪表的显示记录功能分为三个区，左边是被测参数的数字打印区，以数字形式打印被测值；中间为曲线记录区，以连续曲线形成实时记录被测参数的变化曲线；右边是报警打印区，用于打印生产过程中出现的各种报警状态和报警时间。

由于仪表做到了微机化，相对于模拟式显示仪表增加了许多功能。这些功能主要包括：

1）数据和曲线打印。既保留了模拟式显示仪表实时连续记录被测参数的变化曲线功能，又增加了以数字形式打印被测量每一时刻的数值的功能，提供了对被测量的直观和精确的分析和处理方法。

2）数字显示。以 LED 或 LCD 显示被测量的值，既清晰又醒目，同时还可采用多种方式显示不同时刻各个输入通道被测值。

3）多种功能设定。具有数字式显示仪表的强大的功能和完善的性能，并有走纸速度和扫描速度设定等。

4）自检、自诊断和报警以及数据通信功能更加强大。在发出报警信号的同时，还有连锁信号输出，为安全生产提供保障。

5）断电保护。提供意外情况下短期断电保护，将测量过程的重要数据或常数保存起来。

由上可见，数字模拟混合显示仪表是一种很有发展前途的仪表，在过程控制系统中得到广泛的应用。

3.7.6 · 虚拟显示仪表

虚拟显示仪表的发展和应用得益于计算机多媒体技术的发展和应用。实际上，它是利用功能和性能都很强大的个人计算机或工业控制计算机来代替实际的显示仪表。除了保留了数字式显示仪表的输入通道模块外，其余工作全部由微型计算机来完成，因此其硬件结构更加简单。虚拟显示记录仪表的组成如图3-70所示。

虚拟显示仪表的输入通道模块的功能以及对其的要求与数字式显示仪表基本相同，不过这里模块板以插件方式插入计算机即可。插板的输入通道数与插板的数量决定输入通道数。因此，虚拟显示仪表可测量、显示和记录的被测参数的个数是前述所有仪表无法比拟的。利用计算机内的数据库对采样所得

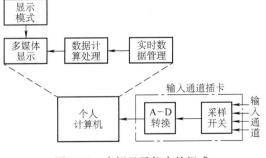

图3-70　虚拟显示仪表的组成

的大量实时数据进行快速的运算和处理，测量结果可根据用户选择的显示模式，在显示器上显示出来。

　　虚拟显示仪表最显著的特点就是在显示器上完全模仿实际使用中的各种仪表。用户可通过键盘、鼠标或触摸屏进行各种操作，因而可完全实现传统显示仪表的所有功能。这是虚拟显示仪表得以发展和应用的一个重要原因。

　　由于显示仪表完全由微型计算机代替，除受输入通道插卡的性能限制外，其他各种性能都得到了极大加强，例如等级范围、计算速度、准确度等级、显示记录模式、稳定性和可靠性等。而在数据处理方面，例如特性的线性化，冷端补偿，零点与增益校正，交叉灵敏度影响的消除、自检、自诊断，网络通信等，更具优势。

　　维护方便、使用简单是虚拟显示仪表的另一优点。如图 3-71 所示，在同一台计算机中实现多种虚拟显示仪表，使集中运行和显示记录成为可能。随着计算机价格的不断下降，将极大地降低了制造成本，使其具有更高的性能价格比，这也是前述所有显示仪表无法比拟的。因此，虚拟显示仪表的迅速发展是必然的趋势。

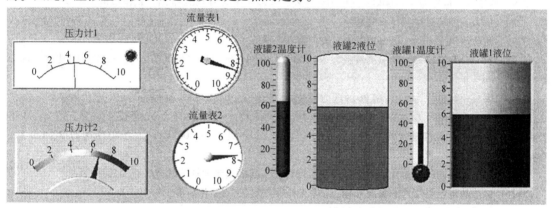

图 3-71　虚拟显示仪表的界面

习题与思考题

　　3-1　什么是仪表的准确度等级？某台测温仪表的测量范围为 200～700℃，校验该表时，得到的最大绝对误差为 4℃，试确定该仪表的准确度等级。

　　3-2　某一标尺为 0～1000℃ 的温度计出厂前校验，其刻度标尺上的各点测量结果见表 3-11。

表 3-11　习题 3-2 的表

被校表读数/℃	0	200	400	600	700	800	900	1000
标准表读数/℃	0	201	402	604	706	805	903	1001

　　（1）求出该温度计的最大绝对误差值；

　　（2）确定该温度计的准确度等级。

　　3-3　有两台测温仪表，其测量范围分别是 0～800℃ 和 600～1100℃，已知其最大绝对误差均为 ±6℃，试分别确定它们的准确度等级。

　　3-4　检定一块 1.5 级刻度为 0～100kPa 的压力表，发现在 50kPa 处的误差最大，为 1.4kPa，其他刻度处的误差均小于 1.4kPa。问这块压力表是否合格？

　　3-5　如果有一台压力表，其测量范围为 0～10MPa，经校验得出表 3-12 所列数据。

表 3-12　习题 3-5 的表

被校表读数/MPa	0	2	4	6	8	10
标准表正行程读数/MPa	0	1.98	3.96	5.94	7.97	9.99
标准表反行程读数/MPa	0	2.02	4.03	6.06	8.03	10.01

（1）求出该压力表的变差；

（2）问该压力表是否符合 1.0 级准确度。

3-6　现有一台准确度等级为 0.5 级的测量仪表：量程为 0～1000℃，正常情况下进行校验，其最大绝对误差为 6℃，求该仪表：（1）最大引用误差；（2）基本误差；（3）允许误差；（4）仪表的准确度是否合格？

3-7　DDZ—Ⅲ型温度变送器测温范围为 400～600℃。选择哪一种测温元件较为合理？当温度从 500°C 变化到 550℃时，输出电流变化多少？

3-8　有一块准确度等级为 2.5 级测量范围为 0～100kPa 的压力表，它的刻度尺最小分为多少格？

3-9　调校一台量程为 0～200kPa 的压力变送器，当输入压力为 150kPa 时，输出电流为多少？

3-10　压力表安装要注意什么问题？

3-11　测量蒸汽压力时，压力表的安装有何特殊要求。

3-12　有一台测温仪表，其标尺范围为 0～400℃，已知其绝对误差最大值 $\Delta t_{max} = 5℃$，则其相对百分误差为多少？

3-13　调校一台量程为 0～500kPa 的压力变送器，当输入压力为 300kPa 时，输出电流为多少？

3-14　有一个变化范围为 320～360kPa 的压力，若用下列 A、B 两台压力变送器进行测量，那么，在正常情况下哪一台的测量准确度高一些（压力变送器 A：1.0 级，0～600kPa）（压力变送器 B：1.0 级，250～500kPa）？

3-15　用热电偶测温时为什么要进行冷端温度补偿？其冷端温度补偿的方法有哪几种？

3-16　试述热电阻温度计的测温原理。常用热电阻的种类？R_0 各为多少？

3-17　试述 DDZ—Ⅲ型温度变送器的用途。

3-18　试述差压式流量计测量流量的原理。

3-19　为什么说转子流量计是定压降式流量计？而差压式流量计是变压降式流量计？

3-20　涡轮流量计的工作原理及特点是什么？

3-21　电磁流量计的工作原理是什么？它对被测介质有什么要求？

3-22　什么是液位测量时的零点迁移问题？怎样进行迁移？其实质是什么？

3-23　按工作原理不同，物位测量仪表有哪些主要类型？

3-24　显示仪表分为几类？各有什么特点？

3-25　简述虚拟显示仪表的特点。

第4章 自动控制仪表

4.1 控制器的发展与分类

在化工生产过程中，压力、流量、液位、温度等参数常要求维持在一定的数值上或按一定的规律变化，以满足生产要求。根据前面的分析可知，一个自动控制系统由控制器、执行器、测量变送器及被控对象等环节组成。前面章节已经分析了诸如压力、液位、流量等参数的检测方法，本章重点分析控制器及其控制规律。

控制器在自动控制系统的作用是将被控变量的测量值与给定值进行比较，产生一定的偏差，根据该偏差进行一定的数学运算，并将运算结果以一定的信号形式送往执行器，以实现对被控变量的自动控制。如果用人的行为去比拟自动控制系统的一般控制过程，那么在自动控制系统中控制器相当于人的大脑或神经系统，是整个过程控制的关键环节。

4.1.1 控制器的发展过程

控制器一般称为过程控制仪表，其发展经历了基地式、单元组合式（Ⅰ型、Ⅱ型和Ⅲ型）、组装式及数字智能式等几个阶段。

1. 基地式控制器

基地式控制器以指示、记录为主体，附加控制机构而组成。它不仅对某变量进行指示和记录，还具有控制功能。由于基地式控制器结构比较简单，价格便宜，常用于单机自动化系统。我国生产的 XCT 系列控制仪表和 TA 系列电子调节器均属于基地式控制器。

2. 单元组合式控制器

单元组合式控制器是将仪表按其功能的不同分成若干单元（例如变送单元、定值单元、控制单元、显示单元等），每个单元只完成其中一种功能。各个单元之间以统一的标准信号相互联系。单元组合控制器中的控制单元能够接收测量值与给定值信号，然后根据它们的偏差发出与之有一定关系的控制信号。

国产电动单元组合仪表（DDZ）和气动单元组合仪表（QDZ）经历了Ⅰ型、Ⅱ型、Ⅲ型三个发展阶段，以后又推出了数字化的 DDZ—S 系列仪表。这类仪表使用灵活、通用性强，适用于中、小型企业的自动化系统。

3. 组装式控制器

组装式控制器是在单元组合式控制器的基础上发展起来的一种功能分离、结构组件化的成套仪表装置。它包括控制机柜和显示操作盘两部分，控制机柜的组件箱内插有若干功能组件板，且采用高密度安装，结构十分紧凑。工作人员利用屏幕显示、操作装置实现对生产过程的集中显示和操作。在控制箱中各组件之间的信息联系采用矩阵端子接线方式，接线工作在矩阵端子接线箱中进行。

组装式控制器以模拟器件为主，兼用了模拟技术和数字技术，可与工业控制机、程控装置、图像显示等新技术工具配合使用，适用于效率高的大型设备的自动化系统。随着数字仪表和集散控制系统的迅速发展，目前组装式控制器在工程实际中已很少使用。

　　4. 数字智能式控制器

　　数字智能式控制器是以数字计算机为核心的数字式仪表。随着微处理器的出现，数字计算机趋于微型化，使得以计算机技术为核心的数字调节装置嵌入普通仪表得以实现。在工业上使用较多的数字智能式控制器有可编程调节器和可编程序控制器。可编程调节器的外形结构、面板布置保留了模拟式仪表的一些特征，但其运算、控制功能更为丰富，通过组态可完成各种运算处理和复杂控制。可编程序控制器以开关量控制为主，也可实现对模拟量的控制并具备反馈控制功能和数据处理能力。它具有多种功能模块，配接方便。这两类控制仪表均有通信接口、可和计算机配合使用，以构成不同规模的分级控制系统。

　　此外，集散控制系统（DCS）以及现场总线控制系统（FCS）是在数字智能式控制器制基础上发展起来的分布式的新型控制系统，具有分散性、开放性、互操作性等突出的特点，在工业自动化领域中得到广泛的应用。

4.1.2　控制器的分类

　　控制器的分类方法很多，常用的有以下几种：

　　1）按使用的能源来分，有气动控制器和电动控制器。

　　2）按结构形式来分，有基地式控制器、单元组合式控制器和组装式控制器等。

　　3）按信号类型来分，有模拟式控制器和数字式控制器。

　　4）按控制规律来分，有双位控制器和PID控制器，其中PID控制器包括比例控制器、积分控制器、微分控制器、比例积分控制器、比例微分控制器、比例积分微分控制器。

4.2　控制器基本控制规律

　　自动控制离不开PID控制规律，它是适用性最强、应用最广泛的一种控制规律。所谓控制规律是指控制器的输入信号与输出信号之间的关系，其本质是对偏差 e（给定值信号 x 与变送器送来的测量值信号 z 之差（$e = z - x$））进行比例、积分和微分的综合运算，使控制器产生一个能使偏差至零或很小值的控制信号 $u(t)$。用数学表达式描述控制规律如下：

$$u = f(e) = f(z - x) \tag{4-1}$$

　　在研究控制器的控制规律时，经常是假定控制器的输入信号 e 是一个阶跃信号，然后来研究控制器的输出信号 u 随时间的变化规律。一般在研究控制器的控制规律时是把控制器和系统断开的，即只在开环时研究控制器本身的特性。

　　控制器的控制规律有位式控制（其中以双位控制比较常用）、比例控制（P）、积分控制（I）、微分控制（D）及它们的组合形式，如比例积分控制（PI）、比例微分控制（PD）、比例积分微分控制（PID）。

　　不同的控制规律有不同的控制特性，适应于不同的生产过程，必须根据生产要求来选用控制规律。所以必须了解常用的几种控制规律的特点和适用条件，然后，根据过渡过程的品质指标要求，结合具体对象特征，合理选择控制规律。

4.2.1 双位控制

双位控制的动作规律是当测量值大于给定值时，控制器的输出为最大（或最小），而当测量值小于给定值时，则输出为最小（或最大），即控制器只有两个输出值，相应的控制机构只有开和关两个极限位置，因此又称为开关控制。

理想的双位控制器其输出 u 和输入偏差 e 之间的关系为

$$u = \begin{cases} u_{max}, & e > 0 (或 e < 0) 时 \\ u_{min}, & e < 0 (或 e > 0) 时 \end{cases} \tag{4-2}$$

理想的双位控制特性如图 4-1 所示。

图 4-2 所示为一个采用双位控制的液位控制系统，它利用电极式液位计来控制贮液槽的液位，槽内装有一根电极作为测量液体的装置，电极的一端与继电器 K 的线圈相接，另一端调整在液位给定值的位置，导电的流体由装有电磁阀 Y 的管线进入贮液槽，经下部出料管流出。贮液槽外壳接地，当液位低于给定值 H_0 时，流体未接触电极，继电器断路，此时电磁阀全开，流体流入贮液槽使液位上升，当液位上升至稍大于给定值时，流体与电极接触，于是继电器接通，从而使电磁阀全关，流体不再进入贮液槽。但槽内流体仍在继续往外排出，故液位将要下降。当液位下降至稍小于给定值时，流体与电极脱离，于是电磁阀又开启，如此反复循环，而液位被维持在给定值上下很小一个范围内波动。可见，控制机构的动作非常频繁，这样会使系统中的运动部件（例如继电器、电磁阀等）因动作频繁而损坏，因此实际应用的双位控制器具有一个中间区。

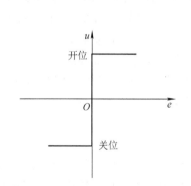

图 4-1 理想的双位控制特性

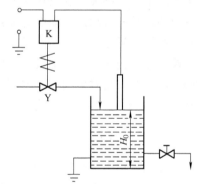

图 4-2 双位控制的液位控制系统

偏差在中间区内时，控制机构不动作。当被控变量的测量值上升到高于给定值某一数值（即偏差大于某一数值）后，控制器的输出变为最大 u_{max}，控制机构处于开（或关）的位置；当被控变量的测量值下降到低于给定值某一数值（即偏差小于某一数值）后，控制器的输出变为最小 u_{min}，控制机构才处于关（或开）的位置。所以，实际的双位控制的控制规律如图 4-3 所示。将上例中的测量装置或继电器线路稍加改变，便可成为一个具有中间区的双位控制器。由于设置了中间区，当偏差在中间区内变化时，控制机构不会动作，因此可以使控制机构开关的频繁程度大为降低，延长了控制器中运动部件的使用寿命。

具有中间区的双位控制过程如图 4-4 所示。当液位 h 低于下限值 h_L 时，电磁阀是开的，流体流入贮液槽，由于流入量大于流出量，故液位上升。当升至上限值 h_H 时，阀关闭，流体停止流入，由于此时流体只出不入，故液位下降。直到液位值下降至下限值 h_L 时，电磁阀重新开启，液位又开始上升。图中，上面的曲线表示控制机构阀位与时间的关系，下面的曲线是被控变量（液位）在中间区内随时间变化的曲线，是一个等幅振荡过程。

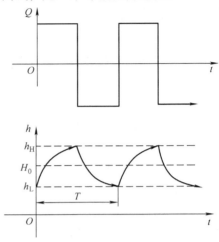

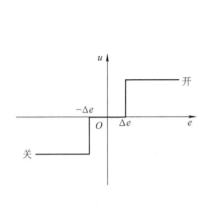

图 4-3　带中间区的双位控制规律　　　　　　图 4-4　带中间区的双位控制过程

双位控制过程中不采用对连续控制作用下的衰减振荡过程中所提到那些品质指标，一般采用振幅与周期作为品质指标，在图 4-4 中振幅为 $h_H - h_L$，周期为 T。

如果工艺生产允许被控变量在一个较宽的范围内波动，控制器的中间区就可以宽一些，这样振荡周期较长，可动部件动作的次数较少，于是减少了磨损，也就减少了维修工作量。因而，只要被控变量波动的上、下限在允许范围内，使周期长些比较有利。

双位控制器结构简单、成本较低、易于实现，因而应用很普遍，如仪表用压缩空气罐的压力控制，恒温炉、管式炉的温度控制等。除了双位控制外，还有三位（即具有一个中间位置）或更多位的，这一类统称为位式控制，它们的工作原理基本上一样。

4.2.2　比例控制（P）

在双位控制系统中，被控变量不可避免地会产生持续的等幅振荡过程，这是由于双位控制器只有两个特定的输出值，相应的控制阀也只有两个极限位置，势必造成当控制阀在一个极限位置时，流入对象的物料量（能量）大于由对象流出的物料量（能量），因此被控变量上升；而在另一个极限位置时，情况正好相反，被控变量下降，如此反复，被控变量势必产生等幅振荡。为了避免这种情况，应该使控制阀的开度（即控制器的输出值）与被控变量的偏差成比例，根据偏差的大小，控制阀可以处于不同的位置，这样就有可能获得与对象负荷相适应的操纵变量，从而使被控变量趋于稳定，达到平衡状态。一比例控制系统如图 4-5 所示，当液位高于给定值时，控制阀就关小，液位越

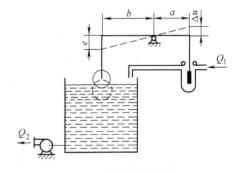

图 4-5　比例控制系统

高，阀关得越小；若液位低于给定值，控制阀就开大，液位越低，阀开得越大。它相对于把位式控制的位数增加到无穷多位，于是变成了连续控制系统。图中浮球是测量元件，杠杆就是一个最简单的控制器。

图 4-5 中，若杠杆在液位改变前的位置用实线表示，改变后的位置用虚线表示，根据相似三角形原理，有

$$\frac{a}{b} = \frac{u}{e}$$

即

$$u = \frac{a}{b}e \tag{4-3}$$

式中，e 表示杠杆左端的位移，即液位的变化量；u 表示杠杆右端的位移，即阀杆的位移量；a、b 分别表示杠杆支点与两端的距离。

由此可见，阀门开度的改变量与被控变量（液位）的偏差值成比例，这就是比例控制规律。对于具有比例控制规律的控制器（纯比例控制器），其输出信号（指变化量）u 与输入信号（指偏差，当给定值不变时，偏差就是被控变量测量值的变化量）e 之间成比例关系，即

$$u = K_P e \tag{4-4}$$

式中，K_P 为可调的放大倍数（比例增益）。

对照式（4-3），可知图 4-5 所示的比例控制器，其 $K_P = \dfrac{a}{b}$，改变杠杆支点的位置，便可改变 K_P 的数值。

由式（4-4）可以看出，比例控制的放大倍数 K_P 是一个很重要的系数，它决定了比例控制作用的强弱。K_P 越大，比例控制作用越强。在实际的比例控制器中，习惯上使用比例度 δ 而不是放大倍数 K_P 来表示比例控制作用的强弱。

所谓比例度就是指控制器输入的变化相对值与相应的输出变化相对值之比的百分数，用公式表示为

$$\delta = \left(\frac{e}{x_{max} - x_{min}} \bigg/ \frac{u}{u_{max} - u_{min}} \right) \times 100\% \tag{4-5}$$

式中，e 表示输入变化量；u 表示相应的输出变化量；$x_{max} - x_{min}$ 表示输入的最大变化量，即仪表的量程；$u_{max} - u_{min}$ 表示输出的最大变化量，即控制器输出的工作范围。

依式（4-5），可以从控制器表面看比例度 δ 的具体意义。比例度就是使控制器的输出变化满刻度时（也就是控制阀从全关到全开或相反），相应的仪表测量值变化占仪表测量范围的百分数。或者说，使控制器输出变化满刻度时，输入偏差变化对应于指示刻度的百分数。例如 DDZ—Ⅲ型比例控制器，温度刻度范围为 400～800℃，控制器输出工作范围是 DC 4～20mA。当指示指针从 600℃ 移动到 700℃，此时控制器相应的输出从 6mA 变为 14mA，其比例度的值为

$$\delta = \left(\frac{700 - 600}{800 - 400} \bigg/ \frac{14 - 6}{20 - 6} \right) \times 100\% = 50\%$$

这说明对于这台控制器，温度变化全量程的 50%（相对于 200℃），控制器的输出就能从最小变为最大，在此区间内，e 和 u 是成比例的。图 4-6 所示为比例度与输入输出关系。当比

例度为 50%、100%、200% 时，分别说明只要偏差 e 变化占仪表全量程的 50%、100%、200% 时，控制器的输出就可以由最小 u_{min} 变为最大 u_{max}。

将式（4-4）的关系代入式（4-5），经整理后可得

$$\delta = \frac{1}{K_P} \frac{u_{max} - u_{min}}{x_{max} - x_{min}} \times 100\% \qquad (4-6)$$

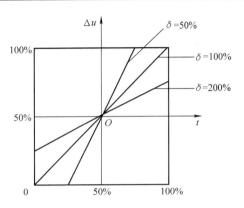

图 4-6　比例度与输入输出关系

对于一个具体的比例控制器，指示值的刻度范围 $x_{max} - x_{min}$ 及输出的工作范围 $u_{max} - u_{min}$ 应是一定的。所以由式（4-6）可以看出，比例度 δ 与放大倍数 K_P 成反比。也就是说，控制器的比例度 δ 越小，它的放大倍数 K_P 就越大，它将偏差（控制器输入）放大的能力越强，反之亦然。因此，比例度 δ 与放大倍数 K_P 都能表示比例控制器控制作用的强弱，只不过 K_P 越大，表示控制作用越强，而 δ 越大，表示控制作用越弱。

图 4-7 表示图 4-5 所示的液位比例控制系统的过渡过程，如果系统原来处于平衡状态，液位恒定在某值上，在 $t = t_0$ 时，系统外加一个干扰作用，即流出量 Q_2 有一阶跃增加（见图 4-7a），液位开始下降（见图 4-7b），浮球也跟着下降，通过杠杆作用使进液阀的阀杆上升，这就是作用在控制阀上的信号 u（见图 4-7c），于是流入量 Q_1 增加（见图 4-7d）。由于 Q_1 增加，促使液位下降速度逐渐缓慢下来，经过一段时间后，待流入量的增加量与流出量的增加量相等时，系统又建立起新的平衡，液位稳定在一个新值上。不过，控制过程结束时，液位的新稳态值将低于给定值，它们之间的差就叫余差。如果定义偏差 e 为测量值减去给定值，则 e 的变化曲线如图 4-7e 所示。

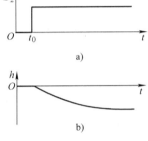

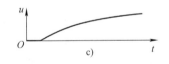

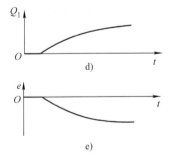

图 4-7　比例控制系统过渡过程

余差是比例控制规律的必然结果。从图 4-5 可见，原来系统处于平衡，流入量与流出量相等，此时控制阀有一固定的开度，比如说对应于杠杆为水平的位置。当 $t = t_0$，流出量有一阶跃增大量，于是液位下降，引起流入量增加，只有当流入量增加到与流出量相等时才能建立新的平衡，而液位也才不再变化。但是要使流入量增加，控制阀必须开大，阀杆必须上移，而阀杆上移时浮球必然下降，因为杠杆是一种刚性的结构，这就是说达到新的平衡时浮球位置必定下移，也就是液位稳定在一个比原来稳态值（即给定值）要低的位置上，其差值就是余差。存在余差是比例控制的缺点。

比例控制的优点是反应快，控制及时；有偏差信号输入时，输出立刻与它成比例地变化，偏差越大，输出的控制作用越强。

为了减小余差，就要增大 K_P（即减小比例度 δ），但这会使系统稳定性变差。比例度对于控制过程的影响如图 4-8 所示。由图可见，比例度 δ 越大（即 K_P 越小），过渡过程曲线

越平稳，但余差也大。比例度 δ 越小，则过渡过程曲线越振荡。比例度过小时就可能出现发散振荡。当比例度大时即放大倍数 K_P 小，在干扰产生后，控制器的输出变化较小，控制阀开度改变较小，被控变量的变化就很缓慢（曲线 6）。当比例度减小时，K_P 增大，在同样的偏差下，控制器输出较大，控制阀开度改变较大，被控变量变化也比较灵敏，开始有些振荡，余差不大（曲线 5、4）。比例度再减小，控制阀开度改变更大，大到有些过分时，被控变量也就跟着过分地变化，导致出现激烈振荡（曲线 3）。当比例度减小到某一数值时系统出现等幅振荡，这时的比例度称为临界比例度 δ_k（曲线 2）。一般除反应很快的流量及管道压力等系统外，这种情况大多出现在 $\delta < 20\%$ 时，当比例度小于 δ_k 时，在干扰产生后将出现发散振荡（曲线 1），这是很危险的。工艺生产通常要求比较平稳而余差不太大的控制过程，例如曲线 4。一般而言，若对象的滞后较小、时间常数较大以及放大倍数较小时，控制器的比例度可以选得小些，以提高系统的灵敏度，使反应快些，从而过渡过程曲线的形状较好。反之，比例度就要选大些以保证稳定。

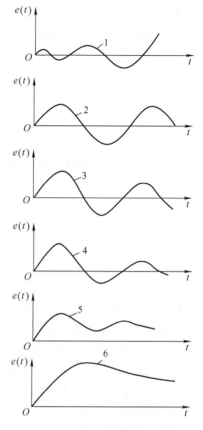

图 4-8　比例度对控制过程的影响

1—δ 小于临界值　2—δ 等于临界值

3—δ 偏小　4—δ 适当

5—δ 偏大　6—δ 太大

4.2.3　比例积分控制 (PI)

1. 积分控制

由于比例控制有余差，属于有差控制。当对控制品质有更高要求时，就需要在比例控制的基础上，再加上能消除余差的积分控制作用。积分控制作用的输出变化量 u 与输入偏差 e 的积分成正比

$$u = K_I \int e \, dt \qquad (4-7)$$

式中，K_I 表示积分速度。

当输入是常数 A 时，式（4-7）表示为

$$u = K_I \int A \, dt = K_I A t$$

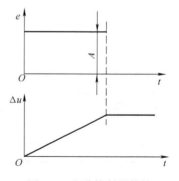

图 4-9　积分控制器特性

即输出是一条直线，如图 4-9 所示。由图可见，当有偏差存在时，输出信号将随时间增长（或减小），当偏差为零时，输出才停止变化而稳定在某一值上。因而，用积分控制器组成控制系统可以达到无余差。

2. 比例积分控制

积分控制输出信号的变化速度与偏差 e 及 K_I 成正比，而其控制作用是随着时间积累才逐渐增强的，所以控制动作缓慢，会出现控制不及时的现象；当对象惯性较大时，被控变量

将出现大的超调量,过渡时间也将延长。因此,常常将比例和积分作用组合起来,这样控制既及时,又能消除余差。比例积分控制规律可用下式表达:

$$u = K_P \left(e + K_I \int e \mathrm{d}t \right) \tag{4-8}$$

经常采用积分时间 T_I 来代替 K_I,$T_I = \dfrac{1}{K_I}$,式 (4-8) 为

$$u = K_P \left(e + \frac{1}{T_I} \int e \mathrm{d}t \right) \tag{4-9}$$

若偏差 e 为幅值 A 的阶跃干扰,代入式 (4-9) 可得

$$u = K_P A + \frac{K_P}{T_I} A t$$

这一关系如图 4-10 所示。

图 4-10 中,输出中垂直上升部分 $K_P A$ 是比例作用造成的,缓慢上升部分 $\dfrac{K_P}{T_I} A t$ 是积分作用造成的。当 $t = T_I$ 时,输出为 $2K_P A$。应用这个关系,可以实测 K_P 及 T_I。给控制器输入一个幅值为 A 的阶跃变化,立即记下输出的跃变值并开动秒表计时,当输出达到跃变值的 2 倍时,停止计时,此时间就是 T_I,跃变值 $K_P A$ 除以阶跃输入幅值 A 就是 K_P。积分时间 T_I 越短,积分速度 K_I 越大,积分作用就越强。反之,积分时间越长,积分作用越弱。若积分时间为无穷大,就没有积分作用,而成为纯比例控制器了。

图 4-11 表示在同样比例度下积分时间 T_I 对过渡过程的影响。T_I 过大,积分作用不明显,余差消除很慢(曲线 3);T_I 小,易于消除余差,但系统振荡加剧,曲线 2 适宜,曲线 1 就振荡太剧烈了。

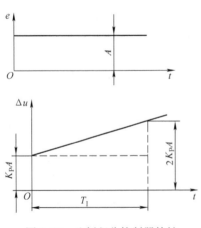

图 4-10 比例积分控制器特性

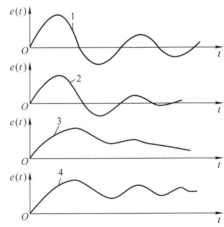

图 4-11 积分时间 T_I 对过渡过程的影响
1—T_I 太小 2—T_I 适当 3—T_I 太大 4—$T_I \to \infty$

比例积分控制器对于多数系统都适合采用,比例度和积分时间两个参数均可调整。当对象滞后很大时,可能控制时间较长、最大偏差也较大;负荷变化过于剧烈时,由于积分动作缓慢,使控制作用不及时,此时可增加微分作用。

4.2.4　比例微分控制 （PD）

1. 微分控制

对于惯性较大的对象，常常希望能根据被控变量变化的快慢来控制。在人工控制时，虽然偏差可能还小，但看到参数变化很快，估计到很快就会有很大偏差，此时会过分地改变阀门开度以克服干扰影响，这就是按偏差变化速度进行控制。在自动控制时，这就要求控制器具有微分控制规律，控制器的输出信号与偏差信号的变化速度成正比，即

$$u = T_D \frac{\mathrm{d}e}{\mathrm{d}t} \tag{4-10}$$

式中，T_D 表示微分时间；$\frac{\mathrm{d}e}{\mathrm{d}t}$ 表示偏差信号变化速度。

式 （4-10） 表示理想微分控制的特性，若在 $t = t_0$ 时输入一个阶跃信号，此时控制器输出将为无穷大，其余时间输出为零，如图 4-12 所示。这种控制器用在系统中，即使偏差很小，只要出现变化趋势，马上就进行控制，故有超前控制之称，这是它的优点。但它的输出不能反映偏差的大小，假如偏差固定，即使数值很大，微分作用也没有输出，因而控制结果不能消除偏差，所以不能单独使用这种控制器。它常与比例或比例积分组合构成比例微分或比例积分微分控制器 （也称为三作用控制器）。

2. 比例微分控制

比例微分控制规律 （见图 4-13） 为

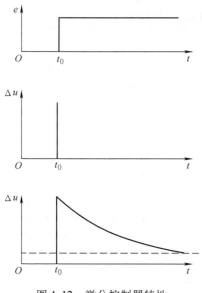

图 4-12　微分控制器特性

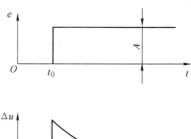

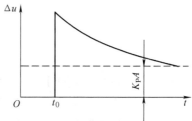

图 4-13　比例微分控制器特性

$$u = K_P \left(e + T_D \frac{\mathrm{d}e}{\mathrm{d}t} \right) \tag{4-11}$$

微分作用按偏差的变化速度进行控制，其作用比比例作用快，因而对惯性大的对象用比例微分控制可以改善控制品质，减小最大偏差，节省控制时间。微分作用力图阻止被控变量的变化，有抑制振荡的效果，但如果加得过大，由于控制作用强，反而会引起被控变量大幅

度的振荡。微分作用的强弱用微分时间来衡量。

4.2.5　比例积分微分控制（PID）

比例积分微分控制规律为

$$u = K_P\left(e + \frac{1}{T_I}\int edt + T_D\frac{de}{dt}\right) \tag{4-12}$$

当有阶跃信号输入时，输出为比例、积分和微分三部分输出之和，如图 4-14 所示。这种控制器既能快速进行控制，又能消除余差，具有较好的控制性能。

4.2.6　PID 控制规律总结

对于一台实际的 PID 控制器，K_P、T_I、T_D 的参数均可以调整。如果把微分时间调到零，就成为一台比例积分控制器；如果把积分时间放大到最大，就成为一台比例微分控制器；如果把微分时间调到零，同时把积分时间放到最大，就成为一台纯比例控制器了。

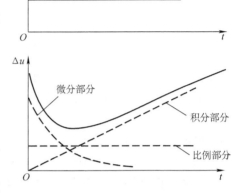

图 4-14　比例积分微分控制特性

表 4-1 给出了应用广泛的几种 PID 控制规律的特点及适用场合。

表 4-1　几种 PID 控制规律的特点及适用场合

控制规律	输入 e 与输出 u 的关系	优　缺　点	适用的场合
双位	$u = \begin{cases} u_{max}, & e>0(或\ e<0) \\ u_{min}, & e<0(或\ e>0) \end{cases}$	结构简单，价格便宜；控制品质不高，被控变量会振荡	对象容量大，负荷变化小，控制品质要求不高，允许等幅振荡
比例（P）	$u = K_P e$	结构简单，控制及时，参数整定方便；控制结果有余差	对象容量大，负荷变化不大，纯滞后小，允许有余差存在，常用于塔釜液位、贮液槽液位、冷凝液位和次要的蒸汽压力等控制系统
比例积分（PI）	$u = K_P\left(e + K_I\int edt\right)$	能消除余差；积分作用控制慢，会使系统稳定性变差	对象滞后较大，负荷变化较大，但变化缓慢，要求控制结果无余差；广泛用于压力、流量、液位和那些没有大的时间滞后的具体对象
比例微分（PD）	$u = K_P\left(e + T_D\frac{de}{dt}\right)$	响应快、偏差小、能增加系统稳定性，有超前控制作用，可以克服对象的惯性；但控制作用有余差	对象滞后大，负荷变化不大，被控变量变化不频繁，控制结果允许有余差存在
比例积分微分（PID）	$u = K_P\left(e + \frac{1}{T_I}\int edt + T_D\frac{de}{dt}\right)$	控制品质最高，无余差；但参数整定较麻烦	对象滞后大，负荷变化较大，但不甚频繁；对控制品质要求高。常用于精馏塔、反应器、加热炉等温度控制系统及某些成分控制系统

4.3　模拟式控制器

在实际工业生产应用中，控制器是构成自动控制系统的核心仪表，它将来自变送器的测量信号 v_i 与控制器的内给定或外给定信号 v_s 进行比较，得到其偏差 e，即

$$e = v_i - v_s \tag{4-13}$$

然后，控制器对该偏差信号按某一规律进行运算，输出控制信号控制执行机构的动作，以实现对被控参数如温度、压力、流量或液位等的自动控制作用。

当偏差信号为模拟信号（电压或电流信号，对应的信号数据为时间和幅值上皆连续的值）时控制器称为模拟式控制器，模拟式控制器采用电子电路进行连续的 PID 运算。模拟控制器在过程控制系统中应用最为广泛的仪表是 DDZ—Ⅲ型控制器。

DDZ—Ⅲ型控制器有全刻度指示和偏差指示两个基本品种。它们的电路结构和工作原理基本相同，仅指示电路有差异。本节介绍全刻度指示控制器，其组成框图如图 4-15 所示。

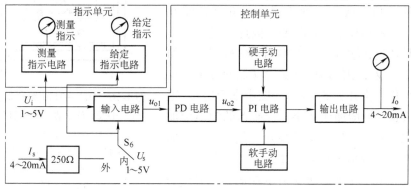

图 4-15　全刻度指示控制器组成框图

如图 4-15 所示，控制器由控制单元和指示单元组成。控制单元包括输入电路、PD 和 PI 电路、V/I 转换电路、软手动和硬手动电路；指示单元包括测量指示和给定指示电路。

控制器的控制功能包括自动操作和手动操作两部分。自动操作部分的基本工作原理是先将测量值 v_i 和给定值 v_s 送入输入电路，由输入电路完成偏差值的检测并将偏差信号进行适当放大，从而得到与偏差信号成正比的信号 v_{o1}。v_{o1} 信号首先送入 PD 电路，在此完成对偏差信号的比例及微分运算，其输出 v_{o2} 既与偏差信号有关，也与 PD 电路中的预置参数（如比例度、微分时间等）有关。PD 电路的输出再送到 PI 电路，完成对偏差信号的积分运算。这样，由输入电路、PD 电路和 PI 电路就实现了对偏差信号的检测及 PID 运算。再经过输出电路将 PI 电路输出的变化量为 DC 0 ~ 4V 信号转换为具有一定带载能力且适合远传的 DC 4 ~ 20mA 信号送到执行器，实现对被控参数的自动控制。

手动操作部分是控制器的重要组成部分之一。控制器有自动、软手动和硬手动三种工作状态，由联动开关 S_1、S_4 进行选择和切换（图中未示出）。当自动操作部分（即 PID 控制）不能满足实际控制需要时，操作人员可以利用手动电路来直接改变控制器的输出值。这样就可以利用控制仪表实现对生产过程的人为干预，以达到期望的控制要求。当控制器置为手动操作方式时，则控制输出不再由偏差的 PID 运算来决定，而是直接由手动操作电路来决定。

手动操作分为软手动和硬手动。当控制器为软手动方式时，操作人员可以控制控制器的输出按一定的变化率来改变；而当控制器为硬手动方式时，操作人员可直接通过电位器来改变输出信号，从而实现快速控制操作。

　　除控制操作之外，控制器还提供了内、外给定信号切换及正、反作用切换等功能。对于简单的控制系统，控制器直接利用内给定信号来设置所期望的控制点。而对于一些复杂控制系统，有时该给定信号是由其他仪表提供的，这时就需要利用外给定输入端将此信号引入。控制器的测量信号和内给定信号均是以零伏为基准的 DC 1～5V 信号，而外给定信号是DC 4～20mA 通过 250Ω 精密电阻转换成以零伏为基准的 DC 1～5V 信号。内、外给定由开关 S_6 选择。

　　控制器的正、反作用切换是在输入电路中实现的。只要将偏差信号改变一次符号（即正、负端互换），就可以实现作用方式的改变。因此，正、反作用的切换就是通过在输入电路中将偏差信号倒一次相来实现的。正、反作用的切换开关设在侧面板上。控制器的正、反作用由开关 S_7 选择（图中未示出）。正作用是指随着偏差 e 增加或减小，控制器的输出增加或减小，反之亦然；而反作用是指随着偏差 e 的增加或减小，控制器的输出减小或增加，反之亦然。

　　图 4-16 所示为一种全刻度指示控制器（DTL—3110）的面板图。在正面板上设有两个指示表头，其中，双指针垂直指示器内的两个指针分别用于指示测量值和给定值，而输出指示器用于指示输出信号的大小。此外，正面板上设有一些切换开关、拨轮、操作杆等，用于操作方式的切换，内给定设定及手动操作等。

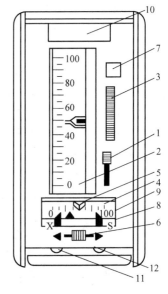

图 4-16　DTL—3110 型控制器面板图
1—自动、软手动、硬手动切换开关
2—双针垂直指示器　3—内给定设
定轮　4—输出指示器　5—硬手
动操作杆　6—软手动操作板键
7—外给定指示灯　8—阀位指
示器　9—输出记录指示　10—位
号牌　11—输入检测插孔
12—手动输出插孔

4.4　数字式控制器

　　随着微机技术和微电子技术的迅速发展，控制器的发展也进入了微型化、数字化和智能化的高速发展阶段。数字式控制器具有模拟式控制器无法比拟的优点，例如，开发周期短、性能价格比高、具有自检自诊断的异常报警功能和通信功能，以及控制精度高、性能稳定、工作可靠、使用和维护方便等，因此在各行各业的自动控制系统中得到广泛的应用。

4.4.1　数字式控制器的组成

　　众所周知，前述 DDZ—Ⅲ型调节器是模拟式控制器，它利用电子电路进行连续的 PID 运算。数字式控制器是将模拟信号数据经离散化后以微计算机为核心进行有关控制规律的运算，所有控制规律的运算都是周期性地进行，即数字式控制器是离散系统。因此，用于连续系统的 PID 控制规律必须进行离散化后方可应用于数字式控制器。数字式控制器可采用理想 PID 算法，也可采用实际的 PID 算法，它们分别称为完全微分 PID 算法和不完全微分 PID 算法。对应每一种算法均有位置型、增量型、速度型和偏差型 4 种实现形式。

数字式控制器自问世以来，已出现了不同种类、系列和规格的产品，其种类繁多。但是，无论何种数字式控制器，其组成均大同小异，基本相似，组成框图如图 4-17 所示。

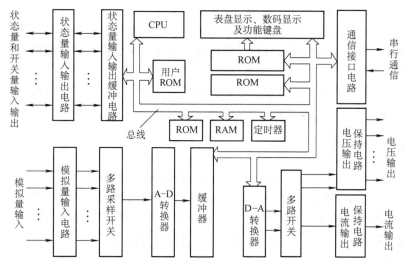

图 4-17　数字式调节器的组成框图

数字式控制器主要由微机单元、输入电路、输出电路和人机对话接口电路组成。

1. 微机单元

微机单元由 CPU、ROM、RAM 和相关接口电路组成，是数字式控制器的核心组件。它主要完成控制器的各种运算、功能协调和控制规律的运算等。通常，各种管理程序、常用运算子程序和控制运算处理子程序均固化在只读存储器 ROM 中，而用户程序固化在 EPROM 或 EEPROM 中，CPU 运算过程中的数据以及生产过程中的有关参数则存储在读写存储器 RAM 中。

2. 输入电路

输入电路包括模拟量输入电路、开关量输入电路和状态量输入电路，以实现输入信号与内部信号之间的转换、外部输入电路与内部电路的隔离等功能。

实际应用中，通常将代表生产过程的参数如温度、压力、流量和物位等的 DC 4 ~ 20mA 或 DC 1 ~ 5V 信号、或由其他单元送来的 DC 1 ~ 5V 的模拟信号，经多路采样开关后依次进行模 - 数转换（A - D），转换后的数字量存放到各自的 RAM 中，供 CPU 进行运算和处理。代表生产过程工作状态的状态量、开关量经状态量输入电路送入 CPU 进行处理。数字通信接口电路也属于输入电路。

3. 输出电路

输出电路由模拟量输出电路和开关量、状态量输出电路组成。经 CPU 运算后的数字信号经 D - A 转换成模拟信号，由多路开关选择指定的模拟量输出通道输出。模拟量输出信号有 DC 1 ~ 5V 和 DC 4 ~ 20mA。通常，输出用于连接其他仪表单元，而输出用作控制操作信号，输出到自动控制系统中的执行机构，以产生相应的控制作用。

状态量、开关量通过状态量和开关量输出电路直接控制现场的工艺设备。数字输入输出通道也包括数据通信接口电路，它用于与上位机的通信或与其他数字仪表的通信。通过数字通信，上位计算机可以实现对现场各种数字式仪表的集中监控和管理，实现对生产工艺过程的最佳控制。

4. 人机对话接口电路

人机对话接口电路包括表盘上的数码显示及各功能键盘接口电路。控制器的各种工作方式的选择、参数值的设置和修改由各种功能按键、数字键来完成，并以数码显示或荧光柱显示形式显示出来。

数字式控制器中上述各功能电路的集成电路心片均通过地址总线、数据总线和控制总线与 CPU 相连，以便按预定的监控程序和运算程序由 CPU 协调各单元电路的工作。

4.4.2　可编程序控制器

可编程序控制器（PLC）在国内已广泛应用于石油、化工、电力、钢铁、机械等各行各业。在这些应用行业中，PLC 除了用于开关量逻辑控制、机械加工的数字控制、机器人的控制外，也广泛应用于连续生产过程的闭环控制。现代大型的 PLC 都配有 PID 子程序或 PID 模块，可实现单回路控制与各种复杂控制，也可组成多级控制系统，实现工厂自动化网络。

1. PLC 的组成

PLC 的结构多种多样，但其组成的一般原理基本相同，都是以微处理器为核心的结构。通常由中央处理单元（CPU）、存储器（RAM、ROM）、输入/输出（I/O）接口、电源（图中未示出）和编程器等部分组成，如图4-18所示。

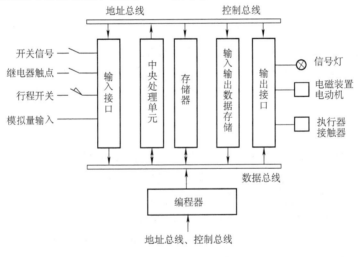

图 4-18　PLC 的组成

CPU 作为整个 PLC 的核心，起着总指挥的作用。CPU 一般由控制电路、运算器和寄存器组成。这些电路通常都被封装在一个集成电路的心片上。CPU 通过地址总线、数据总线、控制总线与存储单元、输入/输出接口连接。CPU 的功能如下：从存储器中读取指令，执行指令，取下一条指令，处理中断。

存储器主要用于存放系统程序、用户程序及工作数据。存放系统软件的存储器称为系统程序存储器；存放应用软件的存储器称为用户程序存储器；存放工作数据的存储器称为数据存储器。常用的存储器有 RAM、EPROM 和 EEPROM。RAM 是一种可进行读写操作的随机存取存储器，用于存放用户程序、生成用户数据区，存放在 RAM 中的用户程序可方便地修改。EPROM、EEPROM 都是只读存储器，这种存储器用于固化系统管理程序和应用程序。

I/O 接口实际上是 PLC 与被控对象间传递输入/输出信号的接口部件。I/O 接口有良好的电隔离和滤波作用。接到 PLC 输入接口的输入器件是各种开关、按钮、传感器等。PLC 的各输出控制器件往往是电磁阀、接触器、继电器、信号灯等，而继电器有交流和直流型、高电压型和低电压型、电压型和电流型等型式。

PLC 电源包括系统的电源及备用电池，电源的作用是把外部电源转换成内部工作电压。PLC 内有一个稳压电源用于对 PLC 的 CPU 单元和 I/O 接口供电。

编程器是 PLC 的最重要外围设备，可利用编程器将用户程序送入 PLC 的存储器，还可以用编程器检查程序、修改程序、监视 PLC 的工作状态。除此以外，在微机上添加适当的硬件接口和软件包，即可用微机对 PLC 编程。利用微机作为编程器，可以直接编制并显示梯形图。

2. PLC 的内部等效继电器电路

人们在对 PLC 进行编程时，通常是将 PLC 的内部结构等效为一个继电器电路。任何一个继电器控制系统，都是由输入部分、逻辑部分和输出部分组成，如图 4-19 所示。

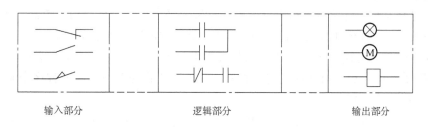

输入部分　　　　　　逻辑部分　　　　　　输出部分

图 4-19　继电器控制系统

输入部分是由一些控制按钮、操作开关、限位开关等组成，它接收来自被控对象上的各种开关信息，或操作台上的操作指令。

逻辑部分是根据被控对象的要求而设计的各种继电器控制电路，继电器的动作是按设定的逻辑关系进行的。

输出部分是根据用户需要而选择的各种输出设备，如电磁阀线圈、接通电极的各种接触器、信号灯等。

当将 PLC 看成是由许多"软继电器"组成的控制器时，可以画出其相应的内部等效继电器控制电路，如图 4-20 所示。

由图 4-20 可知，PLC 的内部等效电路分别与用户输入设备和输出设备相连接。输入设备相对于继电器控制电路中的信号接收环节，如操作按钮、控制开关等；输出设备相对于继电器控制电路中的执行环节，如电磁阀、接触器等。

在 PLC 内部为用户提供的等效继电器有输入继电器、输出继电器、辅助继电器、时间

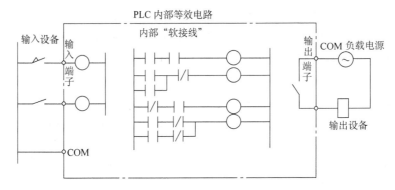

图 4-20　PLC 的等效继电器控制电路

继电器、计数继电器等。

输入继电器与 PLC 的输入端子相连接，用来接收外部输入设备发来的信号，不能用内部的程序指令控制。

输出继电器的触点与 PLC 的输出端子相连接，用来控制外部输出设备，它的状态由内部的程序指令控制。

辅助继电器相对于继电器控制系统中的中间继电器，其触点不能直接控制外部输出设备。

时间继电器又称为定时器。每个定时器的定时值确定后，一旦启动定时器，便以一定的单位开始递减，当定时器中设定的时值减为 0 时，定时器的触点就动作。

计数继电器又称为计数器。每个计数器的计数值确定后，一旦启动计数器，每来一个脉冲，计数值便减 1，直至计数器的设定值减为 0，计数器的输出触点动作。

值得注意的是，上述"软继电器"只是等效继电器，PLC 中并没有这样的实际继电器，"软继电器"的线圈中也没有相应的电流通过，它们的工作完全由编制的程序来制定。

3. PLC 的工作原理

PLC 采用循环扫描的工作方式，在 PLC 中用户程序按先后顺序存放，CPU 从第一条指令开始执行程序，直到遇到结束符后又返回第一条，如此周而复始，不断循环。PLC 的扫描过程分为内部处理、通信操作、程序输入处理、程序执行、程序输出几个阶段。全过程扫描一次所需的时间称为扫描周期。当 PLC 处于停状态时，只进行内部处理和通信操作服务等内容。在 PLC 处于运行状态时，从内部处理、通信操作、程序输入、程序执行、程序输出，一直循环扫描工作。

输入处理也叫输入采样。在此阶段，顺序读入所有输入端子的通断状态，并将读入的信息存入内存中所对应的映像寄存器。在此，输入映像寄存器被刷新。接着进入程序执行阶段。在程序执行时，输入映像寄存器与外界隔离，即使输入信号发生变化，其映像寄存器的内容也不会发生变化，只有在下一个扫描周期的输入处理阶段才能被读入信息。

根据 PLC 梯形图程序扫描原则，按先左后右、先上后下的步序，逐句扫描，执行程序。遇到程序跳转指令，根据跳转条件是否满足来决定程序的跳转地址。用户程序涉及输入输出状态时，PLC 从输入映像寄存器中读出上一阶段采入的对应输入端子状态，从输出映像寄存器读出对应映像寄存器，根据用户程序进行逻辑运算，存入有关器件寄存器中。对每个器件来说，器件映像寄存器中所寄存的内容，会随着程序执行过程而变化。

程序执行完毕后，将输出映像寄存器，在输出处理阶段转存到输出锁存器，通过隔离电路和驱动功率放大电路，使输出端子向外界输出控制信号，驱动外部负载。

4. PLC 的应用及发展趋势

PLC 实现了工业控制领域接线逻辑到存储逻辑的飞跃，其应用领域实现了单体设备简单控制到运动控制、过程控制及集散控制的发展。目前，PLC 在国内外已广泛应用于钢铁、石油、化工、电力、建材、机械制造、汽车、轻纺、交通运输、环保及文化娱乐等各个行业，使用情况大致可归纳为如下几类：

（1）开关量的逻辑控制

这是 PLC 最基本、最广泛的应用领域，它取代传统的继电器电路，实现逻辑控制、顺序控制，既可用于单台设备的控制，也可用于多机群控及自动化流水线，如注塑机、印刷机、订书机械、组合机床、磨床、包装生产线、电镀流水线等。

（2）模拟量控制

在工业生产过程当中，有许多连续变化的量，如温度、压力、流量、液位和速度等都是模拟量。为了使 PLC 处理模拟量，必须实现模拟量（Analog）和数字量（Digital）之间的 A – D 转换及 D – A 转换。PLC 厂商都生产配套的 A – D 和 D – A 转换模块，使 PLC 用于模拟量控制。

（3）运动控制

PLC 可以用于圆周运动或直线运动的控制。从控制机构配置来说，早期直接用开关量 I/O 模块连接位置传感器和执行机构，现在一般使用专用的运动控制模块，如可驱动步进电动机或伺服电动机的单轴或多轴位置控制模块。世界上各主要 PLC 厂商的产品几乎都有运动控制功能，广泛用于各种机械、机床、机器人、电梯等场合。

（4）过程控制

过程控制是指对温度、压力、流量等模拟量的闭环控制。作为工业控制计算机，PLC 能编制各种各样的控制算法程序，完成闭环控制。PID 调节是一般闭环控制系统中用得较多的调节方法。大中型 PLC 都有 PID 模块，目前许多小型 PLC 也具有此功能模块。PID 处理一般是运行专用的 PID 子程序。过程控制在冶金、化工、热处理、锅炉控制等场合有非常广泛的应用。

（5）数据处理

现代 PLC 具有数学运算（含矩阵运算、函数运算、逻辑运算）、数据传送、数据转换、排序、查表、位操作等功能，可以完成数据的采集、分析及处理。这些数据可以与存储器中的参考值比较，完成一定的控制操作，也可以利用通信功能传送到别的智能装置，或将它们打印制表。数据处理一般用于大型控制系统，如无人控制的柔性制造系统，也可用于过程控制系统，如造纸、冶金、食品工业中的一些大型控制系统。

（6）通信及联网

PLC 通信含 PLC 间的通信及 PLC 与其他智能设备间的通信。随着计算机控制的发展，工厂自动化网络发展得很快，各 PLC 厂商都十分重视 PLC 的通信功能，纷纷推出各自的网络系统。新近生产的 PLC 都具有通信接口，通信非常方便。

随着电子及通信技术的进一步发展，PLC 向高性能、高速度、大容量及微型化等方向发展，各生产厂商都致力于智能型 I/O 模块、分布型 I/O 子系统的开发以及 PLC 标准编程语言的推广，使得 PLC 将有更为广阔的发展前景。

4.4.3　专家自整定控制器

专家自整定控制器是数字式控制器的进一步发展，它除了能完成常规控制器的常规任务外，还对控制器的各种功能的实现进行了改进和完善。这些主要是得益于近来微处理器运算速度的大幅提高，使得控制器对获得的所有数据能进行更灵活和快速的处理，增加了各种附加的功能，提高了控制器的控制能力。

专家自整定控制器是在不完全微分 PID 数字控制器的基础上，引入了专家自整定功能，其原理框图如图 4-21 所示。

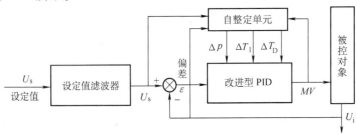

图 4-21　专家自整定控制器原理框图

由于许多被控过程存在着大时间范围的时变性，因此，虽然在某一时刻控制器的参数整定在最佳值并获得了较满意的控制品质，但随着时间的推移，被控过程的特性会产生变化，使系统的控制品质变坏。在控制器中引入专家自整定功能，可改善控制系统的控制品质。将控制器输出的控制量 MV、测量值 U_i 和给定值 U_s 送入专家自整定单元，利用专家的经验综合运算后，修改已给定的 PID 参数，保证控制器的控制规律始终采用最佳的 PID 参数值，从而保证系统能获得最佳的控制效果。

此外，专家自整定控制器还可引入自调整信号滤波、测量信号自补偿、线性化处理、极大值和极小值报警运算以及输出信号限幅处理运算等功能，提高数字式控制器的智能化程度。

习题与思考题

4-1　什么是控制器的控制规律？控制器有哪些控制规律？

4-2　什么是比例控制规律的余差？为什么比例控制会产生余差？

4-3　一台具有比例积分规律的 DDZ－Ⅱ型控制器，其比例度 δ 为 200%，稳态时输出为 5mA。在某瞬间，输入突然变化了 0.5mA，在经过 30s 后，输出由 5mA 变为 6mA，试问该控制器的积分时间 T_I 为多少？

4-4　试写出比例积分微分控制器的控制规律数学表达式。

4-5　试总结比例控制规律、比例积分控制规律及比例积分微分控制规律的控制特点及应用场合。

4-6　模拟式控制器与数字式控制器的区别是什么？

4-7　简述 PLC 的特点和工作原理。

第5章 执 行 器

如前所述，自动控制系统由控制器、执行器、传感器和被控对象等几个部分组成，如果将自动控制过程比喻为人的行动过程，传感器相当于人的眼睛，控制器相当于人的大脑，那么执行器就相当于人的四肢。由此可知，执行器是自动控制系统的必要组成部分。在过程控制系统中，执行器接收控制器的指令信号，经执行机构将其转换为相应的角位移或直线位移，以实现过程的自动控制。

5.1 概述

在化工行业中，执行器又称为调节阀，由执行机构和调节机构两部分组成。其中调节机构是执行器的调节部件，由调节阀心形状的不同决定了调节阀的流量特性；执行机构是执行器的推动装置，按使用能源的不同可分为气动执行器、电动执行器和液动执行器。执行器一般都工作在高温、高压、易燃易爆恶劣环境下，需要根据生产工艺的要求从结构形式、口径、流量特性几个方面进行合理选择。

5.1.1 执行器的分类及特点

执行器按其能源方式可分为气动、电动、液动三大类，各自适应不同应用场合。

1. 气动执行器

气动执行器以压缩空气为动力，具有结构简单、动作可靠稳定、输出力大、维护方便和防火防爆等优点，在化工、炼油、冶金、电力等对安全要求较高的生产过程中有广泛的应用。其缺点是滞后大、不适宜远传（150m 以内），不能与数字装置连接。

2. 电动执行器

电动执行器以电能为动力，具有信号传递快、动作快、可远距离传输、便于和数字装置连接等特点。其缺点是结构复杂、价格贵和推动力小，且安全防爆能力较差，不适合易燃易爆的场合。

3. 液动执行器

液动执行器以液压传递为动力，其显著特点是推动力大，但体型笨重，只适用于需要大推动力的特定场合，如三峡的船阀。

本章主要介绍电动和气动执行器。

5.1.2 执行器的组合方式

为了充分发挥电动、气动执行器各自的特点，最大程度地满足生产工艺的要求，目前执行器都有辅助装置，如电/气转换器、阀门定位器等，根据实际应用需要可组合成多种形式的电/气混合系统。图 5-1 给出了各种组合方式，其性能特点如下：

1. 气动控制器—阀门定位器—气动执行器

这种组合方式适用于要求准确定位、差压较大的场合，其工作模式是通过阀门定位器的

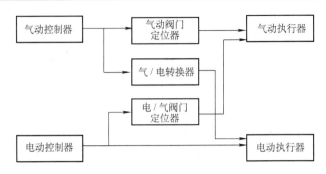

图 5-1　执行器的各种组合方式

辅助作用，使气动执行器准确定位，同时可在一定程度上放大调节信号的压力，增大执行器的输出力（力矩），增强执行器的工作平稳性。

2. 气动控制器—气/电转换器—电动执行器

这种组合方式通过气/电转换器将气动调节器的气压信号成比例地转换成标准的电信号，从而推动电动执行器工作，实现了气动信号的远传及与数字装置的连接。

3. 电动控制器—电/气阀门定位器—气动执行器

这种组合方式应用广泛，通过电/气阀门定位器可实现传输信号为电信号，现场操作为气动执行器，具备电动和气动执行器的优点。

5.1.3　执行器的基本结构

执行器由执行机构和调节机构组成。气动执行器的外形如图 5-2 所示。执行机构是执行器的推动装置，它根据控制信号的大小，产生相应的推动力，推动调节阀动作。调节阀是执行器的调节机构，在执行机构推力的作用下，调节阀产生一定的位移或转角，直接调节流体的流量。

各类执行器的调节机构的种类和构造大致相同，主要是执行机构不同。对于电动执行器而言，执行机构和调节阀是可分的两个部分，而气动执行器中二者是不可分的，是统一的整体。

为保证执行器的正常工作，同时为了提高控制质量和可靠性，执行器还必须配备一定的辅助装置，如阀门定位器和手轮机构等。阀门定位器用于准确定位，而手轮机构用于直接操作调节阀，以便在停电、停气、控制器无输出或执行机构损坏的情况下，仍能正常工作。

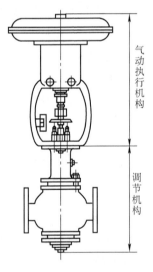

图 5-2　气动执行器的外形

5.2　调节机构

调节机构一般是指调节阀芯，调节阀实际上是一个局部阻力可以改变的节流元件，它在执行机构推力的作用下，阀芯产生一定的位移或转角，从而改变阀芯与阀座间的流通面积，达到调节流体的流量、调节工艺变量、实现自动调节的目的。

调节阀有正作用和反作用之分：当阀芯向下位移时，阀芯与阀座之间的流通截面积减小，称为正作用式；当阀芯向下位移时，阀芯与阀座之间的流通截面积增大，则为反作用式，其具体作用方式参见图 5-16。

5.2.1 调节阀的分类

调节阀的种类很多，可根据驱动方式、用途、技术参数、阀体材料、结构种类以及阀芯的动作形式进行分类。一般情况下，根据阀芯的动作形式将调节阀分为直行程式和角行程式两大类。阀杆带动阀芯沿直线运动属于直行程式，阀芯按转角运动的调节阀属于角行程类。

1. 直行程式调节阀

（1）直通单座阀

调节阀阀体内只有一对阀芯和阀座，如图 5-3a、b 所示。其特点是结构简单、泄漏量小（甚至可以完全切断）和允许压差小，适用于要求泄漏量小、工作压差较小的干净介质的场合。

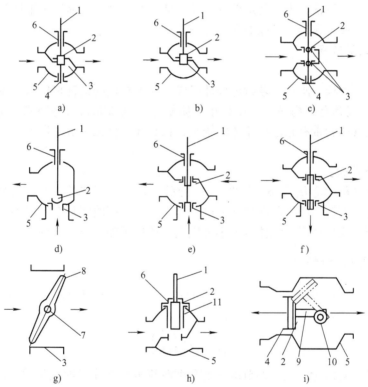

图 5-3 常用调节阀结构示意图

a)、b) 直通单座阀　c) 直通双座阀　d) 角形阀　e)、f) 三通阀　g) 蝶阀
h) 套筒阀　i) 凸轮挠曲阀

1—阀杆　2—阀芯　3—阀座　4—下阀盖　5—阀体　6—上阀盖　7—阀轴
8—阀板　9—柔臂　10—转轴　11—套筒

（2）直通双座阀

调节阀阀体内有两对阀心和阀座，如图 5-3c 所示。它与同口径的单座阀相比，流通能力大 20% ~25% 。因为流体对上、下两阀心上的作用力可以相互抵消，但上、下两心不易同时关闭，因此双座阀具有允许压差大、泄漏量较大的特点。适用于阀两端压差较大，泄漏量要求不高的干净介质场合，不适用高粘度和含纤维的场合。

（3）角形阀

角形阀的两个接管呈直角形，一般为底进侧出，如图 5-3d 所示。角形阀的流路简单、阻力小，适用于高压差、高粘度、含悬浮物和颗粒状物料流量的场合。

（4）三通阀

三通阀的阀体有三个接管口，适用于三个方向流体的管路控制系统，常用于热交换器的温度控制、配比控制和旁路控制。三通阀有三通合流阀和三通分流阀两种类型，合流阀为介质由两个输入口流进后混合由一个口流出，分流阀为介质由一入口流进两个出口流出，具体如图 5-3e、f 所示。

（5）套筒阀

套筒阀也称为笼式阀，是一种结构特殊的新型调节阀，其阀体与一般调节阀相似，阀内有一个圆柱形套筒（笼子），根据套筒导向，阀芯可以在套筒中上下移动，如图 5-3h 所示。套筒上开有一定形状的窗口（节流孔），阀芯移动时，改变了节流孔的面积，从而实现流量调节。套筒阀具有不平衡力小、稳定性好、噪声低、互换性强、易拆洗维修等特点，但不宜用于高温、高黏度或含颗粒及结晶的介质控制。

2. 角行程式调节阀

（1）蝶阀

蝶阀由阀体、阀板、阀轴和轴封等部件组成，通过阀板的旋转来控制流体的流量，具体如图 5-3g 所示。其具有结构简单、体积小、质量轻、流通能力大等特点，适用于低压差、大口径、大流量气体和带有悬浮物流体的场合，在石油、化工、水处理等一般工业上得到广泛应用。

（2）凸轮挠曲阀

凸轮挠曲阀又称偏心旋转阀，如图 5-3i 所示，其球面阀芯的中心线与转轴中心偏离，转轴带动阀芯偏心旋转，使阀芯向前下方进入阀座。凸轮挠曲阀具有体积小、质量轻、使用可靠、维修方便、通用性强、流体阻力小等优点，适用于黏度较大的场合。

5. 2. 2　调节阀的流量特性

调节阀的流量特性是指介质流过调节阀的相对流量与相对位移（即阀的相对开度）之间的关系，数学表达式为

$$\frac{Q}{Q_{\max}} = f\left(\frac{l}{L}\right) \tag{5-1}$$

式中，$Q/Q_{\max}$ 是相对流量，表示调节阀一定开度时流量 Q 与全开时流量 $Q_{\max}$ 之比；l/L 是相对行程，表示调节阀某一开度时阀芯位移 l 与全开时阀芯位移 L 之比。

一般而言，改变调节阀阀芯与阀座间的流通截面积，就可以控制流量，但实际上还有其他影响因素。其中最重要的是压差变化，调节阀开度变化的同时，阀前后的压差也会产生变化，而压差变化又会引起流量变化。为了便于分析，先假定阀前后压差固定，然后再延伸到真实情况，其流量特性分别为理想流量特性和工作流量特性。

1. 调节阀的理想流量特性

理想流量特性是指调节阀前后压差一定时的流量特性，是调节阀的固有特性，取决于阀芯的形状。理想流量特性主要有直线、等百分比（对数）、抛物线及快开 4 种，如图 5-4 所示，相应的阀芯形状如图 5-5 所示。

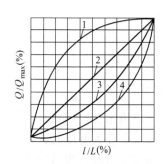

图 5-4 调节阀的理想流量特性
1—快开 2—直线 3—抛物线
4—等百分比

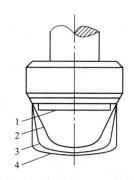

图 5-5 不同流量特性的阀芯形状
1—快开 2—直线 3—抛物线
4—等百分比

（1）直线流量特性

直线流量特性是指调节阀的相对流量与相对位移成直线关系，即单位位移变化所引起的流量变化是常数，其数学表达式为

$$\frac{\mathrm{d}\left(\dfrac{Q}{Q_{\max}}\right)}{\mathrm{d}\left(\dfrac{l}{L_{\max}}\right)} = K \tag{5-2}$$

式中，K 为常数，即调节阀的放大系数。

将式（5-2）积分得

$$\frac{Q}{Q_{\max}} = K\,\frac{l}{L} + C \tag{5-3}$$

式中，C 为积分常数。

边界条件为 $l=0$ 时，$Q=Q_{\min}$（$Q_{\min}$ 为调节阀能控制的最小流量）；$l=L$ 时，$Q=Q_{\max}$。代入边界条件，可得

$$C = \frac{Q_{\min}}{Q_{\max}} = \frac{1}{R},\ K = 1 - C = 1 - \frac{1}{R} \tag{5-4}$$

式中，R 为调节阀所能控制的最大流量 $Q_{\max}$ 与最小流量 $Q_{\min}$ 的比值，称为调节阀的可调范围或可调比（值得注意的是，$Q_{\min}$ 并不等于调节阀全关时的泄漏量，一般它是 $Q_{\max}$ 的 2% ~ 4%）。

将式（5-4）代入式（5-3），可得

$$\frac{Q}{Q_{\max}} = \frac{1}{R}\Big[\,1 + (R-1)\frac{l}{L}\,\Big] \tag{5-5}$$

式（5-5）表明 $\dfrac{Q}{Q_{\max}}$ 与 $\dfrac{l}{L}$ 之间呈线性关系，在直角坐标上是一条直线，如图 5-4 中直线 2 所示。需注意的是当可调比 R 不同时，特性曲线在纵坐标上的起点是不同的。当 $R=30$，$l/L=0$ 时，$Q/Q_{\max}=0.033$。为了便于分析和计算，假设 $R=\infty$，即特性曲线是以坐标原点为起点，这时当位移变化 10% 所引起的流量变化总是 10%；但流量变化的相对值是不同的，以行程的 10%、50% 和 80% 三点为例，若位移变化量都为 10%，则

在 10% 时，流量变化的相对值为 $\dfrac{20-10}{10} \times 100\% = 100\%$

在 50% 时，流量变化的相对值为 $\dfrac{60-50}{50} \times 100\% = 20\%$

在 80% 时，流量变化的相对值为 $\dfrac{90-80}{80} \times 100\% = 12.5\%$

可见，在流量小时，流量变化的相对值大；在流量大时，流量变化的相对值小。也就是说，当阀门在小开度时灵敏度高，调节作用强，易产生振荡；而在大开度时灵敏度低、控制作用弱，调节缓慢，是不利于控制系统正常运行的。从控制系统来看，当系统处于小负荷时（原始流量较小），要克服外界干扰的影响，希望调节阀动作时引起的流量变化量小些，以免控制作用太强产生超调，甚至产生振荡；当系统处于大负荷时，要克服外界干扰的影响，希望调节阀动作所引起的流量变化要大些，以免控制作用微弱而使控制不够灵敏。可见，直线型流量特性不能满足以上要求。

（2）等百分比流量特性

等百分比流量特性是指单位相对位移变化所引起的相对流量变化与此点的相对流量成正比关系。用数学表达式表示为

$$\frac{\mathrm{d}\left(\dfrac{Q}{Q_{max}}\right)}{\mathrm{d}\left(\dfrac{l}{L_{max}}\right)} = K\left(\frac{Q}{Q_{max}}\right) \tag{5-6}$$

将式（5-6）积分可得

$$\ln \frac{Q}{Q_{max}} = K\frac{l}{L} + C$$

将前述边界条件代入，可得 $C = \ln\dfrac{Q_{min}}{Q_{max}} = \ln\dfrac{1}{R} = -\ln R$，$K = \ln R$，经整理得

$$\frac{Q}{Q_{max}} = R^{\left(\frac{l}{L}-1\right)} \tag{5-7}$$

即相对开度与相对流量成对数关系，如图 5-4 中曲线 4 所示。等百分比特性曲线的斜率是随着流量增大而增大，但等百分比特性的流量相对变化值是相等的，即流量变化的百分比是相等的。因此，具有等百分比特性的调节阀，在小开度时，放大系数小，调节平稳缓和；在大开度时，放大系数大，调节灵敏有效。

（3）抛物线流量特性

抛物线流量特性是指单位相对位移的变化所引起的相对流量变化与此点的相对流量之间的二次方根成正比关系，其数学表达式为

$$\frac{\mathrm{d}\left(\dfrac{Q}{Q_{max}}\right)}{\mathrm{d}\left(\dfrac{l}{L_{max}}\right)} = K\left(\frac{Q}{Q_{max}}\right)^{\frac{1}{2}} \tag{5-8}$$

代入上述边界条件，经整理可得

$$\frac{Q}{Q_{max}} = \frac{1}{R}\left[1 + (\sqrt{R}-1)\frac{l}{L}\right]^2 \tag{5-9}$$

如图 5-4 中曲线 3 所示。

（4）快开型流量特性

这种流量特性的调节阀在开度小时就有比较大的流量，随着开度的增大，流量很快就达到最大；此后再增加开度，流量变化很小，故称为快开流量特性，其特性曲线如图 5-4 中曲线 1 所示。快开阀应用于迅速启闭的位式控制或程序控制系统。

2. 调节阀的工作流量特性

在实际生产中，调节阀前后压差总是变化的，这时的流量特性为工作流量特性。

（1）串联管道的工作流量特性

以图 5-6 所示串联管道的情况为例来讨论，系统总压差 Δp_o 等于管路系统（除调节阀外的全部设备和管道的各局部阻力之和）的压差 Δp_g 与调节阀的压差 Δp_T 之和，如图 5-7 所示。以 S 表示调节阀全开时阀上压差与系统总压差（即系统中最大流量时压力损失总和）之比。以 Q_{max} 表示管道阻力等于零时调节阀的全开流量，此时阀上压差为系统总压差。从而可得串联管道以 Q_{max} 作参比值的工作流量特性，如图 5-8 所示。

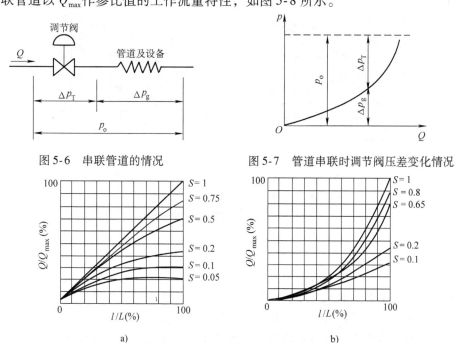

图 5-6　串联管道的情况　　图 5-7　管道串联时调节阀压差变化情况

图 5-8　管道串联时调节阀的工作流量特性
a）理想特性为直线型　b）理想特性为等百分比型

图 5-8 中，$S=1$ 时，管道阻力损失为零，系统总压差全在阀上，工作流量特性与理想流量特性一致。随着 S 值的减小，直线流量特性渐渐趋向快开特性，如图 5-8a 所示，等百分比流量特性趋向于直线流量特性，如图 5-8b 所示。由图可知，S 值偏大时，阀上压降大，要消耗过多能量；S 值偏小时，流量特性会产生严重畸变，影响控制质量。因此在实际应用中，S 值通常不小于 0.3。

（2）并联管道的工作流量特性

调节阀一般都装有旁路阀，用于手动操作和维护，当生产量提高或调节阀选小了时，需要将旁路阀打开，此时调节阀的理想流量特性就改变成工作流量特性。

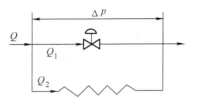

图 5-9　并联管道的情况

并联管道时的情况如图 5-9 所示，此时管路的总流量 Q 是调节阀流量 Q_1 和旁路流量 Q_2 之和，即 $Q = Q_1 + Q_2$。

以 x 代表并联管道时调节阀全开时的流量 Q_{1max} 与总管道流量 Q_{max} 之比，可以得到压差 Δp_0 一定情况下不同 x 值的工作流量特性，如图 5-10 所示。其中纵坐标流量以总管最大流量 Q_{max} 为参比值。

由图 5-10 可见，当 $x = 1$ 时（即旁路阀关闭）、$Q_2 = 0$ 时，调节阀的工作流量特性与理想流量特性相同。随着 x 值的减小，即旁路阀逐渐打开，虽然阀本身的流量特性变化不大，但可调范围大大降低了。调节阀关死，即 $l/L = 0$ 时，流量 Q_{min} 比调节阀本身的 Q_{1min} 大得多。同时，在实际使用中总存在着串联管道的影响，调节阀的压差还会随着流量的增加而降低，使可调范围下降得更多，调节阀在工作过程中所能控制的流量变化范围更小，甚至几乎不起控制作用。所以，一般认为旁路流量最多只能是总流量的百分之十几，即 x 值最小不低于 0.8。

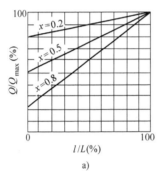
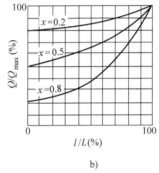

图 5-10　并联管道时调节阀的工作流量特性

a）直线理想特性　b）等百分比理想特性

综合串、并联管道的情况，可得如下结论：

1）串、并联管道都会使阀的理想流量特性发生畸变，串联管道的影响尤为严重。

2）串、并联管道都会使调节阀的可调范围降低，并联管道尤为严重。

3）串联管道使系统总流量减少，并联管道使系统总流量增加。

4）串、并联管道都会使调节阀的放大系数减小，即输入信号变化引起的流量变化值减小；串联管道时调节阀若处于大开度，则 S 值降低对放大系数影响更为严重；并联管道时调节阀若处于小开度，则 x 值降低对放大系数影响更为严重。

5.3　执行机构

5.3.1　电动执行机构

电动执行机构接收控制器输出的 DC 0～10mA 或 DC 4～20mA 的直流信号，并将其转换成相应的输出转角位移或直线位移，去操纵调节机构，以实现自动控制。

电动执行器有角行程、直行程和多转式等类型。角行程电动执行机构以电动机为动力元件，将输入的直流电流信号转换为相应的角位移（0°～90°），这种执行机构适应于操纵蝶阀、挡板之类的旋转式调节阀。直行程执行机构接收输入的直流信号后，通过放大器驱动电动机转动，然后通过减速器减速并转换为直线位移输出，去操纵单座、双座、三通等各种调节阀等直线式调节机构。多转式执行机构主要用来开启和关闭闸阀、截止阀等多转式阀门。这几种类型电动执行机构的构成和工作原理基本是相同的，只有减速器不一样。本书主要介绍角行程电动执行机构。

电动执行机构由伺服放大器、伺服电动机、减速器、位置发送器和电动操作器组成，框图如图 5-11 所示。其工作过程如下：伺服放大器将由控制器来的输入信号与位置反馈信号进行比较，当无信号输入时，由于位置反馈信号为零，伺服放大器无输出，伺服电动机不转；如有信号输入，且与反馈信号比较产生偏差，使放大器有足够的输出功率，驱动伺服电动机，经减速后使减速器的输出轴转动，直到与输出轴相连的位置发送器的输出电流与输入信号相等为止。此时输出轴就稳定在与该输入信号相对应的转角位置上，实现了输入电流信号与输出转角的转换。

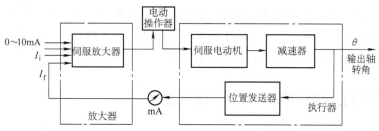

图 5-11　电动执行机构组成框图

5.3.2　气动执行机构

气动执行机构接收气动控制器或阀门定位器输出的气压信号，并将其转换成相应的推杆直线位移，以推动调节机构动作。

气动执行机构分为薄膜式和活塞式两种。薄膜式执行机构结构简单、动作可靠、价格低，应用较广泛；活塞式执行机构允许操作压力可达 500kPa，推动力大，但价格偏高。

气动执行机构有正作用和反作用两种形式。当信号压力增加时推杆向下动作的称为正作用式执行机构；当信号压力增加时推杆向上动作的称为反作用式执行机构。

1. 气动薄膜执行机构

气动薄膜执行机构主要由膜片、压缩弹簧、推杆、膜盖、支架等组成。正作用式气动薄膜执行机构结构原理如图 5-12 所示。当信号压力通入由上膜盖 1 和波纹膜片 2 组成的薄膜气室时，在膜片上产

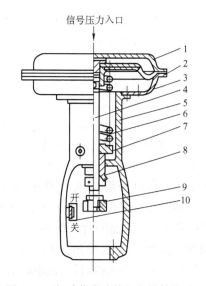

图 5-12　气动薄膜式执行机构结构原理
1—上膜盖　2—膜片　3—下膜盖　4—推杆
5—支架　6—压缩弹簧　7—弹簧座
8—调节杆　9—连接阀杆螺母
10—行程标尺

生一个推力，使推杆 4 向下移动并压缩弹簧 6，当压缩弹簧的反作用力与信号压力在膜片上产生的推力相平衡时，推杆稳定在一个新的位置，推杆的位移即为执行机构的输出。反作用式薄膜执行机构的结构与正作用式大致相同，区别在于信号压力是通过波纹膜片下方的薄膜气室，由于输出推杆也从下方引出，因此需要增加密封零件。

气动薄膜执行机构的行程规格有 10mm、16mm、25mm、40mm、60mm、100mm 等。薄膜有效面积有 200cm^2、280cm^2、400cm^2、630cm^2、1000cm^2 及 1600cm^2 这 6 种规格。有效面积越大，执行机构的位移和推力也越大。

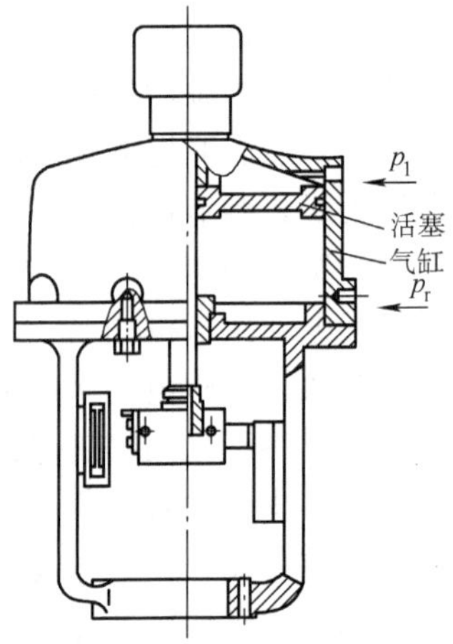

2. 气动活塞式执行机构

气动活塞式执行机构如图 5-13 所示，其基本部分为气

图 5-13　气动活塞式执行机构

缸，气缸内活塞随气缸两侧压差而移动。两侧可以分别输入一个固定信号和一个变动信号，或两侧都输入变动信号。它的输出特性有比例式和两位式两种。两位式是根据输入执行机构活塞两侧的操作压力的大小，活塞从高压侧推向低压侧，使推杆从一个极端位置移到另一极端位置。比例式是在两位式基础上加有阀门定位器后，使推杆位移与信号压力成比例关系。

5.4　电—气转换器和电—气阀门定位器

如前所述，实际生产中，为满足生产工艺的需要，电与气可以组成多种形式的电气混合系统，因而有各种电—气转换器及气—电转换器把电信号（DC 0 ~ 10mA 或 DC 4 ~ 20mA）与气信号（0.02 ~ 0.1MPa）进行转换。电—气转换器一方面可以把电动变送器的电信号变为气信号，送到气动控制器或气动显示仪表，另一方面可以把电动控制器的输出信号变为气信号去驱动气动执行器。

1. 电—气转换器

电—气转换器的结构原理如图 5-14 所示，它按力矩平衡原理工作。当输入电流进入测量动圈 2 时，动圈在永久磁铁的气隙中自由移动，便产生一个向下的电磁力 F_i，F_i 与输入电流成正比，使杠杆绕支点 O 作逆时针偏转，并带动安装在杠杆 1 上的挡板 3 靠近喷嘴 4，使喷嘴的背压增加，经气动功率放大器放大后输出气压 p_o。该

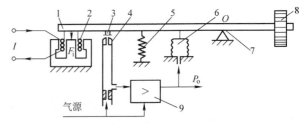

图 5-14　电—气转换器结构原理
1—杠杆　2—动圈　3—挡板　4—喷嘴　5—弹簧　6—波纹管
7—支承　8—重锤　9—气动功率放大器

气压信号一方面送入执行器控制阀门的开度作相应的变化，从而控制被控介质的流量；另一方面该气压信号送入反馈波纹管 6 产生一个向上的反馈力 F_f 作用于杠杆，使杠杆绕支点 O 作顺时针方向偏转。当由输入电流 I 产生的电磁力 F_i 产生的力矩与由反馈力 F_f 产生的反馈力矩相等时，整个系统处于平衡状态，于是输出的气压信号 p_o 与输入电流 I 成比例。由此可见，电—气转换器是一个具有深度负反馈的力矩平衡系统。当输入电流 I 为 DC 0 ~ 10mA

或 DC 4～20mA 时，输出 0.02～0.1MPa 的气压信号。

图 5-14 中，弹簧 5 用于调整输出气压的零点；移动波纹管的安装位置可调量程；小重锤 8 用来平衡杠杆的重量，使其在各个位置均能准确地工作。电—气转换器的准确度可达 0.5 级。

2. 电—气阀门定位器

图 5-15 所示为电—气阀门定位器的原理，它将电动调节器或手动操作器输出的 DC 0～10mA 或 DC 4～20mA 统一标准信号转换成 0.02～0.1MPa 的气压信号去控制气动执行器；同时还具有气动阀门定位器的作用，可使阀门

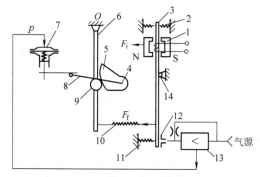

图 5-15　电—气阀门定位器的原理
1—电磁线圈　2—弹簧　3—主杠杆　4、14—支点
5—反馈凸轮　6—副杠杆　7—薄膜气室　8—反馈杆
9—滚轮　10—反馈弹簧　11—调零弹簧
12—喷嘴　13—气动功率放大器

位置按控制器送来的信号准确定位（即输入信号与阀门位置呈一一对应关系）；还可以通过改变图 5-15 中反馈凸轮 5 的形状或安装位置来改变调节阀的流量特性和实现正、反作用（即输出信号可以随输入信号的增加而增加，也可以随输入信号的增加而减少）。

电—气阀门定位器是按力矩平衡原理工作的，输入电流 I_i 输入到由永久磁铁和电磁线圈 1 组成的电磁力转换机构时，转换成作用于主杠杆 3 的输入力 F_i，使主杠杆以支点 14 作逆时针方向偏转，因此，挡板靠近喷嘴 12，其背压升高，经气动功率放大器 13 放大后，输出气压信号 p 作用薄膜气室 7 的膜头，使阀杆下移，并同时通过反馈杆 8 带动反馈凸轮绕支点 4 作顺时针方向转动，经滚轮 9 使副杠杆 6 绕其支点 7 作顺时针方向偏转，并拉伸反馈弹簧 10，于是产生一个反馈力 F_f 作用于主杠杆，使主杠杆绕支点 14 作顺时针方向偏转。当输入力 F_i 与反馈力 F_f 所产生的力矩达到动态平衡时，整个系统便处于平衡状态。此时，调节阀的开度与输入电流 I_i 的大小成比例，一定的信号电流就对应于一定的阀门位置。

5.5　执行器的选择

执行器的选择将直接影响自动控制系统的控制质量、安全性和可靠性，因此，必须根据生产过程工况特点、生产工艺以及控制系统要求等多方面综合考虑，正确选择。执行器的选择，主要从以下三个方面考虑：

1）执行器的结构形式。

2）调节阀的流量特性。

3）调节阀的口径。

5.5.1　执行器结构形式的选择

气动执行机构和电动执行机构各有其特点，并且都有不同的规格品种。通常需要根据能源、介质的工艺要求、控制系统的精度以及经济效益等因素，结合执行机构的特点，综合考虑确定选用哪一种执行机构。

选择执行机构时，还需要考虑执行机构的输出力。选择原则是执行机构的输出力（力

矩）必须大于调节阀的不平衡力（力矩）。对于气动执行机构，薄膜式执行机构的输出力通常能满足调节阀的要求，当输出力要求较大时，可考虑采用活塞式执行机构。

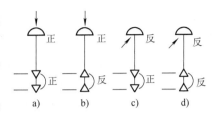

图 5-16　正反作用组合方式

在采用气动调节机构时，还必须确定整个气动执行器的作用方式。气动执行器可分为气开、气关两种。有压力信号时阀开、无压力信号时阀关的为气开式，反之，为气关式。由于执行机构有正、反作用，控制阀也有正、反作用，因此气动执行器的气关或气开即由此组合而成，如图 5-16 所示。组合方式见表 5-1。

气开、气关的选择主要从工艺生产安全出发。考虑原则如下：当信号压力中断时，应保证设备和操作人员的安全。如果阀处于打开位置时危害性小，则应选用气关式，以保障当气源故障时阀门能自动打开，保证安全。反之，则用气开式。例如，加热炉的燃料气或燃料油应采用气开式调节阀，即当信号中断时应切断进炉燃料，以免炉温过高造成事故；对于易燃气体物料的调节阀，应选用气开式，以防爆炸；介质为易结晶物料时应选用气关式，以防堵塞。

表 5-1　组　合　方　式

序号	执行机构	调节机构	气动执行器	序号	执行机构	调解机构	气动执行器
图 5-16a	正作用	正作用	气关（正）	图 5-16c	反作用	正作用	气开（反）
图 5-16b	正作用	反作用	气开（反）	图 5-16d	反作用	反作用	气关（正）

例 5-1　图 5-17 中的液面调节回路，工艺要求故障情况下送出的气体中不允许带有液体。试选取调节阀气开、气关形式和控制器的正、反作用，并简单说明这一调节回路的工作过程。

解：因工艺要求故障情况下送出的气体不允许带液，故当气源压力为零时，阀门应打开，所以调节阀是气关式。当液位上升时，要求调节阀开度增大，由于所选取的是气关调节阀，故要求控制器输出减少，控制器是反作用。

其工作过程如下：液体↑→液位变送器↑→控制器输出↓→调节阀开度↑→液体输出↑→液位↓。

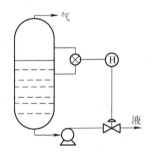

图 5-17　液面调节回路

5.5.2　调节阀流量特性的选择

调节阀流量特性的选择主要从以下几方面考虑。

1. 从控制系统的调节品质分析

实际生产过程中，由于操作条件改变、负荷变化等原因，造成控制对象特性产生变化，因而放大系数需要随之产生变化。适当选择调节阀的特性，使阀的放大系数的变化补偿控制对象放大系数的变化，从而保持系统总的放大系数近似不变，以达到较好的控制效果。例如，控制对象的放大系数随负荷的增加而减小时，采用具有等百分比流量特性的调节阀，其放大系数随负荷增加而增加，就可使控制系统的总放大系数保持不变，近似为线性。

2. 从工艺配管情况分析

如前所述，调节阀在串联管道时的工作流量特性与 S 值的大小有关，即与工艺配管情况有关。因此，在选择调节阀特性时，还必须结合系统的工艺配管情况综合考虑。考虑工艺配管情况时，可参照表 5-2 来选择阀的固有特性。

表 5-2 气动调节阀的工作流量特性

配 管 状 况	$S = 1 \sim 0.6$	$S = 0.6 \sim 0.3$	$S < 0.3$
阀的工作特性	直线、等百分比	直线、等百分比	不宜控制
阀的固有特性	直线、等百分比	等百分比	不宜控制

3. 从负荷变化情况分析

目前调节阀主要有直线、等百分比、快开三种基本的流量特性，其中快开特性一般用于双位控制和程序控制。因此，流量特性的选择主要是指对直线特性和等百分比特性的选择。

一般而言，直线阀在小开度时流量相对变化值大，控制过于灵敏，易引起振荡，因此在 S 值小、负荷变化大的场合不适宜采用直线阀。等百分比特性阀的放大系数随阀门行程增加而增大，其流量相对变化值恒定不变，适用于负荷变化幅度大的场合。调节阀流量特性的选择方法大致有理论计算和经验准则两种。目前大多采用经验准则，并根据工艺条件和过程控制系统的特点来选择调节阀的特性。

5.5.3 调节阀口径的选择

调节阀口径选择的主要依据是其流通能力，而流通能力的确定是在计算阀流量系数 C_v 的基础上进行的。流量系数的定义是指阀门全开条件下，阀两端压差 Δp 为 100kPa，流体密度 ρ 为 $1t/m^3$ 时，通过阀的流体体积流量为 $Q(m^3/h)$，其节流公式为

$$Q = C \sqrt{(\Delta p / \rho)} \tag{5-10}$$

式中，C 是一个比例系数，它与阀流量系数的关系 $C_v = mC$，当流量特性为直线型时，$m = 1.63$，当流量特性为等百分比型时，$m = 1.97$。

式（5-11）是当测量介质为液体时的计算方法，当测量介质为气体时应考虑温度和压力对介质体积的影响，其 C 值的计算如下：

1）当阀前后压差 Δp 小于 0.5 倍的阀前压力 p_1，即 $\Delta p < 0.5p_1$ 时有

$$C = \frac{Q}{4.72} \sqrt{\frac{\rho(273 + t)}{(p_1 + p_2)\Delta p}} \tag{5-11}$$

式中，p_2 为阀后压力。

2）当 $\Delta p \geq 0.5p_1$ 时有

$$C = \frac{Q}{2.9} \sqrt{\frac{\rho(273 + t)}{p_1}} \tag{5-12}$$

此外，当介质为过热蒸汽时，计算 C 值要考虑蒸汽的过热度。

确定好 C_v 值以后，要对调节阀的开度进行验算。理论要求最大流量时，阀开度不大于 90%；最小流量时，开度不小于 10%。在正常工况下，阀门开度一般在 15% ~ 85% 之间。最后根据 C_v 值确定调节阀口径。

习题与思考题

5-1　执行器在自动控制系统中起到什么作用?

5-2　执行器由哪些部分构成? 各起什么作用?

5-3　执行机构的分类如何?

5-4　常用调节阀有哪几种? 各有什么优缺点?

5-5　阀门定位器有什么作用? 简述电/气阀门定位器的工作原理。

5-6　什么是调节阀的流量系数? 它与哪些因素有关?

5-7　调节阀的气开、气关选择原则是怎样确定的? 单参数控制系统中, 控制器的正、反作用又是如何确定的?

5-8　图 5-18 所示为加热炉温度控制系统。根据工艺要求, 出现故障时炉子应当熄火。试说明调节阀的气开、气关型式, 控制器的正、反作用方式, 并简述控制系统的动作过程。

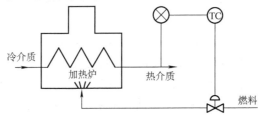

图 5-18　加热炉温度控制系统

5-9　试说明什么是控制阀的流量特性和理想流量特性? 常用的控制阀理想流量特性有哪些?

5-10　什么是控制阀的可调范围? 在串、并联管道中可调范围为什么会变化?

第6章 简单控制系统

简单控制系统是指由一个被控对象、一个控制器、一个执行器和一个测量变送单元构成的闭环控制系统。简单控制系统具有结构简单、投资少、易于调整、投运，能满足一般生产过程工艺要求的特点，占各类控制系统的 85% 以上，应用非常广泛。此外，目前采用的各种先进控制方案无一例外是建立在简单控制系统基础上的，因此非常有必要对简单控制系统进行分析和研究。

6.1 简单控制系统的基本结构

简单控制系统的框图如 6-1 所示。当被控对象在某种干扰作用下使被控变量偏离了给定值（即产生了偏差）时，控制器根据偏差的大小和方向按照某种控制规律运算后，给执行器发送控制信号，以改变执行器的开度，即改变操纵变量的大小，从而克服干扰对被控变量的影响，使被控变量的值接近给定值。简单控制系统非常适用于生产过程纯滞后与惯性不大、负荷与干扰比较平稳或者工艺要求不太高的场合。

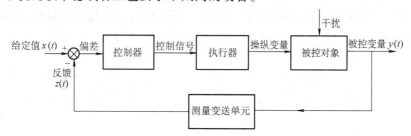

图 6-1 简单控制系统的框图

图 6-2 所示的液位定值控制系统与图 6-3 所示的贮液槽加热系统都是简单控制系统的例子。

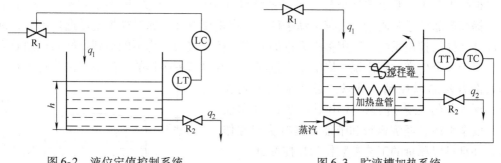

图 6-2 液位定值控制系统   图 6-3 贮液槽加热系统

在图 6-2 所示的液位控制系统中，贮液槽是被控对象、液位是被控变量、LT 为液位检测环节、LC 为液位控制器。LT 将反映液位高低的信号送往液位控制器 LC，LC 根据偏差信

号控制调节阀 R_1 的开度，以维持液位的恒定。图6-3所示的贮液槽加热系统则是通过改变蒸汽流量来保持贮液槽里的温度恒定。

6.2　简单控制系统设计的主要内容

要设计一个反馈控制系统，必须结合实际的生产工艺、了解被控对象的特性、干扰的种类及其系统性能指标的要求，并在此基础上确定被控变量和操纵变量、选择适合的控制器、执行器、测量变送单元及控制规律，从而在实现系统自动化的基础上，达到提高产品质量、降低生产消耗、改善劳动条件及保护人身和设备安全等目的。设计步骤可简述如下：

1) 首先对生产工艺过程作一个全面的了解，对工艺生产过程中所使用的各类型设备和其他辅助设备作一个系统的分析。

2) 根据生产工艺要求确定被控变量和操纵变量。

3) 根据系统的性能指标和生产工艺的特点确定调节阀的种类及规格。

4) 根据被控变量的特性及系统的反应速度等要求选择合适测量变送单元。

5) 研究被控对象、调节阀及检测元件的特性对控制质量的影响，选择合理的控制规律。

6) 确定控制器的正、反作用形式，以确保控制系统为负反馈系统。

7) 对控制器参数进行整定，以使控制系统能满足工艺指标的需求。

前面的章节已经对组成简单控制系统的各个组成部分的特性进行了详细介绍，在这里就不赘述了。本章将从被控变量及操纵变量的选择、环节的特征参数对控制质量的影响、控制器控制规律的选择、控制器的正、反作用形式和控制器参数的工程整定等方面来阐述简单控制系统设计的注意事项。

简单控制系统的设计原则同样适合后面章节的复杂控制系统的设计方法。学会了简单控制系统的一般设计方法，就能在今后的工作和生产实际中设计出更为复杂的控制系统。

6.3　简单控制系统的方案设计

6.3.1　被控变量的选择

根据生产工艺要求选择被控变量是系统设计中的一个至关重要的问题，它对于稳定生产、提高产品产量和质量、改善劳动条件等都有重要意义。如果被控变量选择不当，则不论组成什么样的控制系统，选用多么先进的检测、控制仪表，均不能达到良好的控制效果。

对于一个生产过程来说，影响生产过程的因素是多种多样的，但是，并非对所有影响的因素都需要加以控制。所以，必须根据工艺要求，深入分析工艺过程，找出对产品产量和质量、安全生产、经济运行和节能等具有决定性作用，并且可以测量的工艺参数作为被控变量。

一般说来，选择被控变量主要有选取直接被控变量和间接被控变量两种方法。图6-4所示为锅炉液位控制系统。由于在生产过程中，贮液槽

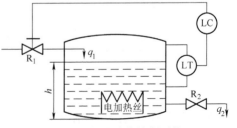

图6-4　锅炉液位控制系统

的液位过高和过低都将对生产过程造成严重的影响，液位过高会有爆炸的危险，液位过低则可能出现系统干烧的危险，因此可以选择锅炉的液位作为直接被控变量。

当选取直接参数作为被控变量有困难（如缺少获取质量信息的仪表、难以在线检测产品的成分或者测量滞后过大）或无法满足控制质量的要求时，可以选用间接参数作为被控变量。

例如，在精细化工生产中，甲醇回收过程是常见的操作过程，如图 6-5 所示。采用的关键设备为甲醇精馏塔，回收的甲醇作为再循环原料使用，其纯度直接影响生产工序产品的合格率，因此工艺上要求回收甲醇的纯度达到 98% 以上。精馏塔顶置有冷凝器，利用塔顶蒸汽的部分冷凝液回流；塔釜采用直接蒸汽加热方式；进料为 CH_3OH-H_2O 系饱和液体，在常压下操作，是一种二组分精馏体系。由于工艺上主要考虑塔顶馏出物的纯度，对塔釜液无特殊要求，因此可选择精馏段为对象的控制方案。

以精馏段作被控对象，原则上应选择直接表征产品质量的指标——馏出物中甲醇含量 X_D 作被控变量。但由于成分仪表从采样到分析，滞后大、反应慢、可靠性差，因此不宜采用成分作被控变量，而应采用间接被控变量。根据相平衡理论，在两组分精馏中，塔顶易挥发组分的浓度 X_D 与塔顶温度 T_D、塔压 p 之间存在一定的关系。当塔压一定时，X_D 与 T_D 之间成单值关系，由热力学计算可得一定 T_D 下的 X_D 值，且 T_D 增高 X_D 下降，如能将塔顶温度 T_D 控制在给定值，则甲醇浓度 X_D 就能稳定在工艺规定的范围内。因此，可选择固定塔压下以塔顶温度为被控变量。

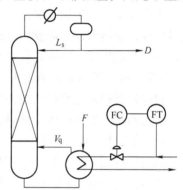

图 6-5　甲醇精馏塔成分
控制系统示意图

综上所述，要正确地选择被控变量，必须在了解生产工艺流程、生产工艺特点及控制的要求的基础上进行合理分析。一般可遵循以下原则：

1）尽量选择直接参数作为被控变量，此时的控制过程更加清晰。如选择直接参数作为被控变量有困难时，可选择间接参数作为被控变量。在这里需要指出的是，对于一个已经运行的生产设备，其控制变量一般早已确定。

2）选择间接参数时要保证其与直接参数有单值的函数关系。

3）被控变量能够独立可控。

4）选择的被控变量应该能够被方便地测量出，并且有足够的灵敏度。

5）还应考虑工艺生产的合理性和国内外仪表的供应情况。

6.3.2　操纵变量的选择

当被控变量确定后，还需要选择合理的操纵变量。当生产过程中有多个变量能影响被控变量变化时，应该分析这些变量对被控变量影响的作用大小和快慢，选择控制作用强、控制迅速的变量作为操纵变量。

一旦操纵变量选定后，其他能引起被控变量变化的量就为系统的干扰。由操纵变量构成的回路称为控制通道，而由干扰构成的回路则称为干扰（扰动）通道。图 6-6 给出了简单控制系统的控制通道和干扰通道的示意图。由图可见，控制通道和干扰通道在控制系统中所包含的路径有较为明显的差异，控制通道通过给定值起作用，使被控变量的输出与给定值相一致，而干扰通道则在环路内部起作用，使被控变量的输出偏离给定值。

在设计控制系统时，希望控制通道克服扰动的能力要强，动态响应要比干扰通道快。而要做到这一点，就必须对控制通道和干扰通道进行进一步的研究。

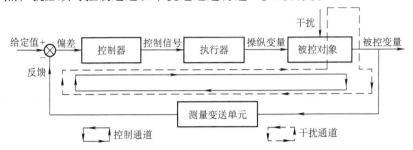

图 6-6　简单控制系统的控制通道和干扰通道的示意图

以合成氨的变换炉为例，如图 6-7 所示。生产过程要求一氧化碳的转化率要高，蒸汽消耗量要少，变换触媒寿命要长，通常选用变换炉里的某一温度作为被控变量，来间接地控制转换率和其他指标。图 6-8 分别给出了冷激量（见图 6-8 曲线 1）、蒸汽量（见图 6-8 曲线 2）和煤气量（见图 6-8 曲线 3）对换热器的影响。

根据控制通道克服扰动能力要强这一原则，可选用冷激量作为操纵变量。

综上所述，选择操纵变量时，主要应考虑如下原则：

1）首先从工艺上考虑，它应允许在一定范围内改变。

2）选择的操纵变量，其控制通道放大系数要大，这样对克服干扰较为有利。

3）在选择操纵变量时，应使控制通道的时间常数适当小一些，而干扰通道的时间常数可以大一些。

4）选择的操纵变量应对装置中其他控制系统的影响和关联较小，不会对其他控制系统的运行产生较大的影响。

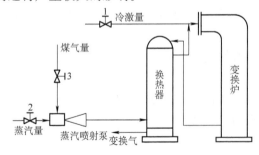

图 6-7　一氧化碳变换过程示意图

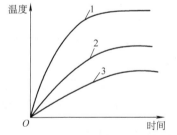

图 6-8　不同输入作用时的被控变量变化曲线

6.3.3　放大系数、时间常数和滞后时间对控制质量的影响

通过前面章节的分析可知，不论是被控对象、控制器、执行器还是测量变送单元，在一定条件下都可以用放大系数 K、时间常数 T 和滞后时间 τ 来表示，因此，下面对各环节的放大系数、时间常数和滞后时间对控制过程的影响进行简单的阐述。

1. 放大系数对控制过程的影响

为分析简便起见，可设在图 6-1 所示的简单控制系统中，控制器采用比例控制规律，其放大倍数为 K_c，由执行器和被控对象共同组成的环节，其放大倍数为 K_0、时间常数为 T_0，干扰环节的放大倍数为 K_f、时间常数为 T_f，测量变送单元的放大倍数为 1 且无延时，由此可以得到如图 6-9 所示的分析简化框图。

根据控制原理的相关理论，系统在单位阶跃干扰作用下，系统余差可由下式表示：

$$c = K_f / (1 + K_c K_0) \tag{6-1}$$

由式（6-1）可以看出，控制通道的放大系数 $K_c K_0$ 越大，系统的余差也就越小，所以一般希望控制通道的放大系数 $K_c K_0$ 越大越好。但是需要指出的是，如 $K_c K_0$ 值过大，会导致系统不稳定，这也就丧失了采用闭环控制的必要性；干扰通道的放大系数 K_f 越大，系统的余差也越大，因此为了提高控制精度，应使 K_f 的值越小越好，以降低扰动对控制系统的影响。

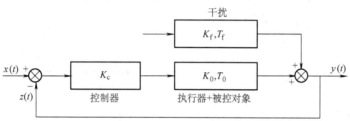

图 6-9　简单控制系统的分析简化框图

2. 时间常数对控制过程的影响

大部分的生产过程往往包括几个时间常数，如对象的时间常数、检测环节的时间常数、执行器的时间常数等，这些时间常数在一定情况下可以等效为一个总的时间常数 T，在控制方案已经确定的情况下，时间常数对控制品质的影响有着重要意义。图 6-10 给出了不同时间常数下系统的响应曲线，图中 $T_1 < T_2$。从图中可以看出，减少控制通道的时间常数对改善控制品质是有益的。减少控制通道的时间常数可以从选用时间常数较小的执行器和改善对象的结构等方面着手。

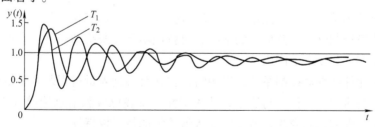

图 6-10　不同时间常数下，系统的响应曲线

至于干扰通道的时间常数则越大越好，干扰通道的时间常数越大意味着扰动对被控变量的影响越小，控制品质越好。

3. 滞后时间对控制过程的影响

控制通道的滞后包括纯滞后 τ_0 和容量滞后 τ_h 两种，它们对控制品质的影响均不利，尤

其是 τ_0 对控制品质的影响最大。图 6-11 给出了纯滞后对控制品质的影响示意图。图中曲线 D、E 和 C 分别为控制通道无纯滞后、有纯滞后和控制通道不起作用时的系统响应曲线。从图中可以看出，如控制通道无纯滞后环节，则系统在 t_0 时刻就进行控制，系统响应曲线沿着曲线 D 运行；如控制通道存在纯滞后环节，则系统将在 $t_0 + \tau_0$ 时刻才进行控制，系统响应曲线沿着曲线 E 运行。很明显，当控制通道存在纯滞后时，控制器的校正作用将要滞后一个纯滞后时间，从而使超调量增加，使被控变量的最大偏差增大，引起系统动态指标的下降。

控制通道的容量滞后 τ_h（见 2.2.2 节）同样会造成控制作用不及时，使控制品质下降。但 τ_h 的影响比纯滞后 τ_0 对系统的影响缓和。此外，若在控制通道中引入微分作用，对于克服 τ_h 对控制品质的影响有比较显著的作用。

如果干扰通道存在纯滞后 τ_f，控制作用也推迟了时间 τ_f，使整个过渡过程曲线推迟了时间 τ_f。因此只要控制通道不存在纯滞后，通常是不会影响控制品质的，如图 6-12 所示。

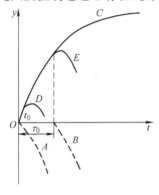

图 6-11　纯滞后对控制品质
的影响示意图

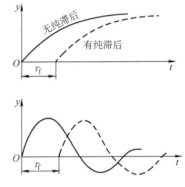

图 6-12　干扰通道纯滞后对控制品质
的影响示意图

6.4　元件特性对控制系统的影响

这里的元件主要包括测量元件和执行元件（阀）两大类。测量元件是获取被控变量参数的途径。一个控制系统，如不能正确地获取被控参数的变化信息，并将其及时地传送给控制器，就不可能使控制器发挥其应有的功能，也就谈不上克服扰动对被控参数的影响，并使系统稳定地工作在工艺要求范围内。

在分析测量元件特性对控制系统的影响时，往往会碰到测量过程及测量结果传送中存在的滞后问题，这些滞后问题往往与测量元件的特性、安装位置和信息传递方式有密切关系。所以，如要获得合理的控制效果，就必须深入地了解测量元件特性。

执行元件也是组成控制系统的一个重要环节，其特性的好坏对控制品质的影响很大。大量的实践表明，系统不能正常运行的一个重要原因就是由于执行元件选择不合理造成的。因此，设计一个性能良好的控制系统，也必须深入了解执行元件的特性。

6.4.1　测量元件时间常数对控制系统的影响

测量元件对控制系统的影响主要体现在测量的滞后作用上。通过测量元件对参数进行测量，不可避免地会带来滞后的问题。滞后作用主要包括纯滞后和测量滞后。纯滞后主要是测量元件安装位置不当引起的，因此为减少测量元件纯滞后的影响，要正确地选择测量元件的安装位置，将其安装在被控变量变化比较灵敏的地方。

测量滞后主要是由测量元件本身的特性造成的。例如，在温度测量过程中，由于热电偶或热电阻存在着热阻力和热容，它本身具有一定时间常数 T_m，所以其输出总是滞后于参数的真实值。图 6-13 给出了测量元件时间常数对测量的影响，在图中，y 为被测量，z 为测量元件的输出。图 6-13a 为测量阶跃信号的过程；图 6-13b 为测量斜坡信号的过程；图 6-13c 为测量正弦信号的过程。从图中可以看出，由于测量元件的时间常数的影响，使测量值与真实值存在差异，如果控制器按照此信号发出控制命令，就不能正常发挥控制器的控制作用，也就很难达到预先设计的控制效果。为克服元件时间常数对控制过程的影响，可在系统设计时选用时间常数短的测量元件，一般来说，测量元件的时间常数小于控制通道时间常数的 1/10 就可忽略测量元件时间常数对控制品质的影响。

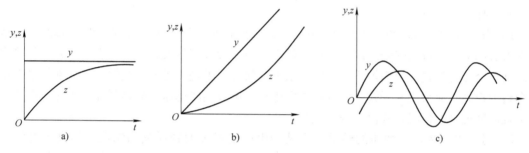

图 6-13　测量元件时间常数对测量的影响

6.4.2　测量元件输出信号传递滞后对控制系统的影响

在实际的生产过程中，测量元件往往与被控对象放置在一起，与控制器放置的控制室存在一定的距离，因此要将测量元件的输出信号传递到控制器中，势必会存在输出信号传递的滞后。以电磁效应为基础的测量元件，由于其信号传递速度非常快，一般认为该种信号传递无滞后作用，而气动仪表信号的传递主要是通过气压传递，因此该信号传递延时效应必须考虑。表 6-1 给出了管道内径为 4.8mm、气压为 20 ~ 100kPa 情况下，气动信号传递的纯滞后时间和时间常数的特性参数。

表 6-1　气动传输管道的特性参数

管道长度/m	纯滞后时间/s	时间常数/s	管道长度/m	纯滞后时间/s	时间常数/s
15	0.04	0.16	150	0.77	8.2
30	0.08	0.32	300	2.3	9.7
60	1.17	0.73	600	7.4	30

要克服气动信号的传递纯滞后时间和时间常数，可采用以下措施：

1）尽量缩短信号传递的长度。

2）采取气/电和电/气转换器，将气压信号变为电信号传递。

6.4.3　执行元件对控制系统的影响

前面的章节中已对执行元件（阀门）特性进行了详细的分析。本节主要对与控制系统相关的内容进行必要的说明，即阀门的流量特性选取及阀门的气开、气关形式的选择问题。

工业生产中最常用的阀门流量特性有直线特性阀门和等百分比（对数）特性阀门。一般情况下，优先推荐使用等百分比特性的阀门，这是由于：

1）等百分比特性阀门在其工作范围内，其放大系数是变化的，调节阀在小开度时，阀门的放大系数小，控制缓和平稳，调节阀在大开度时，阀门的放大系数大，控制及时有效。因此，能适应负荷变化大的场合，也能适用于阀门经常工作在小开度的情况。

2）被控过程往往是一个非线性过程，选用等百分比调节阀，可以使系统总的放大系数保持不变或近似不变，能提高系统的控制质量。

执行元件（阀门）气开、气关形式的选择主要是考虑在不同工艺条件下安全生产的需要。其选择原则如下：

1）考虑故障状态时的人身及设备安全问题：当控制系统发生故障时，调节阀的状态能确保人身和工艺设备的安全。例如，锅炉供水阀门一般选用气关式，一旦事故发生，可确保阀门处于全开的位置，使锅炉不至于因供水中断而发生干烧，进而引起爆炸；在加热系统中的燃料油控制阀应采用气开式，一旦事故发生时，调节阀能迅速切断燃料油的供应，避免设备出现温度过高的情况，确保人身和设备安全。

2）考虑生产装置中物质的性质：当某些生产装置中的物质是易结晶、易凝固的物料时，调节阀应选用气关式。当出现事故时，应使阀门处于全开状态，以防物料出现结晶、凝固和堵塞的问题，给重新开工带来麻烦，甚至损坏设备。

6.5　控制器的设计

在系统设计时，一旦按照工艺要求设计好被控对象、选定好执行器和测量变送单元后，这三部分的特性就完全确定，不能随便更改。因此在组成控制系统 4 个环节中，唯一方便且能够更改的环节就只有控制器。设计控制器主要包含两个方面：一是选择控制器的控制规律，以确保控制器能配合实际生产过程特性，达到提高控制系统的稳定性和控制品质的目的；二是确定控制器的正、反作用，以确保整个系统为负反馈系统。

6.5.1　控制器控制规律的选择

目前在工业上应用的控制器主要有双位控制规律、比例控制规律（P 规律）、比例积分控制规律（PI 规律）、比例微分控制规律（PD 规律）和比例积分微分控制规律（PID 规律）等五种。由于双位控制规律会使系统产生等幅振荡过程，只适用于工艺参数允许被控变量在一个比较宽的范围内波动的情况，因而在对控制品质要求较严格的工艺过程中很少被采用。因此，在这里只讨论 P 规律、PI 规律、PD 规律和 PID 规律的特点及应用场合。

1. 比例控制规律（P 规律）

比例控制规律是最基本的规律，它的输出与输入之间成比例关系，具有控制及时有效的特点，能使系统较快的稳定下来，但存在余差。它适用于控制通道滞后时间小、负荷变化不大、工艺上未提出无差要求的场合，例如贮液槽的液位控制、贮气罐的压力控制等不太重要的控制系统中。

2. 比例积分控制规律（PI 规律）

比例积分控制规律是工程上应用最为广泛的一种控制规律。积分作用能消除余差，它适用于控制通道滞后时间较小、负荷变化不大、被控参数不允许有余差的场合，如某些流量、液位要求无余差的控制系统。

3. 比例微分控制规律（PD 规律）

由于微分具有超前的作用，能改善某些具有容量滞后的过程控制的动态性能。因此，对于控制通道的时间常数或者容量滞后较大的场合，为了提高系统的稳定性，减少动态偏差等，可以选用比例微分控制规律。但需要指出的是，使用微分控制可能放大系统本身的噪声干扰，使系统出现不稳定的状态。

4. 比例积分微分控制规律（PID 规律）

比例积分微分控制规律是一种最为理想的控制规律，具有能消除余差，改善容量滞后效应的特征，适用于控制通道时间常数或者容量滞后较大、控制要求较高的场合，如温度控制、成分控制。但不要不分场合使用比例积分微分控制规律，因为这样有可能导致系统出现不稳定的状态，并给调试带来困难。

6.5.2　控制器正、反作用的确定

自动控制系统是一个闭环的负反馈系统，要使整个系统处于负反馈状态，就必须使各个环节的作用方向乘积为负。而从前面的章节可知，被控对象、执行器和测量变送单元是事先设计好的，其作用方向是不能更改的，因此只有合理设置控制器的作用方向才能确保控制系统是一个负反馈系统。表 6-2 给出了控制系统 4 个组成环节作用方向的定义。

表 6-2　控制系统组成环节作用方向的定义

环　　节	作用方向定义
测量变送单元	一般为正[①]
执行器	由气开、气关形式决定，气开阀为正作用阀，反之为反作用阀
被控对象	操纵变量增加时，被控变量也增加，此时对象为正作用，反之为反作用
控制器	给定值不变，被控变量测量值增加时，控制器的输出也增加，控制器为正作用，反之为反作用

① 被测量增加，测量变送装置的输出值一般也增加。

确定控制器的正、反作用可按以下步骤进行：

1）根据生产的安全原则确定调节阀的气开、气关形式，即确定执行器的正、反作用。

2）根据被控对象的特性，确定其正、反作用形式。

3）根据 4 个环节正、反作用的乘积为负的原则，确定控制器的正、反作用。

确定好控制器的正、反作用后，就可以通过改变控制器上的选择"正、反"作用开关来实现。一台正作用的控制器，只要将其的测量值与给定值的输入线互换后，就成了反作用控制器，其原理如图 6-14 所示。

图 6-14 控制器正、反作用改变原理

下面以图 6-4 所示的液位定值控制系统来说明控制器正、反作用确定的过程。

根据前面提及的设计步骤可知，为确保贮液槽内的液体不溢出，应选用气开阀，即执行器为正作用；当操作变量 q_1 增加时，贮液槽的液位上升，因此被控对象为正作用；测量环节一般为正作用，因此这三个环节作用方向的乘积为正作用，很显然控制器的作用方向为反作用。图 6-15 标出了各个环节的正、反作用。

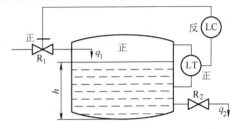

图 6-15 液位定值控制系统各环节的正、反作用

6.6 控制器参数的工程整定

在简单控制系统安装完毕或者系统投运前，往往是被控对象、测量变送单元和执行器这三部分的特性就完全确定，不能任意改变。这时可将被控对象、测量变送单元和执行器合在一起，视为广义对象。因此，一个简单系统可以看成由广义对象和控制器两部分组成，如果控制规律也已经确定，这样，系统的控制品质就取决于控制器各个参数值的设置。

控制器的参数整定，就是通过一定的方法来确定控制器的比例度 δ（比例放大系数 K_P）、积分时间 T_I 和微分时间 T_D。目前，控制器参数的整定方法有很多种，主要有两大类，一类是理论计算整定法，另一类是工程整定法。

理论计算整定法主要是通过精确的数学计算和一些最优理论来确定控制器的参数。由于工业过程往往比较复杂，难以精确得到各个环节的数学模型，因此这种整定方法一般存在计算繁琐、参数精确性差等问题，需要反复修正。但是，通过理论计算方法能减少整定工作的盲目性，尤其对于复杂的控制系统的参数整定，具有较好的指导性。

工程整定法是指在已经投运的控制系统中，通过试验的方法来确定控制器的参数。这类方法一般不需要控制系统的精确数学模型，具有方法简单、易于掌握的特点。虽然通过工程整定法得到的参数不一定是最优参数，但却相当实用，是工程技术人员所必须掌握的一种参数整定方法。目前，工程中常用的工程整定法有临界比例度法、衰减曲线法和经验法等几种。下面对这几种工程整定法逐一介绍。

6.6.1 临界比例度法

临界比例度法是目前工业中应用较多的一种方法。它先通过试验得到临界比例度 δ_k 和临界周期 T_k，然后根据由经验总结得到的计算公式即可求得控制器的各个参数。具体整定步骤如下：

1）先将控制器的 T_I 置于最大（$T_I = \infty$），T_D 置于最小（$T_D = 0$），调节 δ 至适当位置，待系统稳定后，将系统投入运行。

2）将 δ 逐步减少（比例放大系数 K_P 逐渐增加），直至系统产生如图 6-16 所示的等幅振荡过程（也称临界振荡），记录此时的临界比例度 δ_k 和临界周期 T_k。

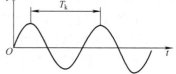

3）根据 δ_k 和 T_k，并结合表 6-3 给出的经验公式，计算出控制器的具体参数值。

图 6-16　临界振荡过程

4）将计算所得 δ、T_I、T_D 之值设定在控制器上，按照"先 P 后 I 最后 D"的步骤投入运行，然后观察运行曲线，如不理想，可再对参数进行适当调整。

需要指出的是，在应用临界比例度法整定控制器参数时还需注意以下几点：

1）工艺上不允许出现等幅振荡的系统不能应用该方法进行参数整定。

2）对于临界比例度很小的系统不使用，因为比例度小，意味着调节阀不是全开就是全关，被控变量容易超出允许的范围。

3）在某些情况下，即使将比例度调至最小，系统仍然不能出现等幅振荡，此时就可将最小的比例度认为是临界比例度。

表 6-3　临界比例度法参数整定计算公式

调节器参数 控制规律	$\delta(\%)$	T_I/min	T_D/min
P	$2\delta_k$		
PI	$2.2\delta_k$	$0.85T_k$	
PD	$1.8\delta_k$		$0.1T_k$
PID	$1.7\delta_k$	$0.5T_k$	$0.125T_k$

例 6-1　采用临界比例度法整定某控制系统时，通过观察得到临界比例度 $\delta_k = 50\%$，临界周期 $T_k = 5min$，试确定控制器采用 P、PI 和 PID 控制规律时的各自参数。

解：已知 $\delta_k = 50\%$，$T_k = 5min$，利用表 6-3 所示的计算公式可分别求得在 P、PI 和 PID 控制规律时的参数如下：

（1）P 控制

$$\delta = 2\delta_k = 2 \times 50\% = 100\%$$

（2）PI 控制

$$\delta = 2.2\delta_k = 2.2 \times 50\% = 110\%$$

$$T_I = 0.85T_k = 0.85 \times 5min = 4.25min$$

（3）PID 控制

$$\delta = 1.7\delta_k = 1.7 \times 50\% = 85\%$$

$$T_I = 0.5T_k = 0.5 \times 5min = 2.5min$$

$$T_D = 0.125T_k = 0.125 \times 5min = 0.625min$$

6.6.2 衰减曲线法

衰减曲线法是在总结临界比例度方法的基础上得到的，它是通过使系统产生衰减振荡来整定控制器参数的。目前有两种常用的衰减曲线整定的方法，一是4∶1衰减曲线法，另外一种是10∶1衰减曲线法。两者的整定步骤和计算方法基本相同，不同的只是10∶1衰减曲线法适用于需要更快的衰减过程中。衰减曲线法的具体步骤如下：

1）先将控制器的 T_I 置于最大（ $T_I = \infty$ ）， T_D 置于最小（ $T_D = 0$ ），调节 δ 至适当位置，待系统稳定后，将系统投入运行。

2）将 δ 逐步减少（比例放大系数 K_P 逐渐增加），直至系统产生如图6-17所示的4∶1衰减曲线（对于10∶1衰减曲线法则需要产生如图6-18所示的10∶1衰减曲线），记录此时的比例度 δ_s 和衰减振荡周期 T_s （对于10∶1衰减曲线法则需要记录曲线达到第一个波峰时的响应时间 T_r ）。

3）根据 δ_s 和 T_s （或 T_r ），并结合表6-4（对于10∶1衰减曲线法使用表6-5）所示的经验公式计算出控制器的具体参数值。

4）将计算所得 δ 、 T_I 、 T_D 之值设置在控制器上，按照"先P后I最后D"的步骤投入运行，然后观察运行曲线，如不理想，可再对参数进行适当调整。

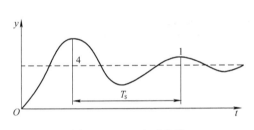

图6-17 4∶1衰减曲线

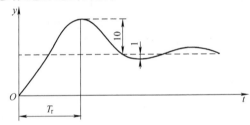

图6-18 10∶1衰减曲线

表6-4 4∶1衰减曲线法参数整定计算公式

调节器参数 / 控制规律	$\delta(\%)$	$T_I/\min$	$T_D/\min$
P	δ_s		
PI	$1.2\delta_s$	$0.5T_s$	
PID	$0.8\delta_s$	$0.3T_s$	$0.1T_s$

表6-5 10∶1衰减曲线法参数整定计算公式

调节器参数 / 控制规律	$\delta(\%)$	$T_I/\min$	$T_D/\min$
P	δ_s		
PI	$1.2\delta_s$	$2T_r$	
PID	$0.8\delta_s$	$1.2T_r$	$0.4T_r$

在使用衰减振荡法整定控制器参数时需注意以下两点:

1) 对于大多数控制系统, 4∶1 衰减过程被认为是最优的衰减过程, 如 4∶1 衰减过程不能满足衰减的速度, 可以采用 10∶1 衰减过程。

2) 对于反应较快的系统, 如流量、管道压力及小容量的液位控制等, 要记录 4∶1 的衰减曲线比较困难, 一般以被控变量来回波动两次到达稳定作为 4∶1 衰减过程。

由于采用衰减曲线法来整定控制器参数的计算过程与采用临界比例度法整定控制器参数的计算过程几乎完全一致, 这里就不再进行举例说明了。

6.6.3　经验法

经验法是工程技术人员在长期的生产中总结出来的一种工程整定方法。通过有针对性地改变控制器参数, 使系统响应曲线达到理想效果。具体步骤如下:

1) 先将控制器的 T_I 置于最大 ($T_I = \infty$), T_D 置于最小 ($T_D = 0$), 按照经验设定 δ 后 (见表 6-4), 将系统投入运行, 观察系统的响应曲线, 如曲线的超调量大, 且趋向非周期过程, 减少 δ; 若曲线振荡频繁, 增大 δ。如此反复, 直至系统出现 4∶1 衰减过程。

2) 固定 δ, 按照表 6-4 所列参数设置好 T_I 后, 投入积分作用, 观察系统的响应曲线, 如曲线的波动较大, 减少 T_I, 若曲线偏离给定值后长时间不回来, 增加 T_I, 直至获得较好的过渡过程曲线。

3) 固定 δ 和 T_I, 按照表 6-4 所列参数设置好 T_D 后, 投入微分作用, 观察系统的响应曲线, 如曲线超调量大而衰减慢, 增大 T_D, 若曲线振荡得厉害, 减少 T_D。直至过渡过程的指标达到工艺的要求。

在使用经验法整定控制器参数时需注意以下几点:

1) 一定要遵循 "先 P 后 I 最后 D" 的步骤将控制器参数投入运行。

2) 对于同一个控制系统, 不同的人可能会得到不同的控制器参数。

3) 待曲线稳定后, 才能进行控制器参数的调整。

必须指出的是, 在生产过程中, 负荷的变化会影响过程的特性, 因而会影响控制器参数的整定值, 因此当负荷变化较大时, 必须重新整定控制器参数。

6.7　单回路控制系统的投运

过程控制系统的方案设计、控制仪表的选择和安装调试后, 或者经过停车检修后, 将过程控制系统重新投入到生产过程中运行, 称为系统的投运。为使过程控制系统能顺利运行, 投运前必须做好准备工作。

1. 准备工作

准备工作做得越充分, 投运将越顺利。准备工作大体包括: 首先, 在熟悉生产工艺流程和控制方案的前提下, 应对检测变送器、控制器、调节阀、供电、供气、连接管线等以及其他装置进行全面而细致的检查, 它们的连接极性是否正确, 仪表量程设置是否合理, 仪表的相应开关是否置于规定位置上, 仪表的精度是否满足设计要求等。其次, 在各组成系统的各台仪表进行单独调校的基础上, 再对系统进行联调, 观察其工作是否正常, 这是保证顺利投入的重要步骤。

2. 系统投运

根据生产过程的实际情况，首先将检测变送器投入运行，观察其测量显示的参数是否正确；其次利用调节阀手动遥控，待被控参数在给定值附近稳定下来后，再从手动切换至自动控制。

在控制器从手动切换到自动运行前必须做细致的检查工作，首先检测控制器的正、反作用是否正确，控制器的 PID 参数是否设置好等，检查完毕后，当测量值与给定值的偏差为零时，将控制器由手动切换到自动，于是实现了系统的投运。

系统投入自动运行后，观察系统的控制品质指标是否达到设计要求，否则，再对控制器的 PID 参数作适当的微调，以期达到较好的控制品质。

6.8　简单控制系统的分析与设计

本章从一些典型的化工过程控制中选择几个应用比较成熟的化工过程控制系统实例，通过分析对象特性和控制要求，以阐明化工过程控制系统分析与设计的一般流程。

6.8.1　蒸汽加热、物料温度控制系统的分析与设计

1. 生产工艺简介

图 6-19 所示为工业中常用的物料蒸汽加热系统示意图，通过蒸汽加热物料来使物料的温度达到工艺的要求。

2. 系统设计

（1）被控变量与操纵变量的选择

根据上述的生产工艺，出口处物料的温度希望维持在一定范围内，因而选用出口处的物料温度作为被控变量。

影响出口处物料温度的因素有物料的流量、初温、蒸汽的流量和搅拌器搅拌的速度。从经济性和这些因素对出口物料温度影响的能力来看，显然蒸汽的流量最适合选择作为操纵变量。

（2）过程检测控制仪表的选用

根据生产工艺和控制系统的特点，选用电动单元组合仪表（DDZ 型仪表）。

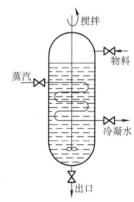

图 6-19　蒸汽加热系统示意图

1）测温元件的选择：若被控温度在 500℃ 以下，可选用铂热电阻为温度检测元件。为提高检测精度，铂热电阻应采用三线制接法。

2）调节阀：从生产工艺的安全性出发，应选用气开形式的调节阀。

3）控制器：根据工艺的特点，可选用 PI 或者 PID 控制规律。根据构成系统负反馈原则，可确定调节器正、反作用方向。当蒸汽流量增加时，出口处物料的温度上升，因此被控对象为正作用方向，同时又考虑到气开调节阀为正作用方向，因此控制器为反作用方向。

（3）控制器参数整定

为使温度控制系统能运行在理想状态，可按上一节介绍的任意一种工程整定方法进行参数整定。

6.8.2 喷雾式干燥设备控制系统的分析与设计

1. 生产工艺概况

图 6-20 所示为乳化物干燥过程工艺流程图。浓缩乳液由高位槽流经过滤器、滤去凝块和杂质后经阀 1 由干燥器上部的喷嘴以雾状喷洒而出。空气由鼓风机送至由蒸汽加热的换热器混合后送入干燥器，由下而上吹出将雾状乳液干燥成奶粉。生产工艺对干燥后的奶粉质量要求很高，奶粉的水分含量是主要质量指标，对干燥温度应严格控制在 $T \pm 2℃$ 范围内，否则产品质量不合格。

2. 控制方案的设计

（1）被控参数的选择

如上所述，产品中的水分含量直接影响产品的质量，是直接参数，但由于水分测量仪的精度不高，可选用间接参数作为被控参数。由于干燥温度与产品中水分含量具有单值函数关系，即温度越高，水分含量越低，因此可选择干燥温度作为被控参数。

（2）控制参数的选择

由图 6-20 可见，影响干燥温度的因素主要有三个：一是乳液的流量 $f_1(t)$；二是旁路阀 2 的空气流量 $f_2(t)$；三是加热器的蒸汽流量 $f_3(t)$。选择任一变量作为控制参数均可构成温度控制系统，因此有三种设计方案：

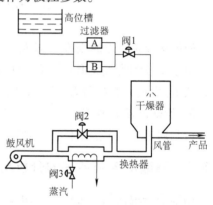

图 6-20　乳化物干燥过程工艺流程图

1）方案一为测量干燥温度，控制阀 1 的乳液流量构成温度控制系统。该方案时间常数小，纯延时最小，似乎为最佳控制方案。但是，由于乳液流量是生产负荷，若乳液流量太小，产量太低，工艺上是不允许的，不宜作为控制参数，因此该方案不成立。

2）方案二为测量干燥温度，控制流过阀 3 的蒸汽流量，构成单回路控制系统。但是，由于热交换器的时间常数很大，纯延时和容量延时较长，所以其控制灵敏度很低，不适宜作为控制参数。

3）方案三为测量干燥温度，控制流过旁路阀 2 的空气流量构成单回路控制系统。旁路空气量与热风量混合后经风管进入干燥器。该方案控制通道时间常数和延时都较小，有利于控制品质的提高。

综合比较上述三种控制方案，以旁路空气量为控制参数的方案为最佳。该方案组成的控制系统如图 6-21a 所示，图 6-21b 所示为其组成框图。

（3）检测控制仪表的选择

1）检测变送器的选择：由于被控温度在 600℃ 以下，故选择铂热电阻 Pt100 作为检测元件，配 DDZ—Ⅲ型热电阻温度变送器。采用三线制接法。

2）调节阀的选择：根据生产工艺安全原则和被控介质的特点选择调节阀为气关形式。根据过程的特性和控制要求选择理想流量特性为等百分比流量特性的调节阀。调节阀的公称尺寸 D_g 和 d_g 应根据被控介质流量计算后确定。

3）控制器的选择：由于被控过程具有一定时间常数和工艺要求温度波动在 ±2℃ 以内，

应选择 PI 和 PID 控制规律的 DDZ—Ⅲ型控制器。

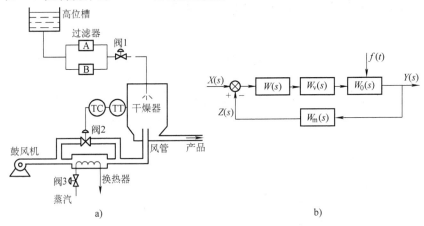

图 6-21　温度控制系统及其框图

a）控制系统流程图　b）控制系统组成框图

根据构成负反馈原则 $K_m K_c K_v K_0 < 0$。

由于调节阀为气关形式，K_v 为负；当空气量增加时，干燥温度下降，奶粉含水分量增加，故 K_0 为负；变送器 K_m 为正；因此，控制器 K_c 为负。选用反作用控制器。

3. 控制器参数整定

可利用工程整定法中任何一种整定方法对控制器的参数进行整定。

6.8.3　精馏塔控制系统的分析与设计

精馏塔是现代化工生产中使用极为普遍的设备，广泛地应用于各类原料、中间产品或粗产品的提纯中。有文献表明，在石油和化学工业中，大约 40% ~ 50% 的能量消耗在精馏设备中。因此，精馏塔的控制一直是化工生产领域普遍重视的问题。在精馏塔操作中，被控变量多、操作变量也多，各种变量相互关联，且不同工艺要求下变量的内在作用机理和控制要求也不尽相同，因而要求精馏塔的控制方案必须根据工艺特性的要求而进行精心设计。

1. 精馏塔的工艺指标及扰动分析

（1）工艺指标

对于精馏塔的工艺指标主要有产品质量指标、产品产量指标、能耗指标及精馏塔平稳运行指标等 4 个方面。产品质量指标是使塔顶产品或者塔底产品达到规定纯度的要求；产品产量指标是指在保证产品质量的前提下使产品产量尽可能提高；能耗指标是指要降低生产过程中的各种能量消耗，以提高产品的经济性；平稳运行指标是指在生产过程中应该保证精馏塔塔内各变量的运行平稳性，特别要保证精馏塔内的压力恒定。

（2）扰动分析

从图 6-22 所示的精馏塔的物料流程图中可以清晰地看出，精馏塔塔身、回流罐和再沸腾器中的物料流动情况。不论是使塔顶产品还是塔底产品达到规定纯度的要求，有以下几项的扰动是可以确定的：

1）进料流量、成分和温度的干扰。一般情况下，进料的流量是不可控制的，进料流量受前一道工序限制，如果一定要使进料流量恒定，则必须在进料前设置容量足够大的缓冲贮槽；进料成分的变动也是无法控制的，它受制于上一工序或原料本身的状况，但多数情况下，进料的成分总是缓慢变化的；进料的温度通常比较恒定，这是因为进料在进入精馏塔之前往往要经过预热环节，这样才能避免进料温度对精馏塔的温度产生过大的影响。

2）再沸腾器蒸汽流量的干扰。蒸汽带来的热量受蒸汽压力的影响，从而影响精馏塔塔温的变化。但对于一个完整的蒸汽输入子系统，往往设置有压力控制系统，因此输入再沸腾器中的蒸汽流量的变化一般很少，对精馏塔塔温的影响有限。

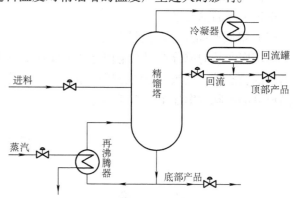

图 6-22　精馏塔的物料流程图

3）冷凝器中的冷却剂流量的干扰。冷却剂的流量会影响到回流量或回流温度。一般冷却剂的温度往往比较恒定，冷却剂流量的变化也可通过独立的压力系统来进行控制，其对精馏塔塔温的影响也有限。

4）环境温度变化的干扰。在正常生产过程中，环境温度的变化较小，其对精馏塔塔温的影响基本可以忽略。如遇天气骤变的情况，则可以通过内回流控制系统来克服环境温度变化对精馏塔塔温的影响。

总之，大多数情况下，进料的流量和进料的成分的变化是精馏过程中的主要扰动。

2. 精馏塔的控制方案

采用精馏塔对原料进行提纯，目的是为了获得高纯度的塔顶产品或者塔底产品，因此就存在三种可能：

1）工艺上对塔顶产品的成分有严格的控制要求，而塔底产品成分只要保持在一定范围内就可以了。

2）工艺上对塔底产品的成分有严格的控制要求，而塔顶产品成分只要保持在一定范围内就可以了。

3）工艺上对塔顶和塔底产品分别需要满足一定品质指标。

这就造成精馏塔控制中存在的三种具有代表性的控制方案，即对塔顶产品成分的控制方案、对塔底产品成分的控制方案和对塔底塔顶产品成分同时控制的方案。

（1）塔顶产品成分的控制方案

这类控制方案的代表是甲醇精馏塔的控制方案。甲醇精馏塔的进料通常为 CH_3OH-H_2O 系饱和液体。在甲醇精馏塔的生产工艺中，只要求塔顶馏出物中甲醇含量大于等于98%，而对塔底产品成分无特殊要求，因此可采用塔顶成分的控制方案。根据相平衡理论，在两组分精馏中，塔顶产品的浓度与塔顶温度及塔压之间存在一定的关系。当塔压一定时塔顶产品的浓度与塔顶温度之间成单值关系。由热力学计算可得，当塔顶温度升高时，塔顶产品的浓度下降、当塔顶温度下降时，塔顶产品的浓度升高。如能将塔顶温度控制在给定值，则甲醇浓度就能稳定在工艺规定的范围内，因此选择固定塔压下以塔顶温度为被控变量是可行的。这种控制方案如图 6-23 所示。

在图6-23中，通过塔顶温度控制塔顶产品流量，从而控制产品成分；通过控制塔顶产品的回流量来控制回流罐的液位高度；通过控制塔底产品的回流量来控制塔底液位的高度；再沸腾器采用自身控制的方案，来控制蒸汽的流量。这个方案还有个优点，就是在采用 PI 规律的情况下，当塔顶产品的质量不合格时，塔顶产品会暂时中断而进行全回流，这样就进一步保证了产品的质量。

（2）塔底产品成分的控制方案

对塔底产品的成分控制就是把进料中挥发度较小的重组分从塔底中分离出来，如石油气分离中的脱乙塔。按照前面的分析可知，对于这类情况可选择塔底温度作为被控变量。塔底产品成分的控制方案如图6-24所示。

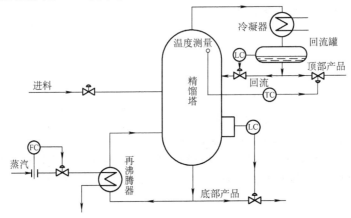

图6-23　塔顶产品成分控制方案

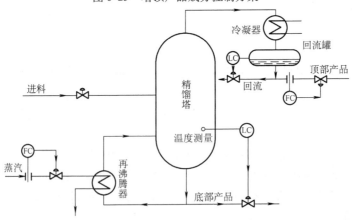

图6-24　塔底产品成分控制方案

在图6-24中，通过塔底温度控制塔顶产品流量，从而控制产品成分；通过控制塔顶产品的回流量来控制回流罐的液位高度；通过控制塔顶产品的自身流量来控制塔顶产品的产量；再沸腾器采用自身控制的方案，来控制蒸汽的流量。

（3）塔底塔顶产品成分同时控制的方案

当塔顶和塔底产品均需要控制时，通常可采用两个独立的控制系统分别对塔顶产品和塔底产品进行控制，这种方案如图6-25所示。很明显，这种方案是图6-23和图6-24所示控制方案的综合。

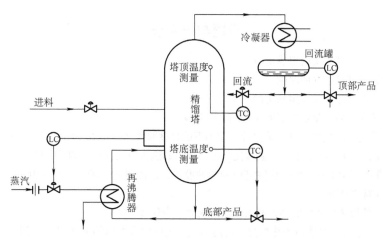

图 6-25　基于独立双单回路控制系统的塔底、塔顶产品成分控制方案

　　这种基于独立双单回路控制系统会存在一个比较明显的缺点，即当改变回流量时，不仅影响塔顶产品质量，同时也会影响塔底产品质量。同理，改变控制塔底加热用蒸汽流量时，将会引起塔内温度的变化，也会同时影响到塔顶产品质量和塔底产品质量。所以这是一个 2 ×2 的耦合系统，其耦合关系如图 6-26 所示。

　　为了消除这种耦合关系对产品质量的影响，可在图 6-25 的基础上增加两个解耦控制装置。这种控制方案如图 6-27 所示。

　　关于以上方案还需要说明的是，以上介绍的方案都是采用温度作为间接指标的控制，如果能利用成分分析仪，分析出塔顶（或塔底）的成分并且作为控制变量，就可构成真正的成分控制系统。但由于目前测量产品成分的检测仪表，一般说来，准确度较差、滞后时间很长、维护比较复杂，难以实时准确地检查产品的成分，因此直接采用成分作为控制量还不太普遍。但如果成分分析仪的技术得到突破，这种方案还是大有用武之地的。

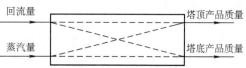

图 6-26　回流量和蒸汽量对塔顶和塔底产品质量影响的耦合关系

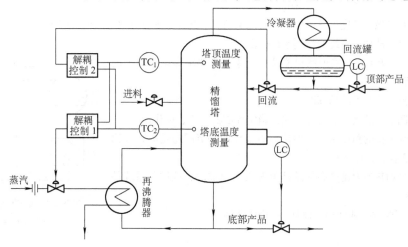

图 6-27　基于解耦控制的塔底、塔顶产品成分控制方案

习题与思考题

6-1　请给出简单控制系统的组成部分。

6-2　请叙述被控变量选择的原则。

6-3　请给出控制器正、反作用判定的原则。

6-4　请给出采用经验法整定控制器参数的主要步骤。

6-5　某换热器的温度控制系统在单位阶跃作用下的过渡曲线如图6-28所示。

（1）试分别求出最大偏差、余差、衰减比、振荡周期和过渡时间（给定值为400℃）；

（2）该控制系统用4:1衰减曲线法整定控制器的参数，已测得 $\delta_s = 50\%$ 、$T_s = 10\text{min}$，试确定 PI 作用和 PID 作用时控制器的参数；

（3）考虑控制的快速性和无余差，要采用何种规律，为什么？

6-6　图6-29所示为一贮液槽加热系统，通过蒸汽加热使贮液槽内的液体温度达到工艺的要求。试回答以下问题：

（1）请确定被控变量与操纵变量，并画出控制系统流程图；

（2）若期望的工艺温度为100℃，且贮液槽内的液体无腐蚀作用，请选用合适的测温元件，并说明理由；

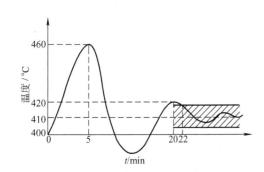

图6-28　系统在单位阶跃作用下的过渡曲线

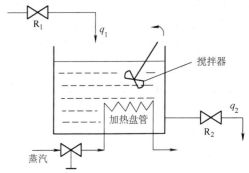

图6-29　贮液槽加热系统

（3）如需将加热系统设计为自动加热系统，且在系统停止运行时贮液槽内的液体不得过热，请确定调节阀的开关形式及控制器正、反作用；

（4）从控制平稳的角度出发，你认为直线型的调节阀还是等百分比型的调节阀更适合，为什么？

（5）试给出自动加热系统的控制系统框图。

6-7　图6-30所示为一锅炉汽包液位控制系统，要求保证锅炉不能烧干，试回答下列问题：

（1）试画出该控制系统的框图；

（2）判断调节阀的气开、气关形式，确定控制器的正、反作用；

（3）从控制平稳的角度出发，你认为直线型的调节阀还是等百分比型的调节阀更适合，为什么？

（4）简述当加热室温度升高导致蒸汽蒸发量增加时，该控制系统是如何克服扰动的？

6-8　结合所学的专业课程，设计一个简单控制系统。

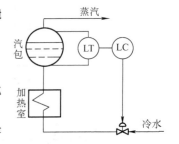

图6-30　锅炉汽包液位
控制系统

第7章 复杂控制系统

如果对象具有较大的容量滞后或者较大纯延时、负荷变化较大或者其他的扰动比较剧烈等，单回路控制系统已不能满足生产工艺对控制品质的要求，应根据具体情况，采用其他控制方案，例如串级、前馈等控制方案。

某些生产过程比较复杂，控制任务特殊，为适应该类生产工艺过程的要求，应设计能满足某些特定要求的控制系统，例如比值控制、均匀控制、分程控制、选择性控制系统等。

7.1 提高控制品质的控制系统

7.1.1 串级控制系统

如果对象具有较大的容量滞后或者较大纯延时、负荷变化较大或者其他的扰动比较剧烈，为了提高控制品质，可在单回路控制方案的基础上采用串级控制系统。串级控制系统是一种极为有用的控制方案，在工业生产过程控制中应用广泛。

1. 基本概念

（1）串级控制系统结构

图 7-1 所示为炼油厂管式加热炉温度控制系统流程图。管式加热炉是石油工业生产中常用的设备之一。工艺要求被加热物料的出口温度（即炉出口温度）保持为某一定值，所以选择炉出口温度为被控制参数。

影响炉出口温度的因素很多，主要有：

1）被加热物料的流量和初温 $f_1(t)$。

2）燃料油压力的波动、流量的变化、燃料热值的变化 $f_2(t)$。

3）烟囱抽力变化 $f_3(t)$。

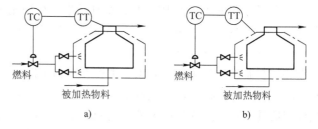

图 7-1 管式加热炉温度控制系统流程图

4）配风、炉膛漏风和环境温度的影响 $f_4(t)$ 等。

若采用单回路反馈控制系统，使炉出口温度为某一定值，首先可以选取出口温度为被控制参数、燃料量为控制参数，构成单回路反馈控制系统，如图 7-1a 所示。它虽然将所有对炉出口温度的扰动 $f_1(t)$、$f_2(t)$、$f_3(t)$、$f_4(t)$，都反映在炉出口温度与给定值的偏差上，而且都由温度控制器控制，但是由于控制通道的时间常数较大、容量滞后较大，系统的控制作用不及时，克服扰动的能力差，不能使管式加热炉出口温度达到工艺要求。其次可以设计图 7-1b 所示的控制系统，以炉膛温度为被控参数、燃料量为控制参数，该系统的特点是对于扰动 $f_2(t)$、$f_3(t)$ 能及时克服，可以减小扰动 $f_2(t)$、$f_3(t)$ 对管式加热炉出口温度的影响，但是不能保证出口温度为某一定值，扰动 $f_1(t)$、$f_4(t)$ 未包括在系统内，该方案仍然不能满足生产要求。

　　为满足生产工艺要求，选择炉出口温度为主被控参数，炉膛温度为中间辅助被控制参数。采取串级结构进行控制，如图 7-2 所示。扰动 $f_2(t)$、$f_3(t)$ 对炉出口温度的影响主要由炉膛温度控制器 T_2C 构成的控制回路来克服，扰动 $f_1(t)$、$f_4(t)$ 对炉出口温度的影响由炉出口温度控制器 T_1C 构成的控制回路来消除。

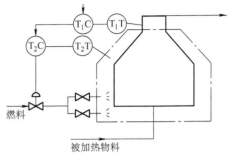

　　T_1C 和 T_2C 两个控制器串联工作，这样的系统就称为串级控制系统。

　　串级系统和单回路系统有一个显著的区别，即其在结构上形成了两个闭环。串级控制系统典型框图，如图 7-3 所示。

图 7-2　串级温度控制系统流程图

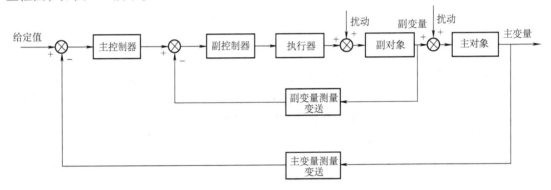

图 7-3　串级控制系统典型框图

　　一个闭环在里面，称为副环或者副回路，在控制过程中起着"粗调"的作用；一个环在外面，称为主环或主回路，用来完成"细调"任务，以最终保证被调量满足工艺要求。无论主环或副环都有各自的控制对象、测量变送单元和控制器。在主环内的控制对象、控制参数和控制器被称为主控制对象、主控参数和主控制器。在副环内则相应地被称为副控制对象、副控参数和副控制器。应该指出，系统中尽管有两个控制器，但它们的作用各不相同。主控制器具有自己独立的设定值，它的输出作为副控制器的设定值，而副控制器的输出信号则是送到调节阀去控制生产过程。作用在主被控过程下的、而不包括在副回路范围内的扰动被称为一次扰动。作用在副被控过程上，即包括在副回路范围内的扰动被称为二次扰动。值得注意的是，系统的控制目标是主被控量，副被控量是辅助控制主被控量的。

　　比较串级系统和单回路系统的区别是，前者只比后者多了一个测量变送单元和一个控制器，增加的仪表投资不多，但控制效果有显著的提高。

　　（2）串级控制系统的工作过程

　　假定调节阀为气开式，主控制器 T_1C 和副控制器 T_2C 均为反作用。当生产过程在稳定工况时，被加热物料的流量和温度不变，燃料的流量与热值为常数，烟囱抽力也不变，炉出口温度和炉膛温度均处于相对平衡状态，燃料阀门保持一定的开度，此时炉出口温度稳定在给定值上。

当扰动破坏了平衡工况时，串级控制系统便开始了其控制过程。下面根据不同扰动，分三种情况讨论：

1）二次扰动来自燃料压力、热值 $f_2(t)$ 和烟囱抽力 $f_3(t)$。扰动 $f_2(t)$ 和 $f_3(t)$ 先影响炉膛温度，于是副控制器立即发出校正信号，控制燃料阀门的开度，改变燃烧量，克服上述扰动对炉膛温度的影响。如果扰动量不大，经过副回路的及时控制一般不影响炉出口温度；如果扰动的幅值较大，虽然经过副回路的及时校正，但还将影响炉出口温度，此时再由主回路的进一步控制，从而完全克服上述扰动，使炉出口温度调回到给定值上来。

2）一次扰动来自被加热物料的流量和初温 $f_1(t)$ 和环境温度 $f_4(t)$。扰动 $f_1(t)$ 和 $f_4(t)$ 使炉出口温度变化时，主回路产生校正作用，克服 $f_1(t)$ 和 $f_4(t)$ 对炉出口温度的影响。由于副回路的存在加快了校正作用，使扰动对炉出口温度的影响比单回路系统时要小。

3）一次扰动和二次扰动同时存在。在该系统中，如果一、二次扰动的作用使主、副被控参数同时增大或同时减小时，此时主、副控制器对燃料阀门的控制方式是一致的，即大幅度关小或开大阀门，加强控制作用使炉出口温度很快地控制到给定值上。如果一、二次扰动的作用使主、副被控参数一个增大（炉出口温度升高），另一个减小（燃料量减少即炉膛温度降低），此时主、副控制器控制燃料阀门的方向是相反的，阀门的开度只要作较小变动即满足控制要求。

综上分析可知，串级控制系统副控制器具有"粗调"的作用，主控制器具有"细调"的作用，从而使其控制品质得到进一步提高。

2. 串级控制系统的特点

串级控制系统与单回路反馈控制系统比较，由于在系统结构上多了一个副回路，所以具有以下一些特点：

（1）改善过程动态特性

串级控制系统可以被看做是一个改变了过程特性的单回路系统。由于副回路的存在，相当于改善了部分过程的动态特性，使过程时间常数减小了。由于过程的动态特性有所改善，使系统的反应速度加快，控制更为及时，提高了系统的控制品质。

（2）克服二次扰动

串级控制系统比单回路控制系统多一个副回路。当二次扰动进入副回路，还没有等它影响到主被控参数时，副控制器就开始动作，因而对主被控参数的影响较小，从而提高了主参数的控制品质。对于进入副回路的扰动，串级控制系统比在相同条件下的单回路控制系统具有较强的抗扰动能力。另外，由于串级控制系统副回路的存在，控制作用的总放大系数提高了，抗扰动能力比单回路控制系统强，克服扰动就更为迅速有效，因而控制品质较高。

（3）有一定的自适应能力

串级控制系统，就其主回路来看是一定值系统，副回路则为一个随动系统。主控制器能按照负荷和操作条件的变化不断改变副控制器的给定值，使副控制器的给定值适应负荷和操作条件的变化，即具有一定的自适应能力，串级系统的控制将随着负荷的变化具有很强的适应性。

过程控制系统的控制器参数，一般是根据过程特性、按一定品质指标要求整定的。如果过程具有非线性，则随着负荷的变化，过程特性就会发生变化。此时，控制器参数必须重新整定，不然，控制品质就会下降。这个问题在单回路反馈控制系统中是难以解决的。而在串级控制系统中，由于存在着副回路，对于过程特性因负荷变化而变化，具有一定的自适应能力。

因为单回路控制系统和串级控制系统各有其特点，在系统设计时的指导思想是：如用单回路控制系统能满足生产要求，就不要用串级控制系统；同时，串级控制系统也并不是到处都适用的，串级控制系统有自己的应用场合，一般应用于容量滞后较大的过程、纯延时较大的过程、扰动变化激烈的过程以及参数互相关联的过程。

3. 串级控制系统设计

下面，根据串级系统的特点，说明如何正确合理地设计串级控制系统。

在系统设计时，必须解决主、副参数的选择，主、副回路的设计，主、副回路之间的关系，以及主、副控制器控制规律的选择及其正、反作用方式的确定等问题。

（1）主参数的选择和主回路的设计

串级控制系统由主回路和副回路组成。主回路是一个定值控制系统。对于主参数的选择和主回路的设计，基本上按照单回路控制系统的设计原则进行。凡直接或间接与生产过程、运行性能密切相关并可直接测量的工艺参数，均可选作主参数。若条件许可，可以选用产品质量指标作为主参数，因为它最直接也最有效。否则，应选一个与产品质量指标有单值函数关系的参数作为主参数。另外，对于选用的主参数必须具有足够的变化灵敏度，并需符合工艺过程的合理性。

（2）副参数的选择和副回路的设计

从串级控制系统的特点分析可知，系统中由于增加了副回路，大大改善系统的性能，因此副回路的设计是保证串级系统性能优越的关键所在。下面介绍有关副回路的设计原则：

1）副参数的选择：副参数的选择应使副回路的时间常数小、延时小、控制通道短，这样可使等效过程的时间常数大大减小，从而加快系统的工作频率，提高响应速度，缩短过渡过程时间，改善系统的控制品质。例如图 7-2 所示管式加热炉温度控制，副参数为炉膛温度，它较炉出口温度反应快，对于燃料压力、流量以及烟囱抽力等扰动具有较强抑制作用。为了充分发挥副回路的超前、快速作用，在扰动影响主参数之前就能予以克服，必需设计选择一个可测的、反应灵敏的参数作为副参数。

2）副回路必须包括被控对象的主要扰动：串级控制系统副回路具有控制快，抗扰动能力强的特点，在设计串级控制系统时，要充分发挥这一特点。应把主要扰动、并尽可能把其他一些扰动包括在副回路中，以提高主参数的控制精度。例如图 7-2 所示的炉出口温度与炉膛温度的串级控制系统，其扰动有冷物料的流量和初温、燃料油的流量和热值、炉膛抽力、环境温度等。由于在生产过程中燃料油流量变化是主要扰动，因此采用炉膛温度为副参数。这样，在副回路中不但包括了主要扰动，而且还包括了冷物料流量和炉膛抽力变化等更多的扰动。当然，并不是说在副回路中包含的扰动越多越好，而应该是合理的，因为包括的扰动越多，其通道就越长，时间常数就越大，副回路就不能起到迅速克服扰动的作用。在实际工业生产过程中，副回路的范围大小，取决于整个过程的特性及各种扰动的影响。一般应使副回路的频率比主回路高得多，当副回路的时间常数加在一起大于或者等于主回路时间常数时，系统的控制效果将受到很大的影响，甚至没有控制效果。

3）主、副回路时间常数的适当匹配：由于主、副回路是两个相互独立又密切相关的回路，在一定条件下，如果受到某种扰动的作用，主参数的变化进入副回路时会引起副回路、副参数的幅度变化增加，而副参数的变化传送到主回路后，又迫使主参数的变化幅度增加，如此循环往复，就会使主、副参数长时间地大幅度地波动，这就是所谓串级系统的共振现象。一旦发生了共振，系统就失去控制作用，不仅使控制品质恶化，如不及时处理，甚至可能导致生产事故，引起严重后果。

为了保持串级控制系统的控制性能，应避免副回路进入高增益、幅度变化快的区域，即主回路周期 T_{01} 为 $(1\sim3)$ T_{02} 的区域。即

$$T_{01} > T_{02} \tag{7-1}$$

式中，T_{01} 为主回路的振荡周期；T_{02} 为副回路的振荡周期。

为了满足式（7-1），除了在副回路设计中加以考虑外，还与主、副控制器的整定参数有关。

4）副回路设计应考虑生产工艺的合理性：过程控制系统是为生产工艺服务的，设计串级控制系统应考虑和满足生产工艺要求，所设置的系统是否会影响到工艺过程的正常运行。注意：系统的控制参数必须是先影响副参数、再去影响主参数的这种串联对应关系，然后再考虑其他方面的要求，如主、副回路时间常数匹配等。

5）副回路设计时应同时考虑经济性原则：在副回路设计时，如果有几种可供选择的控制方案，则应同时把经济性原则和控制品质要求结合起来，进行分析比较，在满足系统设计要求的前提下，力求节约。

（3）被控制参数和控制参数的选择

串级控制系统被控制参数和控制参数的选择基本上与单回路系统类似，对控制参数的选择还应该考虑如下因素：

1）选择可控性良好的参数作为控制参数。

2）所选择的控制参数必须使控制通道有足够大的放大系数，并应保证大于主要扰动通道的放大系数，以实现对主要扰动进行有效控制并提高控制品质。

3）所选控制参数必须使控制通道有较高的灵敏度，即时间常数适当小一些。

4）选择控制参数应同时考虑经济性与工艺上的合理性。

（4）主、副控制器控制规律的选择

在串级控制系统中，主、副控制器所起的作用是不同的。主控制器起定值控制作用，副控制器起随动控制作用，这是选择控制规律的基本出发点。

主参数是工艺操作的主要指标，允许波动的范围很小，一般要求无余差，因此，主控制器应选 PI 或 PID 控制规律。

副参数的设置是为了保证主参数的控制品质，可以允许在一定范围内变化，允许有余差，因此副控制器只要选 P 控制规律就可以了。一般不引入积分控制规律，因为副参数允许有余差，而且副控制器的放大系数较大，控制作用强，余差小，若采用积分规律会延长控制过程，减弱副回路的快速作用。副控制器一般也不引入微分控制规律，副回路本身起着快速作用，再引入微分规律会使调节阀动作过大，对控制不利。

（5）主、副控制器正、反作用方式的确定

为了满足生产工艺指标的要求，以及为了确保串级控制系统的正常运行，主、副控制器正、反作用方式必须正确选择。在具体选择时，是在调节阀气开、气关形式已经确定的基础上进行的。首先根据工艺生产安全等原则选择调节阀的气开、气关形式；然后根据生产工艺

条件和调节阀形式确定副控制器的正、反作用方式；最后再根据主、副参数的关系，确定主控制器的正、反作用方式。

如在单回路控制系统设计中所述，要使一个过程控制系统能正常工作，系统必须采用负反馈。而对于串级控制系统来说，主、副控制器正、反作用方式的选择原则是使整个系统构成负反馈系统，即其主通道各环节放大系数极性乘积必须为正值。各环节放大系数极性的正负是这样规定的：对于控制器的 K_c，当测量值增加（或者给定值减小），控制器的输出也增加，则 K_c 为正（即正作用控制器）；反之，K_c 为负（即反作用控制器）。调节阀为气开，则 K_v 为正，气关则 K_v 为负。过程放大系数极性是：当过程的输入增大时，即调节阀开大，其输出也增大，则 K_0 为正；反之则 K_0 为负。一般，检测变送器 $K_m > 0$。

现在以图 7-2 所示炉出口温度与炉膛温度串级控制系统为例，说明主、副控制器正、反作用方式的确定。从生产工艺安全出发，燃料油阀门选用气开式，即一旦控制器损坏，阀门处于全关状态，以切断燃料油进入管式加热炉，确保其设备安全，故调节阀 K_v 为正。当阀门开度增大时，燃料油增加，炉膛温度升高，故副过程 K_{02} 为正。为了保证副回路为负反馈，则副控制器的放大系数 K_{c2} 应取负，即为反作用控制器。由于炉膛温度升高，则炉出口温度也升高，故主过程 K_{01} 为正。为保证整个回路为负反馈，则主控制器的放大系数 K_{c1} 应为负，即为反作用控制器。

串级控制系统主、副控制器正、反作用方式确定是否正确，可作如下校验：当炉出口温度升高时，主控制器输出减小，即副控制器的给定值减小，因此，副控制器输出减小，使燃料阀门开度减小。这样，进入管式加热炉的燃料油减小，从而使炉膛温度和炉出口温度降低。由此可见，主、副控制器正、反作用方式是正确的。

在实际生产过程中，当要求控制系统既可以进行串级控制、又可以由主控制器直接控制燃料阀门进行单独控制（称为主控）时，其相互切换应注意以下情况：若副控制器为反作用，则主控制器在串级和主控时的作用方向不需改变。若副控制器为正作用，则主控制器在串级和主控时的作用方向需要改变，以保证系统为负反馈。主、副控制器正、反作用选择的各种情况见表 7-1，可供设计系统时对照。

表 7-1　主、副控制器作用方向

序号	主过程 K_{01}	副过程 K_{02}	燃料阀门 K_v	串级控制		主控
				副控制器	主控制器	主控制器
1	正	正	气开（正）	正	正	正
2	正	正	气关（负）	负	正	负
3	负	负	气开（正）	负	负	正
4	负	负	气关（负）	正	负	负
5	负	正	气开（正）	正	负	负
6	负	正	气关（负）	负	负	正
7	正	负	气开（正）	负	正	负
8	正	负	气关（负）	正	正	正

4. 串级控制系统控制器参数的整定

串级控制系统的方案正确设计后，为了使系统运行在最佳状态，根据自动控制理论，系统必须进行校正，这在过程控制中称为参数整定。其实质是通过改变控制器的 PID 参数，来改善系统的静态和动态特性，以获得最佳的控制品质。

从整体上来看，串级控制系统主回路是一个定值控制系统，要求主参数有较高的控制精度，其品质指标与单回路定值控制系统一样。但副回路是一个随动系统，只要求副参数能快速而准确地跟随主控制器的输出变化即可。

在工程实践中，串级控制系统常用的整定方法有：逐步逼近法、一步整定法和两步整定法等。这里介绍其中简单的逐步逼近法。

在串级控制系统中，当主、副过程的时间常数相差不大，主回路与副回路的动态联系密切时，则系统整定可以反复进行，逐步逼近。

具体整定步骤如下：

1）主回路断开，把副回路作为一个单回路控制系统，并按单回路控制系统的参数整定法整定副控制器参数值。

2）闭合主、副回路，保持上步取得的副控制器参数，按单回路控制系统的整定方法，整定主控制器参数。

3）在闭合主、副回路及主控制器参数保持的情况下，再次调整副控制器参数。

4）至此，已经完成一个循环，如果控制品质没有达到规定指标，返回步骤2）继续。

对于不同的过程控制系统和不同的品质指标要求，逼近法逼近的循环次数是不同的，所以，往往费时较多。

5. 串级控制系统实例分析

（1）聚合釜反应温度串级控制系统

1）工艺要求：夹套式聚合釜是化工生产中常用设备，图 7-4 所示为夹套式聚合釜反应温度串级控制系统流程图。氯乙烯在釜内进行聚合反应生成聚氯乙烯由釜下端出料。聚合反应的速度较快，为使更好的聚合由搅拌机搅拌均匀。聚合反应生成聚氯乙烯的同时产生大量的热量，聚合反应温度是影响产品质量指标的间接参数。为保证产品质量，要求反应温度控制在 $51℃ \pm 0.3℃$（$\pm 0.3/51 \times 100\% = \pm 0.588\%$），可见其控制精度较高。

2）过程特性：若釜内反应温度偏离给定值，可以改变夹套中流动的冷却水的流量将夹套内壁的热量带走，使反应温度回到给定值附近。由于聚合釜容积大，时间常数大，故容量延时大。参与反应的原料的流量、初始温度、冷却水的流量和冷却水的温度变化均为聚合反应温度的扰动因素。

3）控制系统设计：综合工艺要求和过程特性可见，单回路控制系统不能满足工艺要求，为改善过程特性，提高系统的工作效率，组成以釜内反应温度为主参数、夹套冷却水温度为副参数、冷却水流量为控制参数的聚合温度串级控制系统，其组成框图如图 7-3 所示，控制系统流程图如图 7-4 所示。

① 检测变送器的选择：由于温度不高，而控制准

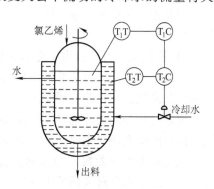

图 7-4　聚合釜反应温度串级
控制系统流程图

确度高，检测元件选择 Pt100 铂电阻，配 DDZ—Ⅲ型带线性化补偿的温度变送器，准确度等级为 0.2 级。

② 调节阀的选择：由于过程为一阶以上的惯性环节，选择等百分比流量特性的调节阀。为生产安全起见，一旦气源中断应保证冷却水供应，以免反应温度过高，故选气关阀。

③ 控制器控制规律的选择：为保证副回路控制迅速的特点，副控制器选择比例（P）控制规律。由于过程时间常数和容量延时较大，余差较小（±0.3℃），主控制器选择比例微分积分（PID）控制规律。

④ 控制器正、反作用的确定：首先确定副回路控制器的正、反作用。气关阀 $K_v < 0$；当冷水流量增加时，副参数 T_2 下降，$K_{02} < 0$；检测变送器 $K_{m2} > 0$。根据

$$K_{m2} K_{c2} K_v K_{02} < 0$$

则 $K_{c2} < 0$，副控制器选择反作用控制器。

然后确定主回路控制器的正、反作用。当副参数 T_2 增加时，主参数 T_1 增加，$K_{01} > 0$，根据

$$K_{m1} K_{m2} K_{c1} K_{c2} K_v K_{01} K_{02} > 0$$

确定 $K_{c1} < 0$，主控制器选择反作用控制器。

4）控制器参数的整定：可利用工程整定法的任何一种方法整定主、副控制器的参数。

（2）某造纸厂网前箱温度控制系统

1）工艺要求：在造纸厂中，纸浆用泵从贮槽送至混合器，在混合器内用蒸汽加热至 72℃左右，经过立筛、圆筛除去杂质后送到网前箱，再经铜网脱水，其系统流程图如图 7-5 所示。

为了保证纸张质量，工艺要求网前箱内纸浆温度保持在 61℃左右，允许偏差不应超过 ±1℃，否则纸张质量不及格。

2）对象特性：利用进入混合器的纸浆或蒸汽做阶跃实验测定，从混合器到网前箱纯延时时间 τ_0 达 90s 左右。若以网前箱纸浆的温度为被控参数，以蒸汽流量为控制参数组成单回路控制系统，经过实验测

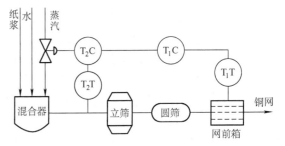

图 7-5　网前箱温度控制系统流程图

定，网前箱纸浆温度的最大偏差达 8.5℃，过渡过程时间达 450s，控制品质差，不能满足工艺要求。

3）控制系统设计：为了克服约 90s 的纯延时对控制品质的影响，选择混合器出口温度 t_2 为副被控参数、网前箱纸浆出口温度 t_1 为主被控参数、蒸汽流量为操纵变量，组成温度串级控制系统，其控制流程图如图 7-5 所示，其组成框图如图 7-3 所示。由于在离调节阀较近、纯延时较小的地方选择一个副参数（混合器出口温度 t_2）构成一个纯延时较小的副回路，由副回路实现对主要扰动（例如水的流量和纸浆的流量波动等）的控制，大大减小了主要扰动对主被控参数 t_1 的影响。实验测定结果表明，当纸浆流量波动为 35kg/min 时，网前箱出口纸浆温度最大偏差为 ±1℃，过渡过程时间仅为 200s，完全满足工艺要求。

该控制系统中检测变送器的选择、调节阀的流量特性与气开、气关形式、控制器的控制规律、正、反作用及其参数整定等，请参考聚合釜反应温度串级控制系统实例的分

析与论述。

（3）锅筒锅炉给水控制系统

1）工艺要求：锅筒锅炉是现代工业生产极其重要的动力设备。在锅炉的正常运行中，锅筒水位是其重要指标。若锅筒水位过高，会造成蒸汽带液，这样不仅降低蒸汽的产量和质量，而且将会损坏汽轮机叶片等；若锅筒水位过低，轻则影响汽、水平衡，重则烧干锅炉，甚至会引起锅炉爆炸。因此，必须严格控制锅筒水位在工艺允许的变化范围内。

2）对象特性：锅炉锅筒水位控制的任务是给水量适应锅炉的蒸发量的变化，保持锅筒水位在工艺规定的范围内。在锅炉给水控制中，锅筒水位 H 为被控参数，给水量 W 是控制变量，而蒸汽量 D 是负荷量。引起锅筒水位变化的原因很多，在炉膛燃烧率一定的条件下，主要原因有蒸发量 D、给水量 W 和锅筒压力等。

在给水量 W 扰动下，当 W 有一个阶跃增加时，由于给水量大于蒸发量 D，给水量从原有饱和水汽中吸收部分热量，使得水面下汽泡容积减小，因此水位一开始并不立即增加，而经过一定时间后，水位才直线上升，即该过程有一定的时间常数 T。对蒸发量为 100～230t/h 的锅炉，时间常数 T 约为 30s。

当蒸汽流量 D 有一个增量时，锅炉的蒸发量大于给水量，按理锅炉锅筒水位应该下降。但是，由于蒸发量突然增加，锅筒水面下的汽泡容积迅速增加，检测仪表检测到的水位是增加的，其实这是“虚假水位”。若蒸汽流量 D 阶跃减小 ΔD，同样会出现水位减小的“虚假水位”。

由上分析可知，若以锅筒水位 H 为被控变量，以给水量 W 为控制变量组成单回路控制系统，由于时间常数和“虚假水位”的存在，该系统会产生剧烈的振荡，甚至会出现事故。因此，应组成以锅筒水位 H 为主参数、给水量 W 和蒸汽流量 D 为副参数的串级三冲量给水控制系统。其控制系统流程图如图 7-6 所示。

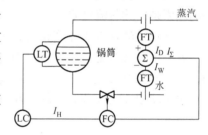

图 7-6　串级三冲量给水控制系统流程图

图 7-6 中，LC 为水位控制器，其输出 I_H 作为流量控制器的给定值。FT 为流量变送器，分别测量给水流量 W 和蒸汽流量 D，并转换成 I_W 和 I_D，I_W 和 I_D 在加法器 Σ 的输出 $I_\Sigma = I_D - I_W$。当 $I_H = I_\Sigma = I_D - I_W$ 时，锅筒水位等于给定值 H_0。

本系统由给水量 W 和蒸汽流量 D 综合后作为副被控参数与 FC 组成副回路。在动态过程中，给水量 W 将随蒸汽流量 D（负荷量）的变化而变化，起到粗调作用。实践证明，锅筒锅炉串级三冲量给水控制系统的各项指标能满足工艺要求。

7.1.2　前馈控制系统

1．前馈控制与反馈控制

反馈控制的特点是：在被控变量出现偏差后，控制器发出控制命令，以补偿扰动对被控变量的影响，最后消除（或基本消除）偏差。若扰动已经发生，而被控变量尚未变化，则控制器将不产生校正作用。所以，反馈控制总是滞后于扰动，是一种不及时的控制；而且过程控制的被控过程通常是具有延时特性，如容量延时和纯延时，过程的延时越大，则被控变量变化幅度也越大，偏差持续的时间也越长。

前馈控制的特点是：扰动出现时，根据扰动的性质和大小进行控制器设计，以补偿扰动的影响，使被控变量不变或基本保持不变。相对于反馈控制来说，前馈控制是及时的，若能获得扰动模型，则能实现完全的补偿。因此，前馈控制对于时间常数或延时大、扰动大而频繁的过程有显著效果。

下面，利用发电厂换热器出口温度控制说明反馈控制和前馈控制，如图 7-7 所示。

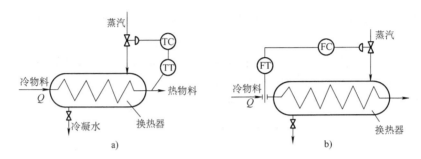

图 7-7 前馈控制与反馈控制

a）反馈控制系统 b）前馈控制系统

在生产过程中，换热器用蒸汽对物料进行加热，使物料在换热器出口温度为一定值。引起物料出口温度变化的扰动因素有物料流量、物料初温、蒸汽压力、蒸汽温度等，其中最主要的因素是冷物料流量 Q。

当冷物料流量 Q 发生变化时，物料出口温度 t 就会产生偏差。

若采用反馈控制，如图 7-7a 所示，即控制器根据被加热物料出口温度 t 的偏差进行控制，则当 Q 发生变化，要待 t 产生偏差后，控制器才开始动作，通过调节阀改变加热蒸汽流量克服扰动 Q 对出口温度 t 的影响，并使其稳定在给定值上。反馈控制系统的组成框图如 7-8a 所示。

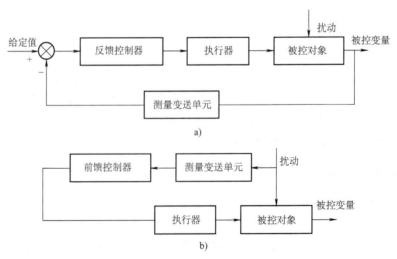

图 7-8 前馈控制与反馈控制框图

a）反馈控制框图 b）前馈控制框图

若采用前馈控制，如图 7-7b 所示，即扰动补偿器（前馈控制器）FC 直接根据冷物料流量 Q 的变化立即控制调节阀，则可在出口温度 t 未变化前，及时对流量 Q 主要扰动进行补偿，这就是所谓的前馈控制。典型的前馈控制框图如图 7-8b 所示。由图可见，前馈控制系统是一个开环控制系统。

若各环节的特性用传递函数来表示，则框图如图 7-9 所示。其传递函数为

$$\frac{T(s)}{Q(s)} = \frac{Y(s)}{F(s)} = W_f(s) + W_{FF}(s) W_0(s) \tag{7-2}$$

式中，$W_f(s)$ 为过程扰动通道的传递函数；$W_0(s)$ 为过程控制通道的传递函数；$W_{FF}(s)$ 为前馈控制器的传递函数。

若适当选择前馈控制器的传递函数 $W_{FF}(s)$，则可以使扰动 $F(s)$ 对被控参数 $Y(s)$ 不产生影响，即实现完全补偿。由式（7-2）可写出实现完全补偿的条件。当 $F(s) \neq 0$ 时，$Y(s) = 0$，即

$$W_f(s) + W_{FF}(s) W_0(s) = 0$$

或

$$W_{FF}(s) = -\frac{W_f(s)}{W_0(s)} \tag{7-3}$$

这就是前馈控制器的传递函数。由式（7-3）可知，$W_{FF}(s)$ 决定于过程扰动通道的特性 $W_f(s)$ 和过程控制通道的特性 $W_0(s)$，式中的负号表示控制作用与扰动作用方向相反。

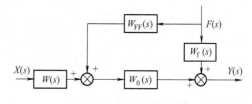

图 7-9　前馈控制框图

2. 前馈控制的特点

1）前馈控制是一种开环控制：如图 7-7b 所示，当测量到物料流量产生变化时，通过前馈控制器，其输出信号直接去控制调节阀的开度，从而改变加热蒸汽流量。但换热器出口温度并不反馈回来。即前馈控制作用的产生，是从扰动到控制参数，再到被控参数，其信息的传递没有反馈，所以是开环的。被控量是否被控制到给定值，是得不到检验的。

2）前馈控制按扰动大小进行的控制：前馈控制将所测扰动通过前馈控制器和控制通道，能及时有效抑制扰动的影响，而不像反馈控制那样要待被控参数产生偏差后再进行控制。

3）前馈控制器的控制规律由对象特性决定：前馈控制器的控制规律与常规控制器不同，它必须根据被控过程特性来确定，即

$$W_{FF}(s) = -\frac{W_f(s)}{W_0(s)}$$

所以是一个专用控制器。可见，不同的 $W_f(s)$ 和 $W_0(s)$，其控制规律 $W_{FF}(s)$ 是不同的。

4）前馈控制只抑制可测而不可控的扰动对被控参数的影响：在设计前馈控制时，首先需要分析扰动的性质。若扰动是可测可控的，则需要设计一个定值控制系统；若扰动是不可测，就不能进行前馈控制；若扰动是可测而不可控的，则可设计和应用前馈控制。因此，前馈控制只能克服可测而不可控的扰动对被控参数的影响。

前馈控制是减少被控变量动态偏差的一种最有效的方法。但是，开环前馈控制在工业生

产中是无法采用的，首要原因是系统扰动因素很多，如果对每一个扰动都设计和应用一套独立的控制，会使控制系统变得十分复杂，实际上是不可能的；其次是有些扰动是不可测量的，对此就无法实现前馈控制。

在设计和应用前馈控制系统时，为了在生产过程自动化中得到满意的控制效果，合理的控制系统应该是把前馈控制和反馈控制结合起来，即在反馈控制系统的基础上附加一个或几个主要扰动的前馈控制，组成前馈—反馈控制系统。这样，则可在稳态时，利用反馈控制系统使被控量等于给定值，在动态时，利用前馈控制来有效地减少被控参数的动态偏差，从而提高系统的控制质量。

3. 前馈控制系统结构形式

前馈控制系统结构形式有很多种：

1）静态前馈控制系统：静态前馈控制器的输出量仅仅是其输入量的函数，与时间因子无关。

2）动态前馈控制系统：动态前馈控制必须根据过程扰动通道和控制通道的动态特性，采用专用的前馈控制器。

3）前馈—反馈控制系统：对被控变量影响最显著的主要扰动由前馈控制进行补偿，而其余次要的扰动可依靠反馈来克服，从而保证了被控变量最终趋向于给定值。

图7-10a所示为换热器前馈—反馈控制系统。当物料（生产负荷）发生变化时，前馈控制器FC及时发出控制命令，补偿冷物料量变化对换热器出口温度的影响。同时，对于未引入前馈的物料的温度、蒸汽压力等扰动对出口温度的影响，则由PID反馈控制器TC来克服。前馈作用加反馈作用，使得换热器的出口温度较快地稳定在给定值上，获得更加理想的控制效果。图7-10b所示为该前馈—反馈控制系统框图。

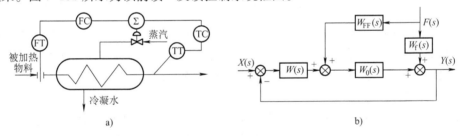

图7-10　换热器前馈—反馈控制系统

a）控制系统流程图　b）控制系统框图

4）前馈—串级控制系统：为了进一步提高系统前馈控制的精度，可在图7-10所示的前馈—反馈控制系统中增加一个蒸汽流量回路，用前馈控制器的输出去改变流量回路的给定值，从而构成前馈—串级控制系统。其框图如图7-11所示。

4. 前馈控制系统的选用原则

当生产过程的控制准确度要求较高，而反馈控制又不能满足工艺要求时，可选用前馈控制。选用原则是：

1）当系统存在频率高、幅值大、可测而不可控的扰动时，反馈控制难以克服扰动对被控变量的显著影响，而工艺生产对被控变量的要求又十分严格，为了改善和提高系统的控制品质，可以引入前馈控制。

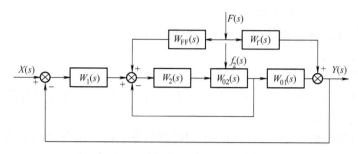

图 7-11　前馈—串级控制系统框图

2）当控制系统控制通道延时较大、反馈控制又不能得到良好的控制效果时，可以选用前馈控制。

3）经济原则。通常动态前馈控制系统的投资高于静态前馈控制系统，所以，若静态前馈控制系统能达到工艺要求时，则应选用静态前馈控制系统。

5. 前馈控制系统设计

前馈控制系统基于不变性原理，也就是说，系统的被控变量与扰动量基本独立或绝对无关。不变性是通过系统中的校正装置对控制参数实行校正来实现的。在设计中，以控制系统的品质指标为依据。

前馈控制方案设计包括前馈控制器的控制规律、系统稳定性：

（1）前馈控制器的控制规律

在前馈控制系统设计中，前馈控制器的控制规律完全取决于过程扰动通道与控制通道的数学模型。求取前馈控制器的控制规律，实质上就是求取过程的数学模型。

在求得过程的数学模型后，可通过分析过程扰动通道和控制通道数学模型的特性参数，即 T_0 与 T_f 的大小和纯滞后时间 τ_0 与 τ_f 来合理选择。

1）当 $T_0 \leqslant T_f$ 时，由于控制通道很灵敏，克服扰动的能力强，因此，一般只要采用反馈控制就可达到满意的控制品质要求，不必采用前馈控制。

2）当 $T_0 = T_f$ 时，只要采用静态前馈—反馈控制就可以较好地改善控制品质。

3）当 $T_0 > T_f$ 时，可采用动态前馈—反馈控制来改善控制品质。

4）当 $\tau_f > \tau_0$ 时，前馈控制器的控制规律应修改为

$$W_{FF}(s) = -\frac{W_f(s)}{W_0(s)} e^{-(\tau_f - \tau_0)s} \tag{7-4}$$

但当 $\tau_0 > \tau_f$ 时，则前馈控制器有纯超前环节，这是做不到的。因此，不能采用前馈补偿。

（2）系统稳定性

对任一过程控制系统，能正常运行的必要条件是必须稳定。由于前馈控制是开环控制，所以确定控制方案时，必须重视稳定性问题。运用自动控制原理中稳定性判据可进行稳定性判定。

在前馈控制系统中，当过程控制通道和扰动通道均具有自平衡特性时，则构成的前馈控制系统也是一个稳定的系统。对于非平衡过程，例如非自平衡的化学反应器，通常不能仅用前馈控制，而应设计前馈—反馈控制系统。对此，若反馈控制系统是稳定的，则相应的前馈—反馈控制系统也是稳定的。

6. 前馈控制系统的工程整定

整定前馈—反馈控制系统时，可采用工程整定法。反馈控制器和前馈控制器要分别整定。可分以下两个步骤：

（1）整定反馈控制器

在整定反馈控制器参数时，只考虑使反馈形成的闭合回路具有适当的稳定裕量和一定的性能，而不要考虑前馈部分。

如在图 7-10b 所示的系统中，当整定反馈控制器参数时，就是对控制器 $W(s)$、控制通道 $W_0(s)$ 和测量变送组成的闭合回路，按单回路反馈控制系统的整定方法（如 4：1 衰减法），求出控制器 $W(s)$ 的整定参数值。

（2）整定前馈控制器参数

当整定前馈控制器参数时，不考虑反馈控制回路所引起的稳定性问题。

在整定前馈控制器 $W_{FF}(s)$ 时，只考虑利用前馈作用来直接控制扰动 $f(t)$ 的影响，使被控变量 $y(t)$ 不变。

前馈控制回路的动态特性可能很复杂，实际生产过程并不严格要求把扰动作用的影响全部抵消，仅仅要求剩余的扰动作用对被控变量的影响不要太大。在前馈—反馈控制系统中，由于存在反馈控制作用，故引入前馈控制，其目的主要是进一步减少主要扰动对被控参数动态影响。所以，前馈控制器 $W_{FF}(s)$ 的特性只需采用式（7-3）求出的粗略的近似形式，一般只用比例环节或一阶微分或惯性环节，这样既便于实现，又能有效地减少被控变量的动态偏差。

7. 前馈控制系统应用举例

前馈控制系统已广泛应用于石油、化工、电力、核能等工业生产部门。本节以葡萄糖浓度前馈—反馈控制系统为例进行分析。

蒸发是一个借加热作用使溶液浓缩或使溶质析出的物理操作过程。它在轻工、化工等生产过程中得到广泛的应用，例如造纸、制糖、海水淡化、制碱等生产过程，都必须经过蒸发操作过程。下面以葡萄糖生产过程中蒸发器浓度控制为例，介绍前馈控制在蒸发过程中的应用。

图 7-12 所示系统流程图是将初始浓度为 50% 的葡萄糖液，用泵送入升降膜式蒸发器，经蒸汽加热蒸发至浓度为 73% 的葡萄糖液，然后送至后道工序结晶。由蒸发工艺可知，在给定压力作用下，溶液的浓度同溶液沸点与水的沸点之差有较好的单值对应关系，故以温差来反映葡萄糖溶液的浓度，选择温差为被控变量。

影响葡萄糖浓度的因素很多，主要有进料溶液的浓度、温度和流量、加热蒸汽的压力和流量及溶液真空度、不凝性气体含量等。在上述各种因素中，对浓度影响最大的是进料溶液的流量和加热蒸汽的流量。为此，构成以加热蒸汽流量为前馈信号，温差为被控变量，进料溶液为控制变量的前馈—反馈控制系统，如图 7-12 所示。运行情况表明，系统的品质指标比较令人满意，达

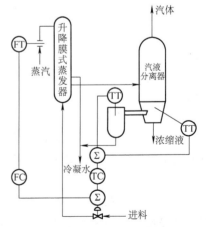

图 7-12　蒸发过程中浓度控制系统流程图

到了工艺要求。

7.1.3　大延时控制系统

一般情况下，若纯滞后时间 τ_0 与过程的时间常数 T_0 之比大于 0.3，则该过程为具有大延时的工艺过程；若纯滞后时间 τ_0 与过程的时间常数 T_0 之比增加，则延时现象更加突出，系统越不稳定。大延时过程被公认为较难控制的过程，其主要原因在于：

1）由于检测信号提供不及时而产生的纯滞后，会导致控制器不能及时产生控制作用，影响控制品质。

2）由于控制量的传输而产生的纯滞后，会导致执行器的调节作用不能及时作用而影响控制效果。

3）由控制理论知，纯滞后会引起开环相频特性的相角滞后随频率的增大而增大，其开环频率特性包围（-1，j0）点的可能性增大，导致闭环系统的稳定裕度下降，超调量增加，过渡过程时间增大，稳定性降低。为保证系统的稳定裕度不变，就要减小控制器的放大系数，从而造成控制品质下降。

下面将讨论如何改进和提高系统存在大延时情况下的动态控制品质问题和控制方案，微分先行、Smith 预估等都是解决闭环系统中存在大延时问题的常用方案。

1. 常规控制方案

（1）微分先行控制方案

在大延时过程中，控制器若采用 PI 或 PID 控制规律时，系统的控制品质均会下降，纯延时越大，其问题越突出。PID 控制器中，微分作用的特点是能够按被控变量变化速度的大小来校正被控变量的偏差，它对于克服超调现象能起很大作用。

图 7-13 所示为 PID 控制系统框图，微分环节的输入是对偏差作了比例积分运算后的值。因此，微分环节不能真正起到对被控参数变化速度进行校正的目的，克服动态超调的作用有限。

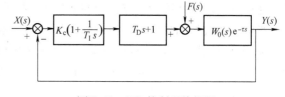

图 7-13　PID 控制系统框图

如果将微分环节放在反馈回路，如图7-14 所示，这种控制方案称为微分先行控制方案。

微分先行 PID 控制系统中，微分环节的输出信号包括了被控变量及其变化速度值，将它作为反馈量与给定值比较的偏差作为 PI 控制器的输入信号，具有更强克服超调的作用，提高大延时系统的控制品质。

（2）中间微分控制方案

中间微分控制方案与微分先行控制方案相类似，采用中间反馈控制方案，改善系统的控制品质。

图 7-15 所示为中间微分控制系统框图，系统中的微分作用是独立的，在被控变量变化时及时根据其变化的速度大小起附加校正作用，微分校正作用与 PI 控制器的输出信号无关，仅仅在动态时起作用，而在静态时或在被控变量变化速度恒定时就失去作用。这种控制方案对克服纯滞后的效果较好。

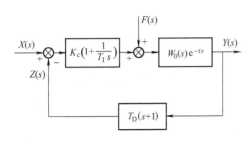

图 7-14　微分先行控制系统框图　　　　　图 7-15　中间微分控制系统框图

2. Smith 预估控制方案

Smith 针对具有大且纯延时的过程引入预估补偿环节，使系统的控制品质大大提高。

设过程的特性为 $W_0(s)\,e^{-\tau s}$，其中，$W_0(s)$ 为对象不包含延时环节的传递函数；扰动通道的特性为 $W_f(s)$；控制器的特性为 $W_c(s)$。如图 7-16 所示。

由于系统中引入了 $e^{-\tau s}$ 项，使闭环系统的控制品质大大恶化，因此提出图 7-17 所示的 Smith 预估补偿方案。

图 7-16　单回路系统框图　　　　　　图 7-17　Smith 预估补偿方案

图 7-17 中，$(1-e^{-\tau s})\,W_0(s)$ 为预估补偿装置的传递函数。可通过重新推导系统输入输出传递函数，发现系统特征方程中的 $e^{-\tau s}$ 项被抵消，所以预估补偿完全补偿了延时对系统的不利影响，系统控制品质与被控过程无延时完全相同。

Smith 预估补偿与过程特性有关，但是过程的数学模型与实际过程特性之间有误差，这种控制方法的缺点是模型的误差会随时间累积起来，为了克服这一缺点，可采用增益自适应预估补偿控制等进行改进。

3. 采样控制方案

对于大延时的被控过程，为了提高系统的控制品质，还可以采用采样控制方案。其控制原理如下：

当被控过程受扰动而使被控变量偏离给定值时，采样被控变量与给定值，保持其值不变，保持的时间与纯滞后大小相等或大一些。

当经过 τ 时间后，再按照被控变量与给定值的偏差及其变化方向与速度值来进一步加以校正，校正后又保持其量不变。再等待一个纯滞后时间 τ，重复上述动作规律，一步一步地校正被控变量的偏差值，使系统趋向一个新的稳定状态。采样控制系统原理框图如图 7-18 所示。

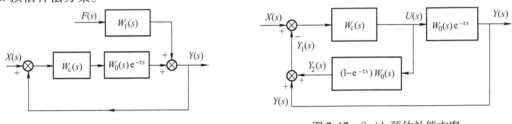

图 7-18　采样控制系统原理框图

7.2　特定要求过程控制系统

7.2.1　比值控制系统

在现代工业生产过程中，常需要保持两种物料的流量成一定比例关系，如果比例失调，就会影响产品的质量，严重的甚至会造成生产事故。为此，在实际生产过程中需要自动保持两个或多个参数之间的比例关系，这类控制系统就是比值控制系统。

比值控制系统是使一种物料随另一种物料的变化而变化的系统。图 7-19 所示为一开环比值控制系统。图中，Q_1 为主物料流量，Q_2 为副物料流量，Q_2 以一定的比例随 Q_1 的变化而变化。在稳定状态下，$K = Q_2/Q_1$ 为工艺指标要求的体积或质量流量的比值。

由图 7-19 可见，由于是开环控制系统，若副流量 Q_2 的温度、压力稍有变化，则副流量 Q_2 也会发生变化，使得两物料间的实际比值很难保持不变。因此，开环比值控制系统在生产实际中很少应用。

根据实际生产过程的不同要求，常用的比值控制系统主要有下面几种闭环比值控制系统。

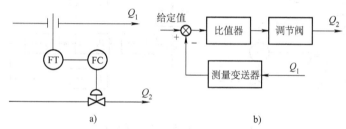

图 7-19　开环比值控制系统

a）控制系统流程图　b）控制系统组成框图

1. 单闭环比值控制系统

若需主、副物料流量间的实际比值不变，可采用单闭环比值控制系统。单闭环比值控制系统是在开环比值控制系统的基础上，增加了一个副物料流量闭环控制回路，如图 7-20 所示。

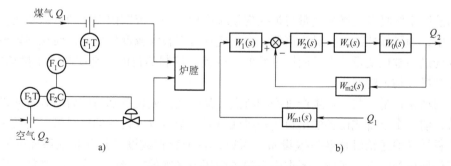

图 7-20　单闭环比值控制系统

a）系统流程图　b）系统组成框图

单闭环比值控制系统在稳态时能满足主、副流量的工艺比值要求，即 $Q_2/Q_1 = K$。当主

流量 Q_1 不变，而副流量 Q_2 受到扰动时，可通过副流量的闭合回路进行定值控制。当主流量 Q_1 受到扰动时，$W_1(s)$ 则按预先设置好的比值使其输出成比例变化，即改变 Q_2 的给定值，$W_2(s)$ 根据给定值的变化，发出控制命令，以改变调节阀 $W_v(s)$ 的开度，使副流量 Q_2 跟随主流量 Q_1 的变化而变化，从而保证原设定的比值不变。当主、副流量同时受到扰动时，控制器 $W_2(s)$ 在克服副流量扰动的同时，又根据新的给定值，改变调节阀的开度，使主、副流量在新的流量数值的基础上，保持其原设定的比值关系。可见，该系统能确保主、副两个流量的比值不变。同时，系统的结构较简单，因而在工业生产过程自动化中应用较广。

2. 双闭环比值控制系统

为了克服单闭环比值控制系统主流量不受控制的不足，可在单闭环控制系统的基础上，采用双闭环比值控制系统，如图 7-21 所示。

双闭环比值控制系统是由一个定值控制的主流量回路和一个跟随主流量变化的副流量控制回路组成。主流量控制回路能克服主流量扰动，实现其定值控制。副流量控制回路能抑制作用于副回路中的扰动。当扰动消除后，主、副流量都回复到原设定值上，其比值不变。

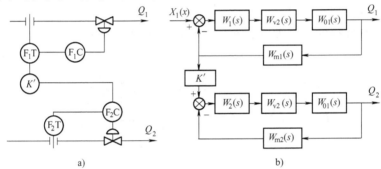

图 7-21 双闭环比值控制系统

a）系统流程图 b）系统组成框图

双闭环比值控制系统能实现主流量 Q_1 的定值控制，使主、副流量均比较稳定，从而使总物料量也比较平稳。因此，在工业生产过程自动化中，当要求负荷变化较平稳时，可以采用这种控制方案。

7.2.2 均匀控制系统

均匀控制系统具有使操纵变量与被控变量缓慢地在一定范围内变化的特殊功能。在定值控制系统中，为了保持被控变量为恒值，操纵变量可以较大幅度地变化，而在均匀控制系统中，操纵变量与被控变量常常是同样重要的，因此，控制的目的，是使两者在扰动作用下，都有一个缓慢而均匀的变化。

生产的连续性是一些工业生产过程的特点。某一装置或设备都与前后的装置或设备紧密地联系着，前一个装置或设备的出料量一般就是后一个装置或设备的进料量，而后一装置或设备的出料量又输送给其他装置或设备。所以，各个装置或设备是互相联系而又互相影响的，为了保证生产的正常运行，要求生产的各个环节必须保持稳定。为此，必须采用均匀控制系统。

均匀控制的目的不同于定值控制，所以其控制的品质指标也不相同。在均匀控制中，只要两个参数在工艺允许的范围内作均匀缓慢变化，生产就能正常运行，控制品质就较好。

下面以液位—流量均匀控制系统为例，说明均匀控制系统的应用。液位—流量均匀控制系统的液位 h、流量 q 均匀变化曲线如图 7-22 所示。目前，实现液位—流量均匀控制有三种方案。

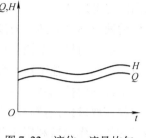

图 7-22　液位—流量均匀变化曲线

1. 简单均匀控制方案

图 7-23 所示为两个精馏塔液位和流量简单均匀控制系统的实例。

由图 7-23 可见，均匀控制系统与液位定值控制系统的结构和所使用的仪表完全是一样的，但是系统设计的目的不同。在均匀控制系统中，1 号塔液位和 2 号塔进料量这两个参数只需控制在工艺规定的范围内，并呈缓慢变化即可，为此，控制器比例度应整定得大一些，使系统过渡过程缓慢而无振荡地变化。关键的不同之处在于控制器参数整定，若按照一般的定值系统来整定控制器参数，则当液位受到扰动时，将使液位较快地回到给定值，1 号塔釜流出量必然波动很大。可见，均匀控制系统的结构虽然和定值控制系统的结构相同，但不能按定值控制系统要求来整定控制器参数。

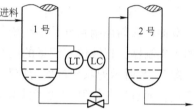

在均匀控制系统中，控制器一般选用比例规律，但有时为了防止连续出现同向扰动时被控变量超出工艺规定的上下限范围，也可适当引入积分规律。

简单均匀控制系统的最大优点是结构简单，操作方便，成本低。但控制质量较差，适用于扰动小、控制要求较低的场合。

图 7-23　简单均匀控制系统

2. 串级均匀控制方案

因为 1 号塔通过塔釜流过调节阀的流量要受 1 号塔的液位影响，同时还与前后两个塔的压力有关，所以，如果生产上对 2 号塔的进料量要求比较平稳，上述简单均匀控制系统就不能满足要求了。为了消除压力扰动的影响，应加入以流量为副参数的副回路，构成精馏塔塔釜液位和流出流量的串级均匀控制系统，如图 7-24 所示。

图 7-24 中，液位控制器 LC 的输出作为流量控制器 FC 的给定值。如果扰动（入料流量增加）使 1 号塔的液位升高，液位控制器（正作用）的输出信号增大，通过反作用的流量控制器使调节阀缓慢地开大，则反映在液位上的不是快速下降，而是缓慢地升高。同时，2 号塔的入料流量也是缓慢地增大。这样，液位与流量均为缓慢地变化，

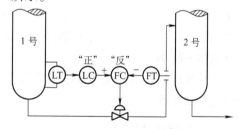

图 7-24　串级均匀控制系统

实现了均匀协调的控制目的。如果 2 号塔因扰动使其入料流量发生变化，则首先通过副回路进行控制。同时，1 号塔液位会受到影响，此时再通过液位控制器来改变入料流量调节阀的开度，使液位与流量都在规定变化范围内作均匀缓慢地变化，从而达到了均匀控制的目的。

串级均匀控制系统在结构上与前述的串级控制系统完全一样，但它不是用于提高塔釜液位的控制品质，而是在充分利用塔釜有效缓冲容积的条件下，使塔釜液位与流出流量均匀协调。串级均匀控制系统副回路的作用与前述串级系统的副回路相同，当 2 号塔压力波动时，

副回路将迅速动作，以有效地克服塔压力对流量的扰动，尽快地将流量调回到给定值，使 1 号塔的液位不至受到压力波动的影响。

串级均匀控制系统副控制器的参数整定原则与一般定值流量的控制系统副控制器参数整定方法相同，主控制器参数则应按照均匀控制系统整定方法进行整定。

串级均匀控制系统中，主、副控制器控制规律的选择是十分重要的，要根据系统所要达到的控制要求以及控制过程的具体情况来决定。主控制器一般采用 PI 控制规律，这主要是为了在扰动作用后利用积分控制规律削除余差，使液位在给定值上下限的容许范围内变化；若无积分作用，则在同向扰动的连续作用下，液位有可能超越给定值的上下限，影响生产的正常运行。副控制器一般选用 P 控制规律。若为了满足副参数的较高要求，副控制器也可选用 PI 控制规律。

串级均匀控制系统能克服较大的扰动，使主、副参数变化均匀缓慢平稳，提高控制品质。所以，尽管串级均匀控制系统结构较复杂，使用的自动化仪表较多，但是，在生产过程自动化中仍然得到较多的应用。

3. 双冲量均匀控制方案

双冲量均匀控制系统是串级均匀控制系统的变形，它用一个加法器来代替串级控制系统中的主控制器，把液位和流量的两个测量信号通过加法运算后作为控制器的测量值。

图 7-25 所示为双冲量均匀控制系统的一个实例。以塔釜液位与输出流量信号之差为被控变量，通过均匀控制使两者能均匀缓慢变化。假定该系统采用 DDZ—Ⅲ 型仪表构成，则加法器的输出为

$$I_o = I_H - I_Q \tag{7-5}$$

式中，I_o 为加法器的输出信号；I_H 为液位测量值；I_Q 为流量测量值。

在正常情况下，调节加法器的零点迁移，使 I_o 为 12mA 左右，调节阀处于适当开度。当流量正常而液位受到扰动上升时，I_o 增大，使流量控制器的输出信号增加，从而开大阀门的开度，使流量增大，以使液位恢复正常。当液位正常，而流量受到扰动而增加时，I_o 减小，流量控制器的输出减小，因而使流量慢慢减小。

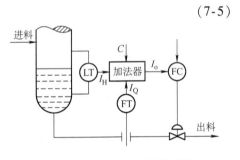

图 7-25　双冲量均匀控制系统

双冲量均匀控制系统具有串级控制系统的特点，但其参数整定可以按简单均匀控制系统的整定方法处理。

7.2.3　分程控制系统

在前述过程控制系统中，控制器输出信号仅带动一个调节阀作全行程运作。但在某些工业生产中，根据工艺要求，需将一个控制器的输出信号分段，分别控制两个或两个以上调节阀工作，即每个调节阀在控制器输出的某段信号范围内作全行程动作。这种过程控制系统就叫分程控制系统。

设计分程控制系统的目的，归纳起来有两个方面：一是满足某些生产工艺的特殊要求；二是扩大调节阀的可调范围，提高系统控制品质。

图 7-26a 所示为化学反应器温度分程控制系统流程图，为了满足反应釜内的温度恒定的生产工艺要求，当反应釜温度低于给定值时，控制器输出信号区段控制蒸汽阀 A 工作（冷凝水阀 B 关闭）加入蒸汽，使反应釜的温度升高，以达到工艺要求；反之，当反应釜温度高于给定值时，控制器输出信号区段使冷凝水阀 B 投入工作（蒸汽阀 A 关闭），通入冷却水，以降低反应釜的温度，达到控制釜温的目的。图 7-26b 所示为其框图，蒸气阀 A 选用气开式；冷凝水阀 B 选用气关式；控制器为反作用式。当反应釜温度高于给定值时，控制器输出信号减小，控制冷凝水阀 B 工作，加入冷水，以降低反应釜的温度；当反应釜温度低于给定值时，控制器输出信号增大，控制蒸汽阀工作，加入蒸汽，使反应釜的温度升高。可见，根据釜温的高低，控制冷凝水或蒸汽介质的流量，从而达到控制釜温的目的。

应该指出，一个控制器的输出信号同时控制几只调节阀作全行程工作，这种系统通常不叫分程控制系统，因为控制器输出信号未按区段去控制调节阀工作。

根据调节阀的气关、气开形式和分程信号区段不同，分程控制系统可分为下面两种类型。

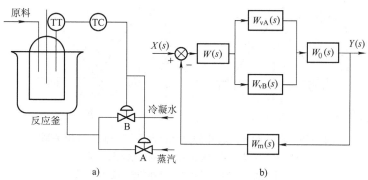

图 7-26　温度分程控制系统

a) 控制系统流程图　b) 控制系统组成框图

1. 调节阀同向动作的分程控制系统

图 7-27 所示为调节阀同向动作的分程控制系统的输入输出关系。图 7-27a 表示两个调节阀均选气开形式。当控制器输出信号从 0.02MPa 增大时，A 阀开启；信号增大到 0.06MPa，A 阀全开，同时 B 阀开始打开；当信号达到 0.1MPa 时，B 阀也全开。图 7-27b 表示为两只调节阀均选气关形式。当控制器输出信号从 0.02MPa 增大时，A 阀由全开状态开始关闭；信号达到 0.06MPa 时，A 阀全关，而 B 阀开始关闭；当信号到 0.1MPa 时，B 阀也全关。

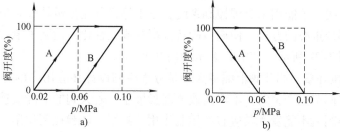

图 7-27　调节阀同向动作的分程控制系统的输入输出关系

a) 气开阀的输入输出关系　b) 气关阀的输入输出关系

2. 调节阀异向动作的分程控制系统

图 7-28 所示为调节阀异向动作的分程控制系统的输入输出关系。图 7-28a 所示为调节阀 A 选用气开形式、调节阀 B 选用气关形式。当控制器输出信号大于 0.02MPa 时，A 阀开启；信号到 0.06MPa 时，A 阀全开，同时 B 阀关闭；当信号到 0.1MPa 时，B 阀全关。图 7-28b 所示为调节阀 A、B 分别选气关、气开形式的情况，其调节阀动作情况与图 7-28a 相反。

3. 分程控制系统设计注意事项

分程控制系统本质上是属单回路控制系统，因此单回路控制系统的设计原则完全适用于分程控制系统的设计。但是，与单回路控制系统相比，分程控制系统的主要特点是分程调节阀多，所以，在系统设计方面也有一些不同之处。下面就此作一介绍。

（1）分程信号的确定

在分程控制中，控制器输出信号的分段是由生产工艺要求决定的。控制器输出信号需要分成几个区段、哪一区段信号控制哪一个调节阀工作等，完全取决于工艺要求。

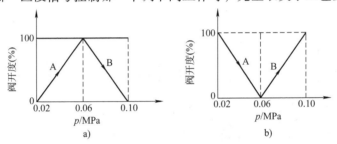

图 7-28　调节阀异向动作的分程控制系统的输入输出关系
a）阀 A 为气开阀、阀 B 为气关阀的输入输出关系
b）阀 A 为气关阀、阀 B 为气开阀的输入输出关系

（2）调节阀特性的选择

1）根据工艺需要选择同向工作或异向工作的调节阀。

2）流量特性的选择。调节阀流量特性的选择原则是调节阀的特性与过程的特性乘积为一常数，从而使过程控制系统具有线性特性。在分程控制系统中，考虑到各分程调节阀的实际工作情况，必须通过调节阀的特性和过程特性间的匹配，使控制通道特性保持基本不变。另外，分程调节阀组合以后，把两个调节阀作为一个调节阀使用时，要求从一个调节阀向另一个调节阀过渡时，其流量变化要平滑。由于两个调节阀的增益不同，存在着流量特性的突变，对此必须采取相应措施，对于线性流量特性的调节阀，只有当两个阀的流通能力很接近时，两阀衔接成直线，才能用于分程控制系统；对于等百分比流量特性调节阀，需通过两个调节阀分程信号部分重叠的方法，使调节阀特性衔接成线性化，达到平滑过渡。确定分程信号的重叠部分如图 7-29 所示，其中 C 表示阀门开度。

3）调节阀的泄漏量。调节阀泄漏量大小是分程控制设计和应用中的一个十分重要的问题。必须保证：在调节阀全关时，不泄漏或泄漏量极小。若大阀的泄漏量接近或大于小阀的正常调节量，则小阀就不能发挥其应有的控制作用，甚至不能起控制作用。

（3）控制器控制规律的选择与参数整定

由上所述，分程控制系统属单回路控制系统，有关控制器控制规律的选择及控制器参数

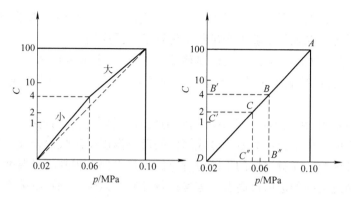

图 7-29　确定分程信号的重叠部分

整定，可以参照前述单回路控制系统来处理。但是，分程控制中的两个控制通道特性不会完全相同，所以在系统运行中只能采用互相兼顾的办法，选取一组较为合适的整定参数值。

7.2.4　选择性控制系统

前面介绍的所有过程控制系统都只能在正常生产情况下工作。在现代工业生产中，不但要求设计的过程控制系统能够在正常情况下克服外来扰动，实现平稳操作，而且还必须考虑事故状态下安全生产，保证产品质量等问题。

在工业生产中，生产限制条件多而且复杂，尤其在开车、停车过程中更容易发生误操作。由于生产的速度太快，操作人员跟不上生产变化速度，所以无法进行控制。若需要有效地防止生产事故的发生，减少开车、停车的次数，可采用一种能适应短期内生产异常、改善控制品质的控制方案，即选择性控制。

选择性控制是把工业生产过程中的限制条件所构成的逻辑关系叠加到正常的自动控制系统上去的一种组合控制方法。即在一个过程控制系统中，设有两个控制器（或两个以上变送器），通过高、低值选择器选出能适应生产安全状况的控制信号，实现对生产过程的自动控制。这种选择性控制系统又被称为自动保护系统。

选择性控制系统的特点是采用了选择器。选择器可以接在两个或多个控制器的输出端，对控制信号进行选择，也可以接在几个变送器的输出端，对测量信号进行选择，以适应不同生产过程的需要。根据选择器在系统结构中的位置不同，选择性控制系统可分为以下两种。

1. 选择器位于控制器的输出端，对控制器输出信号进行选择的系统

图 7-30 所示为这种选择性控制系统框图，其主要特点是几个控制器共用一个调节阀，通常是两个控制器共用一个调节阀。其中，正常控制器在生产正常情况下工作，取代控制器处于备用状态。在生产正常情况下，两个控制器的输出信号同时送至选择器，选出适应生产安全状况的控制信号送给调节阀，实现对生产过程的自动控制。当生产工艺情况不正常时，通过选择器（低值或高值）选出能适应生产安全状况的控制信号，由取代控制器取代正常控制器的工作，直

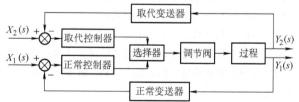

图 7-30　对控制器输出信号进行选择的选择性控制系统框图

到生产情况恢复正常，然后再通过选择器的自动切换，恢复到由原正常控制器来控制生产。这种选择性控制系统，在现代工业生产过程中得到了广泛应用。

2. 选择器位于控制器之前，对变送器输出信号进行选择的系统

图 7-31 所示选择性控制系统的特点是几个变送器合用一个控制器。通常选择的目的有两个：

1）选出最高或最低测量值：图 7-31a 所示为反应器热点温度的选择性控制系统流程图。氢气和氮气在触媒的作用下合成为氨。合成塔内的反应温度是反映氨合成率的间接指标。热点温度过高会烧坏触媒，在触媒层的不同位置上插入热电偶，将其测量温度所得的信号均送至高值选择器，通过选择器选取最高温度信号进行控制，以保证触媒不被烧坏。图 7-31b 所示为该系统框图。

2）选出可靠测量值：为防止仪器故障对装置可能造成的危害，对于关键性的检测点可同时安装三个变送器。通过选择器，选出可靠的测量信号进行自动控制，以提高系统运行的可靠程度。

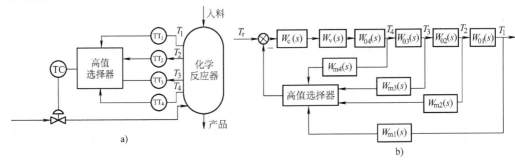

图 7-31　反应器最高温度选择性控制系统

a）控制系统流程图　b）控制系统框图

习题与思考题

7-1　画出典型串级控制系统框图，简述串级控制的原理。

7-2　串级控制系统的特点有哪些？可适用于哪些生产过程自动化的场合？

7-3　在串级控制中，副回路的设计和副参数的选择应该考虑什么原则？

7-4　某聚合反应釜内进行放热反应，釜温过高会发生事故，为此采用夹套水冷却。由于釜温控制要求高，且冷却水压力、温度波动大，故设计图 7-32 所示控制系统。试问：

（1）这是什么类型的控制系统？试画出其框图，说明其主变量和副变量是什么？

（2）选择控制阀的气开、气关形式；

（3）选择控制器的正、反作用；

（4）如果主要扰动是冷却水的温度波动，试简述其控制过程；

（5）如果主要扰动是冷却水压力波动，试简述其控制过程，并说明这时可如何改进控制方案，以提高控制品质。

7-5　对比前馈与反馈控制特点。

7-6　如果图 7-33 所示为采用传递函数表示的前馈控制框图，试推出前馈控制器 $W_{FF}(s)$ 的表达式子，并分析其应用局限性。

7-7　为什么大延时过程被公认为较难控制的过程？

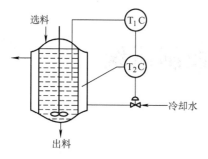

图 7-32　习题 7-4 控制系统流程图

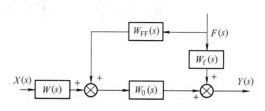

图 7-33　习题 7-6 前馈控制框图

7-8　图 7-34 所示为 Smith 预估补偿控制原理结构框图，试推导出 $\dfrac{Y(s)}{F(s)}$ 的表达式，并分析 Smith 预估补偿控制原理与局限性。

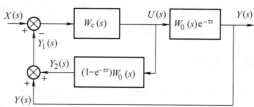

图 7-34　习题 7-8 Smith 预估补偿控制原理结构框图

7-9　简述双闭环比值控制原理和特点。

7-10　简述串级均匀控制方案的原理及特点。

7-11　分程控制中选择调节阀的特性时应注意什么？

第8章 计算机控制系统

8.1 计算机控制系统的组成与特点

计算机控制系统是应用计算机参与控制并借助一些辅助部件与被控对象相联系，以获得一定控制目的而构成的系统。这里的计算机通常指数字计算机，可以有各种规模，如从微型到大型的通用或专用计算机。辅助部件主要指输入/输出接口、检测装置和执行装置等。与被控对象的联系和部件间的联系，可以是有线方式，如通过电缆的模拟信号或数字信号进行联系；也可以是无线方式，如用红外线、微波、无线电波、光波等进行联系。

8.1.1 计算机控制系统的组成

计算机控制系统就是利用计算机（通常称为工业控制计算机或工控机）来实现工业过程自动控制的系统。在计算机控制系统中，由于工控机的输入和输出是数字信号，而现场采集到的信号或送到执行机构的信号大多是模拟信号，因此与常规的按偏差控制的闭环负反馈系统相比，计算机控制系统一般需要有模-数（A-D）转换器和数-模（A-D）转换器这两个环节。

计算机把通过测量元件（传感器）、变送单元（变送器）和模-数转换器送来的数字信号，直接反馈到输入端与设定值进行比较，然后根据要求按偏差进行运算，所得到数字量输出信号经过数-模转换器送到执行机构（执行器），对被控对象进行控制，计算机控制系统框图如图8-1所示。简单地说，计算机控制系统就是由各种计算机参与控制的控制系统。

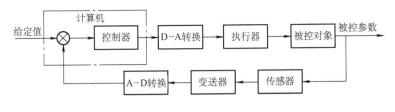

图8-1 计算机控制系统框图

计算机控制系统由工控机和生产过程两大部分组成。工控机的硬件指计算机本身及外围设备，包括计算机、过程输入/输出接口、人机接口、外部存储器等。工控机的软件是指能完成各种功能计算机程序的总和，通常包括系统软件及应用软件。

8.1.2 计算机控制系统的特点及用途

计算机控制系统通常具有准确度高、速度快、存储容量大和有逻辑判断功能等特点，因此可以实现高级复杂的控制算法，获得快速精确的控制效果。计算机技术的发展已使整个人类社会发生了巨大的变化，自然也影响到工业生产和企业管理中。计算机所具有的信息处理能力，能够进一步把过程控制和生产管理有机地结合起来，从而实现工厂、企业的全面自动化管理。本章介绍几种常用的计算机控制系统，包括直接数字控制系统、集散控制系统和现场总线控制系统。

8.2　直接数字控制系统

直接数字控制（DDC）系统，就是用一台计算机取代模拟控制器直接控制调节阀等执行器，使被控变量保持在给定值，其基本组成如图 8-2 所示。

直接数字控制系统是利用计算机的分时处理功能直接对多个控制回路实现多种形式控制的，具有多回路功能的数字控制系统，它是在巡回检测和数据处理系统的基础上发展起来的。数字计算机是闭环控制系统的组成部分，计算机产生的控制变量直接作用于生产过程，故有"直接数字控制"之称。在直接数字控制系统中，计算机通过多点巡回检测装置对过程参数进行采样，并将采样与存于存储器中的设定

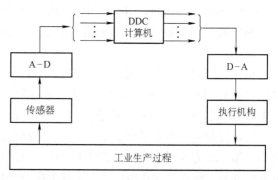

图 8-2　直接数字控制系统基本组成

值进行比较形成偏差信号，然后根据预先规定的控制算法进行分析和计算，产生控制信号，通过执行器对系统被控对象进行控制。

直接数字控制系统的特点如下：

1. 在线实时控制

直接数字控制系统是一种在线实时控制系统，对被控对象的全部操作（信息检测和控制信息输出）都是在计算机直接参与下进行的，无须管理人员的干预。实时控制是指计算机对于外来的信息处理速度足以保证在所允许的时间区间内完成，其时间区间的大小与计算机的计算速度、被控对象的动态特性、控制功能的复杂程度等因素有关。计算机应配有实时时钟和完整的中断系统以满足实时性要求。

2. 分时方式控制

直接数字控制系统是按分时方式进行控制的，按照固定的采样周期对所有的被控制回路逐个进行采样，依次计算并形成控制输出，以实现一台计算机对多个被控回路的控制。计算机对每个回路的操作分为采样、计算、输出三个步骤。为了在满足实时性要求的前提下增加控制回路，可以将上述三个步骤在时间上交错安排，例如对第一个回路进行控制时，可同时对第二个回路进行计算处理，而对第三个回路进行采样输入。这既能提高计算机的利用率，又能缩短对每个回路的操作时间。

3. 灵活和多功能控制

直接数字控制系统的特点是具有很大的灵活性和多功能控制能力，它除了有数据采集、打印、记录、显示和报警等功能外，还可以根据事先编好的控制程序，实现各种控制算法和控制功能。

直接数字控制系统对计算机可靠性的要求很高，因为若计算机发生故障会使全部控制回

路失灵，直接影响生产，这是这种系统的缺点。

8.3　集散控制系统

集散控制系统（DCS）是以微处理器为基础的集中分散型控制系统。自20世纪70年代中期集散控制系统问世以来，已在工业控制领域得到了广泛的应用。越来越多的仪表和控制工程师已认识到，集散控制系统必将成为工业自动控制的主流，在计算机集成制造系统（Computer Integrated Manufacturing System，CIMS）或计算机集成作业系统（Computer Integrated Production System，CIPS）中，集散控制系统将成为主角，发挥它们的优势，并将在工业控制领域，如石油、化工、电力、冶金、炼油、建材、纺织、制药和食品等各行各业获得广泛应用。

现代生产过程的特性复杂，对控制品质要求高，传统的仪表控制系统很难适应现代生产过程对控制的要求，或者即使能适应，但控制成本较高，即其性价比很低。因此，出现了融微电子技术、计算机技术、通信技术和控制技术于一体的集散控制系统。

集散控制系统通常具有二层结构、三层结构或四层结构模式。二层结构模式的集散控制系统中，第一层为前端计算机，也称下位机、直接控制单元，前端计算机直接面对控制对象，完成实时控制、前端处理功能；第二层称为中央处理机，它即使失效，设备的控制功能依旧能得到保障。在前端计算机和中央处理机间再加一层中间计算机，便构成了三层结构模式的集散控制系统。四层结构模式的集散控制系统中，第一层为过程控制级，第二层为控制管理级，第三层为生产管理级，第四层为经营管理级，其原理框图和功能框图如图8-3和图8-4所示。

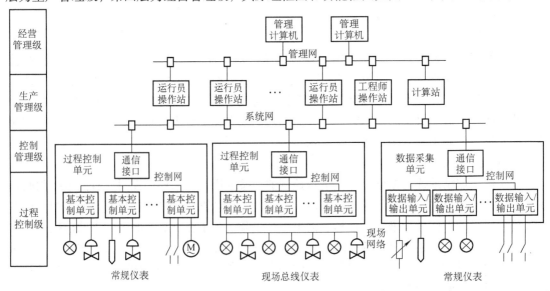

图8-3　集散控制系统原理框图

集散控制系统与传统的仪表控制系统及一般计算机控制系统比较，具有下面的突出优点。

1. 分散控制，集中管理

在计算机控制系统的应用初期，控制系统是集中的（DDC），一台计算机完成全部过程控制和操作监视。一旦计算机出现故障，将导致整个系统瘫痪，风险过于集中。

集散控制系统将控制任务分散到下层的各个过程控制单元（PCU），各过程控制单元独自完成自己的工作，一旦现场控制单元出现故障，仅会影响所管辖的控制回路，真正做到了危险分散。分散的含义包括地域分散、功能分散、设备分散和操作分散，这样也提高了设备的可利用率。

在集散控制系统中，采用了多功能操作站，它集中了生产过程全部信息，并以多画面（如工艺流程画面、控制过程画面、操作画面等）方式显示。真正做到分散控制和集中管理。

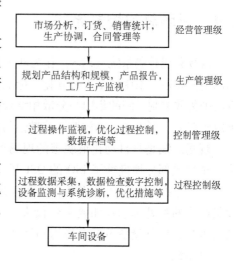

图 8-4　集散控制系统功能框图

2. 采用局域网通信技术

分布于各地域现场的过程控制单元与操作站间的数据通信采用了局域网技术，传输实时信息，操作站对全系统的信息进行综合管理，对过程控制单元进行操作、控制和管理，保证整个系统协调地工作。由于大多数集散控制系统的局域网采用光纤传输媒介，通信的安全性大大提高，这是集散控制系统优于一般计算机控制系统的重要特点之一。

3. 完善的控制功能

集散控制系统的过程控制单元具有连续、集散、批量控制等功能，其算法功能模块多达上千种，可实现各种高级控制，例如，串级控制、前馈—反馈控制、Smith 预估控制、自适应控制、推理控制以及多变量解偶控制等。此外，还为用户提供了丰富的功能软件，例如，控制软件包、操作显示软件包和打印报表软件包等。

4. 采用模块化和开放性结构，系统扩展方便

由于采用模块化结构和局域网技术，用户可根据实际控制需要进行硬件组态和软件组态，组成各种控制回路和规模不同的各类控制系统。由于采用局域网技术，系统具有较强的开放性，通过网络连接器（GW）将网络节点接入相应的节点工作站或其他网络，系统的扩展十分方便。

5. 管理能力强

目前，集散控制系统的功能包括：①生产过程自动化以及过程监控、节能控制、安全监控、环境监测和生产计划管理等；②工厂自动化，实现加工、装配、检查、挑选、设备故障诊断及产品质量管理等；③实验室自动化；④办公室自动化。

6. 安全可靠性高

由于集散控制系统采用了多微处理器分散控制结构，且广泛采用冗余技术、容错技术，各单元具有自检查、自诊断、自修理和电源保护功能，大大提高了系统的安全可靠性。

7. 高性价比

集散控制系统功能齐全，技术先进，安全可靠。大规模集散控制系统的价格与规模相当的传统的仪表控制系统相比更低廉。

8.4　现场总线控制系统

现场总线控制系统（FCS）作为新一代控制系统，一方面突破了集散控制系统采用通信专用网络的局限，采用了基于公开化、标准化的解决方案，克服了封闭系统所造成的缺陷；另一方面把集散控制系统的集中与分散相结合的结构，变成了新型全分布式结构，把控制功能彻底下放到现场。可以说，开放性、分散性与数字通信是现场总线控制系统最显著的特征。

现场总线是将自动化最底层的现场控制器和现场智能仪表、设备互连的实时控制通信网络，全部或部分地遵循了 ISO 的 OSI 开放系统互连参考模型的通信协议。

现场总线控制是工业设备自动化控制的一种计算机局域网络。它依靠具有检测、控制、通信能力的微处理芯片和数字化仪表（设备）在现场实现彻底分散控制，并以这些现场分散的测量、控制设备单个点作为网络节点，将这些点以总线形式连接起来，形成一个现场总线控制系统。

8.4.1　现场总线的组成

现场总线（Fieldbus）主要包括基层网络和分布控制系统两个层次，现场总线控制系统由现场测量系统、现场控制系统和设备管理系统三部分组成。

1. 现场测量系统

现场测量系统的特点为多变量高性能的测量，使测量仪表具有计算能力等更多功能。由于采用数字信号，使它的分辨率高，准确度高，抗干扰、抗畸变能力强；由于同时还具有仪表设备的状态信息，使它可以对处理过程进行调整。

2. 现场控制系统

现场控制系统由分散于生产过程最底层的各自独立的过程控制单元（PCU）组成。各控制单元之间可通过通信网络互通信息。

3. 设备管理系统

现场总线系统可以提供设备自身及过程的诊断信息、管理信息，以及设备运行状态信息（包括智能仪表）、设备制造信息。

例如 Fisher-Rosemoune 公司推出的 AMS 管理系统，它安装在主计算机内，由它完成管理功能，可以构成一个现场设备的综合管理系统信息库，在此基础上实现设备的可靠性分析以及预测性维护。将被动的管理模式改变为可预测性的管理维护模式，AMS 软件是以现场服务器为平台的 T 形结构，在现场服务器上支持模块化，功能丰富的应用软件为用户提供一个图形化界面。

8.4.2　现场总线控制系统的结构

图 8-5 所示为现场总线控制系统的一般结构。虽然由于采用不同的现场总线，各现场总线控制系统的结构形式略有差异，但是该结构形式仍不失为一般性结构。

由图 8-5 可见，现场总线控制系统将传统仪表单元微机化，并用现场网络方式代替了点对点的传统连接方式，从根本上改变了过程控制系统的结构和关联方式。

8.4.3　现场总线控制系统的特点

与集散控制系统相比，现场总线控制系统具有如下特点：

1. 实时性强

现场总线控制系统的通信协议一般为物理层、链路层和应用层。将基本控制功能下放到分散于现场，直接面对过程具有智能的芯片或功能模块中，同时具有测量、变送、控制和相互通信功能。因此，在网络通信过程中，它能在线实时采集过程参数，实时对系统信息进行加工处理，并迅速反馈给系统完成过程控制，提高了信息传递的实时性。

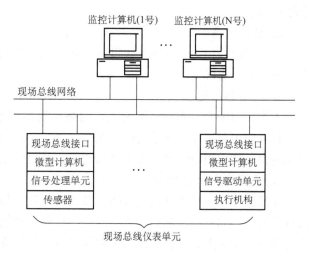

图 8-5　现场总线控制系统的一般结构

2. 具有互操作性

各制造商的产品要通过所属各类总线制协议，符合其规定的 OSI 标准一次性测试和互操作性测试，并由专门的测试中心认证。由于同一类型协议的不同制造商产品，可以混合组态与调用为一个开放系统，使它具有互操作性。

3. 具有高可靠性

现场总线控制系统各个过程控制单元具有各自独立的局部数据库，并通过通信网络形成全局数据库，因此能在线迅速强化硬件修复和排除故障，且具有自诊断故障显示和故障部件自动隔离等功能。此外，还采用了多级安全措施、容错技术和冗余技术等，从而大大提高了系统的可靠性。

4. 节省投资

由于现场总线系统中分散在设备前端的智能设备能直接执行多种传感、变送控制，报警和计算功能，因而可减少变送器的数量，不再需要单独的控制器、计算单元等，也不再需要集散控制系统的信号调理、转换、隔离技术等功能单元及其复杂接线，还可以用工控机作为操作站，从而节省了一大笔硬件投资，由于控制设备减少，还减少了控制室的占地面积。

现场总线系统的接线十分简单，由于一对双绞线或一条电缆上通常可挂接多个设备，因而电缆、端子、槽盒、桥架的用量大大减少，连线设计与接头校对的工作量也大大减少。当需要增加现场控制设备时，无须增设新的电缆，可就近连接在原有的电缆上。这些既节省了投资，也减少了设计、安装的工作量。据有关典型试验工程的测算资料，可节约安装费用60% 以上。

5. 系统的开放性

开放系统是指通信协议公开，各不同厂商的设备之间可进行互连并实现信息交换，现场总线的开发者就是要致力于建立统一的工厂底层网络的开放系统。这里的开放是指对相关标准的一致性、公开性，强调对标准的共识与遵从。一个开放系统，它可以与任何遵守相同标准的其他设备或系统相连。一个具有总线功能的现场总线网络系统必须是开放的，开放系统把系统集成的权力交给了用户。用户可按自己的需要和对象把来自不同供应商的产品组成大小随意的系统。

　　6. 准确度高

　　与模拟信号相比，现场总线设备的智能化、数字化，从根本上提高了测量与控制的准确度，减少了传送误差。

　　7. 现场环境适应性强

　　工作在现场设备前端，作为工厂网络底层的现场总线，是专为在现场环境工作而设计的，它可使用双绞线、同轴电缆、光缆、射频、红外线、电力线等进行通信，具有较强的抗干扰能力，能采用两线制实现送电与通信，并可满足本质安全防爆要求等。

　　8. 互用性和功能自治性

　　互操作性是指实现互连设备间、系统间的信息传送与沟通，可实行点对点、一点对多点的数字通信。而互用性则意味着不同生产厂商的性能类似的设备可进行互换而实现互用。它将传感器、变送器、补偿计算、工程量处理与控制等功能分散到现场设备中完成，仅靠现场设备即可完成自动控制的基本功能，并可随时诊断设备的运行状态。

　　9. 维护方便

　　现场控制设备具有自诊断与简单故障处理的能力，并通过数字通信将相关的诊断维护信息送往控制室，用户可以查询所有设备的运行，诊断维护信息，以便早期分析故障原因并快速排除。缩短了维护停工时间，同时由于系统结构简化，连线简单而减少了维护工作量。

8.5　控制系统实例分析

8.5.1　工业水处理 pH 值的智能控制

　　许多制造过程，如造纸、金属加工和冶金等，都会产生大量的工业废水，为达到环保的要求必须对这些废水进行中和处理。在工业废水处理过程中，大都要对水的 pH 值进行检测与控制，且有不少是通过加中和剂来达到控制目的。虽然关于 pH 值的检测与控制并非一个新的课题，但要取得良好效果也并不容易。其原因在于酸碱中和过程通常呈现非线性特性，加上处理过程在大容器中进行（一般的工业上用的中和池的体积在数百立方米以上），化学反应比较缓慢。以上两点不仅给 pH 值的控制造成较大困难，而且还往往造成中和剂的大量浪费。控制系统中如采用一般的 PID 控制器则很难达到理想的效果，因此需要采用专家智能控制技术来实现废水处理的 pH 值控制。

　　1. 工业水处理的 pH 值控制系统的特点

　　以冶金、机械制造等行业的废水处理为例，其对钢材或金属零部件的除锈酸洗废水的处理系统如图 8-6 所示。

　　从生产车间来的酸洗废水的 pH 值较低，约在 1~3，因此先用廉价的石灰水进行中和，以提高 pH 值；然后进入沉淀池，通过高分子凝聚剂的作用，使污泥沉淀并定期排放，同时，检测出口处的 pH 值，若还未达到排放标准（通常为 6~9），则通过加 NaOH 来进一步提高 pH 值。最后，在排放池排放前，进一步检测 pH 值，看是否处理合格。然而实际上，该系统的控制效果并不理想，其原因如下：

　　（1）酸碱中和的非线性特性

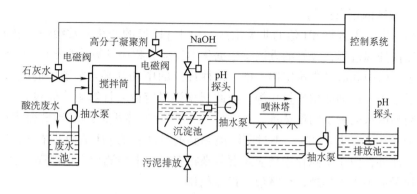

图 8-6　酸洗废水处理系统

通常酸碱中和过程呈非线性特性，如图 8-7 所示。图中显示了 NaOH 中和弱酸的情况。在曲线的两端，pH 值变化较缓慢，这时需加入大量的中和剂才能使 pH 值上升或下降。而在曲线的中部，尤其在中和点附近，pH 值变化很灵敏，这时少量的中和剂加入都会使 pH 值发生极大变化。

（2）pH 值响应的时滞特性

通常上述反应在大容器中进行，如图 8-6 中的搅拌筒或沉淀池。在中和剂加入后，其与废水的反应需经过一定时间才能完成，如图 8-8 所示。若因一时检测不到 pH 值的变化而一味地加中和剂，很容易造成中和剂加入过量而致 pH 值超调。于是有些单位又采用加酸中和剂来反调 pH 值下降。如此不仅使工程复杂、处理过程变慢，也浪费了大量的中和剂。

大量调查表明，在工业废水处理过程中，采用传统的控制技术来进行 pH 值的控制，常常是困难的或不经济的，从而有必要研究更新的控制方法。

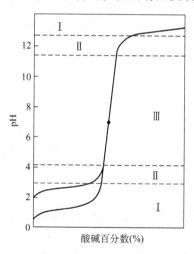

图 8-7　NaOH 中和弱酸特性图

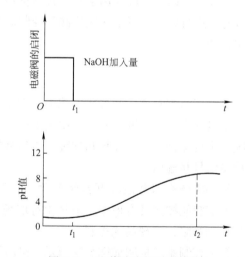

图 8-8　pH 值响应的时滞特性

2. 智能控制器的设计

采用专家系统智能控制，是根据系统不同运行阶段的不同特性，相应采取不同的控制方式，以分别取得最佳效果。对工业废水处理系统而言，一般可将其中和反应过程分为三个阶段，如图 8-7 中的 Ⅰ、Ⅱ、Ⅲ 所示。每一阶段采取控制方式如下：

（1）非灵敏区的当量控制

对应图 8-7 中的 I 区是 pH 值的非灵敏区，由于 pH 值的变化非常缓慢，需加入大量的中和剂。为加快处理过程，较好的方法是根据化学反应方程来计算中和剂的加入量，并一次性投入。由于酸碱中和满足当量定律，即一次性加入的中和剂必与容器中的废水完全反应，达到动态离子平衡，也即摩尔质量相等，因此根据当量定律来计算更为简单。设 N_1、N_2 分别表示中和剂与废水的物质的量浓度，L_1、L_2 表示两者的体积，则由当量定律很容易算出中和剂的添加量为 $L_1 = L_2 N_2 / N_1$。不过实际能测到的是两者的 pH 值而非浓度，因此还需进行一些换算。此外，由于实际化学反应还要复杂得多，加上检测计算也都存在误差，所以实际中和剂添加量应小于上述理论计算值，以免超调。

（2）过渡区的限速控制

进入过渡区也即图 8-7 的第 II 阶段，pH 值变化开始变快，可采用限速比例控制如下：

$$L_1 = \frac{K_v K_c \Delta pH}{K_p K_D N_1} \alpha$$

式中，K_v、K_c、K_P、K_D 分别表示溶液体积大小、搅拌作用强弱、pH 变化快慢、中和剂单位时间流量的比例系数；ΔpH 为 pH 值误差；α 为限速因子。

限速的目的，是为避免因 pH 值响应滞后而造成中和剂过量加入的误操作。

上式中，各参数的选择，与化学反应性质、系统的运行工况和基本物理参量有关，由专家智能推理机根据知识库信息进行推理搜索查取。

（3）灵敏区的间隙微量控制

进入图 8-7 中的第 III 阶段，其 pH 变化极其灵敏，这时微量的中和剂加入都可能使 pH 值发生极大变化。而另一方面，pH 传感器对于小范围 pH 值变化的敏感性反而减弱，响应时间变长。所以该阶段采用了间隙式微量控制方式，即加一次中和剂后，等待一段时间，让反应充分进行后再进行下一次检测与控制。等待时间的长短，同样与溶液体积、搅拌强弱等有关，即

$$T = \frac{K_v K_\alpha N_1}{K_c \Delta pH}$$

以上不同控制模式及各控制参数的选择规则，都事先装在专家系统的知识库中。运行时，由专家系统内的推理机，根据废水处理系统的化学反应性质、pH 控制指标和系统运行工况，进行综合分析、计算和推理。然后从知识库搜索查取相应的控制模式和控制参数，组成控制信号并输出。

3. pH 值专家智能控制系统的构成

专家智能控制具有根据专家经验对现场情况分析判断的能力，并能在此基础上自行组织最佳控制策略，实现最优控制。

智能控制系统框图如图 8-9 所示。pH 计电极检测到的信号，经信号转换送至由专家系统构成的中央处理单元。中央处理单元对接到的信号进行处理、分析后形成一定的控制信号，再经输出驱动单元传给执行器进行控制。

（1）信号转换单元

信号转换单元由信号放大、温度补偿、A－D 转换等电路组成。由于 pH 电极信号极其微弱并易受干扰，因此，信号转换单元也应具有必要的抗干扰能力，以提高检测精度。

（2）中央处理单元

中央处理单元即专家智能控制器，在对信号的处理、分析、推断的基础上产生一最佳控制信号，实现对系统的控制。它由知识库、数据库、推理系统三部分组成。知识库由化学库、系统信息库、控制模式库、控制参数库和故障库 5 个子库构成。其中，化学库装载着有关中和特征、当量计算等与 pH 值控制有关的基本化学方程式、计算公式、曲线；系统信息库装载着废水中和系统的基本物理结构、参数信息，如中和池容积、单位时间流量、加中和剂泵扬程、流量、中和剂性质等，此

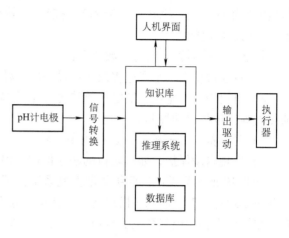

图 8-9　智能控制系统框图

外，还装载着从现场采集到的系统工况数据及初步分析结果，如 pH 值、pH 值的变化速率、响应滞后规律等以提供推理系统进行判断使用；控制模式库装载着各种控制方式；控制参数库装载着各控制参数的选取规则，根据化学库与系统信息库，进行参数选定；故障库是一些可能出现故障的排除，是一些经验方法编制汇总。

推理系统首先根据采集到的数据并借助化学库和系统信息库进行计算、分析，并将结果保存在系统信息库中。然后，再根据系统工况、系统信息和化学库知识，从控制模式库搜取相应的控制模式。最后，根据系统工况、系统信息再由控制参数库选择各控制参数，与控制模式组合后，进行控制输出，实现对系统的控制。

（3）输出驱动单元

输出驱动单元主要由晶闸管及其触发电路组成，用来直接驱动电磁阀或计量泵等执行器。

（4）人机界面

人机界面的主要作用是数据显示和控制操作，同时也应具有对一些经验数据、曲线、公式等的再输入及修改的功能。以更有利于系统控制。

值得指出的是，专家智能控制具有根据专家经验对现场情况分析判断的能力，并能在此基础上自行组织最佳控制策略，实现最优控制，对解决工业废水处理 pH 控制中存在的严重非线性与时滞特性特别有效。如果进一步提高、完善知识库的内容，则可以适应更为广泛的工业废水处理使用。

8.5.2　集散控制系统在火力发电厂中的应用实例

火力发电是结构庞大、复杂、时变的过程，其过程控制系统和管理系统也相当复杂，利用常规仪表已很难实现。由于集散控制系统（DCS）采用了先进的通信技术，分散控制，集中操作和集中管理，能保持各子功能系统与控制中心密切的联系，保证各部分协调运行，是一种较理想的控制方案。

火力发电厂主要由动力和电气两部分组成，锅炉、汽轮机和发电机是三大设备。从能量转换来看，火力发电厂的生产过程是：锅炉燃烧燃料产生过热蒸汽，蒸汽进入汽轮机后，以

高速气流作用于汽轮机叶片，推动叶轮带动汽轮机转子转动，汽轮机带动发电机的转子转动，从而发出电能。

热电厂需检测和控制的参数如下：

1）自动检测反映生产过程及生产设备的各种过程参数和工作状态参数。

2）对锅炉、汽轮机、发电机等热力发电设备及辅助设备（除氧器、凝汽器、减温器、加热器等）进行自动控制。

3）对设备（如辅机等）进行顺序控制。

4）实现自动保护，如汽轮机的超速保护，锅炉的超压力保护等。

图8-10所示为发电厂四级集散控制系统框图。厂级是管理级，主要根据电网负荷要求和各机组运行状态，协调各机组运行，使全厂处于最佳运行状态。单元机组级根据厂级指令对本单元机组各个控制系统实现协调控制，使机组处于最佳运行状态。功能群控制级包括机组局部控制系统或辅机控制系统，本级主要采用微处理器控制或仪表控制，既能独立完成控制功能，又能接受单元机组级的监控。执行级是被控过程的控制系统。

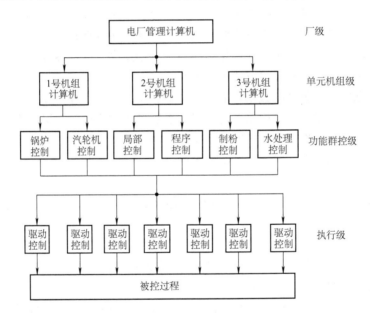

图8-10　发电厂四级集散控制系统框图

由此可见，火力发电机组是一个典型的多变量被控过程，同时又是复杂、时变和非线性过程，其可靠性要求很高，采用集散控制系统是最为合适的。

图8-11所示为采用HIDCS—3000型集散控制系统的总体结构。它是由双层通信网络连接起来的四级控制系统：

1）单元机组级：该级主要由主协调控制器、工程师操作台、操作员操作台和信息管理计算机组成。完成对机组的协调控制与人机界面的通信。主要是对设备数据进行测定、分类和信息处理，然后由相应的计算机显示或打印，以供操作员使用。工程师可对设备的运行方式进行控制操作，监视控制器的工作状态，维护应用软件，修改程序和控制参数等。

2）系统控制级：由三台M/L控制器分别对锅炉燃烧系统、水蒸汽系统、汽轮机—发电

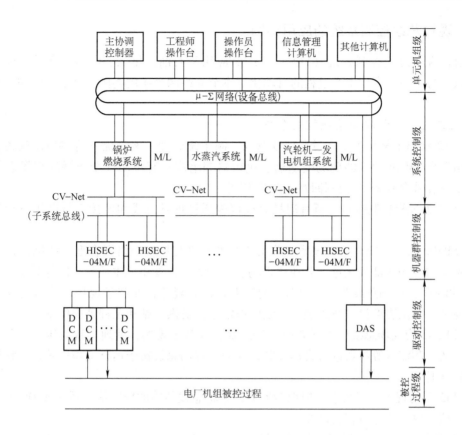

图 8-11　采用 HIDCS—3000 型集散控制系统的总体结构

机组系统进行控制，并连接到总线上。M/L 控制器完成对系统内的协调控制、运算，并与 CV-Net 进行通信，此外，与 PI/O 单元连接进行数据采集。

　　3）机器群控制级：主要由 HISEC-04M/F 单元组成，每一个系统内可有若干个子系统，一个子系统又可控制若干个被控装置，并由一台 M/L 控制器进行控制与管理。同一个 M/L 控制器内可有若干个 HISEC 单元到 CV-Net 上进行通信。HISEC 向上通过 CV-Net 与 M/L 控制器连接，向下与驱动控制级连接。一台 HISEC 可驱动若干台 DCM 模块。

　　4）驱动控制级：一台 HISEC 通过 DCM 模块完成对若干执行器的控制，可对一台被控装置的若干闭环回路进行控制，从而实现分散控制。

　　HIDCS—3000 的软件包有：数据采集、数据记录、运算、控制、报警、模拟显示、控制趋势显示、图表显示、报警显示、操作命令信息显示等。

　　工程师操作台上可对全厂各机组中的各个子系统进行组态和操作，同时过程控制级的反馈信号通过局域网及各控制级反映到工程师操作台，使操作人员及时了解现场各控制系统的工作情况。

　　火力发电厂采用集散控制系统，实现了生产过程的分散控制，集中操作和管理，达到可靠性、经济性极高的要求，大大提高了生产效率，产生较好的经济效益和社会效益。

8.5.3　现场总线控制系统的应用实例

目前，现场总线控制系统（FCS）已广泛应用于石油、化工、电力、食品、轻工、冶金、机械等行业中，实现生产过程的自动化。本节介绍两个应用实例，以求达到举一反三的目的。

1. 化工生产过程现场总线控制系统

图8-12示出了某化工生产过程现场总线控制系统原理。该系统采用SMAR现场总线系统，选用符合SMAR协议的现场变送器、执行器等组成具有本质安全防爆的现场总线控制系统。该系统共含有23个控制回路。图8-12中：

1）PCI为过程控制接口，所有现场总线仪表通过现场总线和该接口与操作站和工程师站连接。

2）SB302为总线安全栅。该系统采用总线型网络与星形网络混合型总线结构，每一底层总线系统均经SB302安全栅与各通道现场总线隔离，以便组成本质安全防爆系统。

3）TT302为现场总线温度变送器，内嵌PID控制规律，安装于现场，就地实现对温度的自动控制，并把温度信号通过现场总线传送给运行员操作站和工程师操作站。

4）LD302为现场总线压力（差压）变送器，安装于现场，就地实现对压力、差压、绝对压力、液位和流量等参数进行自动控制，并通过现场总线接于运行员操作站、工程师操作站进行数据通信。

5）FI302为现场总线数字-模拟转换器，它将总线传输的数字信号转换成DC 4~20mA标准统一信号供执行器进行自动控制。

6）IF302为现场总线模拟-数字转换器，它将DC 4~20mA信号转换成正比例的数字量，通过符合SMAR协议的接口和现场总线进行数据通信。

FI302和IF302可将现场总线控制系统与传统的DDZ—Ⅲ型仪表控制系统相互兼容。

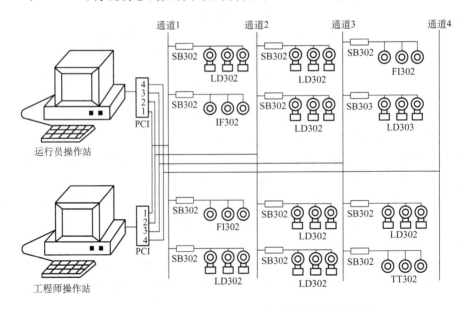

图8-12　基于SMAR的某工厂现场总线控制系统原理

7）运行员操作站采用普通工控机，具有友好的人机界面。

8）工程师操作站用于对各个现场总线仪表进行软件组态以及进行零点、量程、设定值、控制和补偿等参数的设定和调整。

图 8-13 为某化工厂现场总线控制系统原理框图。

该化工厂有石灰车间、重碱车间、煅烧车间、盐硝车间、热电车间和压缩车间，有温度、压力、流量、液位、物位、成分分析等热工参数和数字量、开关量检测点 800 多个和数百个控制回路，且各车间分布地域较广阔。显然，利用传统的仪表控制系统进行检测、控制和集中管理是很难实现的。这里介绍的基于现场总线的控制系统符合低成本、高效益的理想控制方案。

由于 Profibus 传输速率高、应用范围广，是最有发展前途的现场总线，因此系统选择 Profibus 现场总线组成。Profibus 有 Profibus-DP、Profibus-FMS 和 Profibus-PA 三种兼容品种，而 Profibus-DP 是一种高速和便宜的通信连接，它专门设计为自动控制系统和设备级分散的 I/O 之间进行通信用的产品，故系统选用 Profibus-DP 组成，其原理框图如图 8-13 所示。由图可见，各车间的网络布置是基本相同的，仅是检测变送器、仪表和控制回路多少的区别，

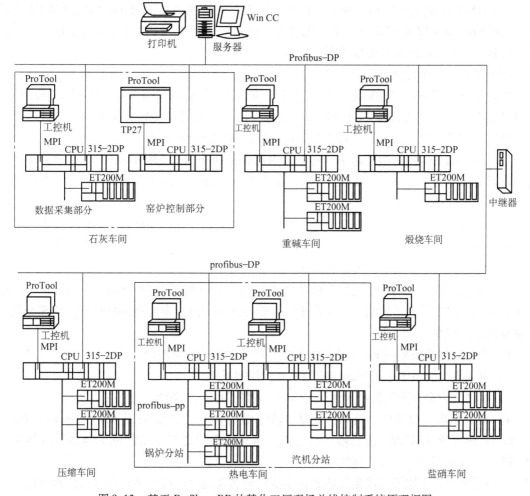

图 8-13　基于 Profibus-DP 的某化工厂现场总线控制系统原理框图

均由现场控制过程控制级、车间监控级和集团公司管理级（总调度室）组成。

（1）现场过程控制级

由图8-13可见，ET200M为I/O接口模块，生产过程的各被测量和控制回路，即各种变送器、调节器、执行器等均挂接于ET200M上。然后ET200M通过Profibus-DP现场总线挂接到CPU315-2DP中央微处理单元模块。在ET200M上挂接的模块有：SM331和SM332模拟输入和输出模块；SM321和SM322数字量、开关量输入和输出模块；SM331-RT热电阻模块；SM331-TC热电偶模块；SIWAREX-U称重模块等。每一个ET200M接口可扩展8个I/O模块，其与车间监控站的通信速率为12Mbit/s。

由此可见，生产过程的各种工艺参数的采集、控制均由现场控制级完成，并通过Profibus-DP与车间监控级进行通信。

（2）车间监控级

该级主要设备有西门子SIMATIC S7-300系列PLC、CPU315-2DP中央微处理单元和工控机。主要功能有：硬件和软件组态、优化现场级的控制、数据采集和与现场过程控制级及集团公司管理级的数据通信等。

CPU315-2DP适用于中到大规模分布式自动控制系统和通过Profibus-DP连接的控制设备，具有Profibus-DP标准接口，使系统简单、可靠。CPU315-2DP有安全的数据库、可进行自检和在线故障诊断及故障报警等。

（3）集团公司管理级

主要设备为WinCC服务器和打印机等。WinCC通过Profibus-DP总线与现场通信。WinCC具有真正开发的软件，使用简单、组态方便、性能可靠功能齐全等特点。被广泛应用于邮电、市政、电力、化工、石油等工业过程控制和企业管理中。

系统的数据通信使用两种速率，各车间内部通信速率为1.5Mbit/s；而各车间到集团公司管理级的通信速率为187.5kbit/s。系统的Profibus总线长度超过1500m，为加强信号强度，中间增加一个中继器。

系统经过运行证明，操作简单、工作可靠、性能稳定、控制精度高，已产生显著的经济效益和社会效益。

2. 基于企业网的现场总线控制系统

某基于企业网的现场总线控制集成扩展系统原理框图如图8-14所示。由图可见，它由多种计算机、仪表控制系统组成，并存于一个企业网中。通过企业网将各种不同的现场总线控制系统连接起来。

1）水位控制系统采用FF现场总线系统，对水位进行自动控制。

2）电动机控制系统采用传统结构的电动机控制系统。

3）运动、力学方面的控制采用了Profibus现场总线控制系统。

4）热工参数（如温度、压力、流量、pH、成分等）的控制采用ASI（Actuator-Sensor Interface）执行器/控制器、传感器接口总线，该总线可通过其主站的网关与多种现场总线（如FF、Profibus和CAN等）连接。

在该系统中，上层设备或系统则通过企业网与各现场总线控制系统间进行协调和信息交换，而各种具体的控制策略则由基于现场总线的底层控制系统完成。

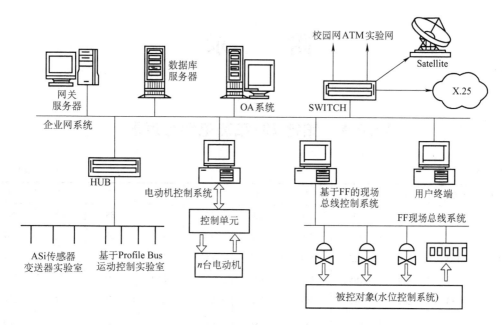

图 8-14　某基于企业网的现场总线控制系统原理框图

习题与思考题

8-1　什么是计算机控制系统？它由哪几部分组成？

8-2　概述直接数字控制系统的特点。

8-3　试分析仪表分散控制、仪表集中控制和计算机集中控制系统的优缺点。

8-4　概述集散控制系统的层次结构及每层的功能。

8-5　试述现场总线与一般通信总线的区别。

8-6　现场总线控制系统对集散控制系统做了哪些变革？

8-7　概述现场总线控制系统的体系结构。

附　　录

附录 A　铂铑 10-铂热电偶分度表

分度号　S

（单位：μV）

温度/℃	0	1	2	3	4	5	6	7	8	9
0	0	5	11	16	22	27	33	38	44	50
10	55	61	67	72	78	84	90	95	101	107
20	113	119	125	131	137	142	148	154	161	167
30	173	179	185	191	197	203	210	216	222	228
40	235	241	247	254	260	266	273	279	286	292
50	299	305	312	318	325	331	338	345	351	358
60	365	371	378	385	391	398	405	412	419	425
70	432	439	446	453	460	467	474	481	488	495
80	502	509	516	523	530	537	544	551	558	566
90	573	580	587	594	602	609	616	623	631	638
100	645	653	660	667	675	682	690	697	704	712
110	719	727	734	742	749	757	764	772	780	787
120	795	802	810	818	825	833	841	848	856	864
130	872	879	887	895	903	910	918	926	934	942
140	950	957	965	973	981	989	997	1005	1013	1021
150	1029	1037	1045	1053	1061	1069	1077	1085	1093	1101
160	1109	1117	1125	1133	1141	1149	1158	1166	1174	1182
170	1190	1198	1207	1215	1223	1231	1240	1248	1256	1264
180	1273	1281	1289	1297	1306	1314	1322	1331	1339	1347
190	1356	1364	1373	1381	1389	1398	1406	1415	1423	1432
200	1440	1448	1457	1465	1474	1482	1491	1499	1508	1516
210	1525	1534	1542	1551	1559	1568	1576	1585	1594	1602
220	1611	1620	1628	1637	1645	1654	1663	1671	1680	1689
230	1698	1706	1715	1724	1732	1741	1750	1759	1767	1776
240	1785	1794	1802	1811	1820	1829	1838	1846	1855	1864
250	1873	1882	1891	1899	1908	1917	1926	1935	1944	1953
260	1962	1971	1979	1988	1997	2006	2015	2024	2033	2042

（续）

温度/℃	0	1	2	3	4	5	6	7	8	9
270	2051	2060	2069	2078	2087	2096	2105	2114	2123	2132
280	2141	2150	2159	2168	2177	2186	2195	2204	2213	2222
290	2232	2241	2250	2259	2268	2277	2286	2295	2304	2314
300	2323	2332	2341	2350	2359	2368	2378	2387	2396	2405
310	2414	2424	2433	2442	2451	2460	2470	2479	2488	2497
320	2506	2516	2525	2534	2543	2553	2562	2571	2581	2590
330	2599	2608	2618	2627	2636	2646	2655	2664	2674	2683
340	2692	2702	2711	2720	2730	2739	2748	2758	2767	2776
350	2786	2795	2805	2814	2823	2833	2842	2852	2861	2870
360	2880	2889	2899	2908	2917	2927	2936	2946	2955	2965
370	2974	2984	2993	3003	3012	3022	3041	3031	3050	3059
380	3069	3078	3088	3097	3107	3117	3126	3136	3145	3155
390	3164	3174	3183	3193	3202	3212	3221	3231	3241	3250
400	3260	3269	3279	3288	3298	3308	3317	3327	3336	3346
410	3356	3365	3375	3384	3394	3404	3413	3423	3433	3442
420	3452	3462	3471	3481	3491	3500	3510	3520	3529	3539
430	3549	3558	3568	3578	3587	3597	3607	3616	3626	3636
440	3645	3655	3665	3675	3684	3694	3704	3714	3723	3733
450	3743	3752	3762	3772	3782	3791	3801	3811	3821	3831
460	3840	3850	3860	3870	3879	3889	3899	3909	3919	3928
470	3938	3948	3958	3968	3977	3987	3997	4007	4017	4027
480	4036	4046	4056	4066	4076	4086	4095	4105	4115	4125
490	4135	4145	4155	4164	4174	4184	4194	4204	4214	4224
500	4234	4243	4253	4263	4273	4283	4293	4303	4313	4323
510	4333	4343	4352	4362	4372	4382	4392	4402	4412	4422
520	4432	4442	4452	4462	4472	4482	4492	4502	4512	4522
530	4532	4542	4552	4562	4572	4582	4592	4602	4612	4622
540	4632	4642	4652	4662	4672	4682	4692	4702	4712	4722
550	4732	4742	4752	4762	4772	4782	4792	4802	4812	4822
560	4832	4842	4852	4862	4873	4883	4893	4903	4913	4923
570	4933	4943	4953	4963	4973	4984	4994	5004	5014	5024
580	5034	5044	5054	5065	5075	5085	5095	5105	5115	5125
590	5136	5146	5156	5166	5176	5186	5197	5207	5217	5227
600	5237	5247	5258	5268	5278	5288	5298	5309	5319	5329

（续）

温度/℃	0	1	2	3	4	5	6	7	8	9
610	5339	5350	5360	5370	5380	5391	5401	5411	5421	5431
620	5442	5452	5462	5473	5483	5493	5503	5514	5524	5534
630	5544	5555	5565	5575	5586	5596	5606	5617	5627	5637
640	5648	5658	5668	5679	5689	5700	5710	5720	5731	5741
650	5751	5762	5772	5782	5793	5803	5814	5824	5834	5845
660	5855	5866	5876	5887	5897	5907	5918	5928	5939	5949
670	5960	5970	5980	5991	6001	6012	6022	6038	6043	6054
680	6064	6075	6085	6096	6106	6117	6127	6138	6148	6195
690	6169	6180	6190	6201	6211	6222	6232	6243	6253	6264
700	6274	6285	6295	6306	6316	6327	6338	6348	6359	6369
710	6380	6390	6401	6412	6422	6433	6443	6454	6465	6475
720	6486	6496	6507	6518	6528	6539	6549	6560	6571	6581
730	6592	6603	6613	6624	6635	6645	6656	6667	6677	6688
740	6699	6709	6720	6731	6741	6752	6763	6773	6784	6795
750	6805	6816	6827	6838	6848	6859	6870	6880	6891	6902
760	6913	6923	6934	6945	6956	6966	6977	6988	6999	7009
770	7020	7031	7042	7053	7063	7074	7085	7096	7107	7117
780	7128	7139	7150	7161	7171	7182	7193	7204	7215	7225
790	7236	7247	7258	7269	7280	7291	7301	7312	7323	7334
800	7345	7356	7367	7377	7388	7399	7410	7421	7432	7443
810	7454	7465	7476	7486	7497	7508	7519	7530	7541	7552
820	7563	7574	7585	7596	7607	7618	7629	7640	7651	7661
830	7672	7683	7694	7705	7716	7727	7738	7749	7760	7771
840	7782	7793	7804	7815	7826	7837	7848	7859	7870	7881
850	7892	7904	7935	7926	7937	7948	7959	7970	7981	7992
860	8003	8014	8025	8036	8047	8058	8069	8081	8092	8103
870	8114	8125	8136	8147	8158	8169	8180	8192	8203	8214
880	8225	8236	8247	8258	8270	8281	8292	8303	8314	8325
890	8336	8348	8359	8370	8381	8392	8404	8415	8426	8437
900	8448	8460	8471	8482	8493	8504	8516	8527	8538	8549
910	8560	8572	8583	8594	8605	8617	8628	8639	8650	8662
920	8673	8684	8695	8707	8718	8729	8741	8752	8763	8774
930	8786	8797	8808	8820	8831	8842	8854	8865	8876	8888
940	8899	8910	8922	8933	8944	8956	8967	8978	8990	9001

（续）

温度/℃	0	1	2	3	4	5	6	7	8	9
950	9012	9024	9035	9047	9058	9069	9081	9092	9103	9115
960	9126	9138	9149	9160	9172	9183	9195	9206	9217	9229
970	9240	9252	9263	9275	9286	9298	9309	9320	9332	9343
980	9355	9366	9378	9389	9401	9412	9424	9435	9447	9458
990	9470	9481	9493	9504	9516	9527	9539	9550	9562	9573
1000	9585	9596	9608	9619	9631	9642	9654	9665	9677	9689
1010	9700	9712	9723	9735	9746	9758	9770	9781	9793	9804
1020	9816	9828	9839	9851	9862	9874	9886	9897	9909	9920
1030	9932	9944	9955	9967	9979	9990	10002	10013	10025	10037
1040	10048	10060	10072	10083	10095	10107	10118	10130	10142	10154
1050	10165	10177	10189	10200	10212	10224	10235	10247	10259	10271
1060	10282	10294	10306	10318	10329	10341	10353	10364	10376	10388
1070	10400	10411	10423	10435	10447	10459	10470	10482	10494	10506
1080	10517	10529	10541	10553	10565	10576	10588	10600	10612	10624
1090	10635	10647	10659	10671	10683	10694	10706	10718	10730	10742
1100	10754	10765	10777	10789	10801	10813	10825	10836	10848	10860
1110	10872	10884	10896	10908	10919	10931	10943	10955	10967	10979
1120	10991	11003	11014	11026	11038	11050	11062	11074	11086	11098
1130	11110	11121	11133	11145	11157	11169	11181	11193	11205	11217
1140	11229	11241	11252	11264	11276	11288	11300	11312	11324	11336
1150	11348	11360	11372	11384	11396	11408	11420	11432	11443	11455
1160	11467	11479	11491	11503	11515	11527	11539	11551	11563	11575
1170	11587	11599	11611	11623	11635	11647	11659	11671	11683	11695
1180	11707	11719	11731	11743	11755	11767	11779	11791	11803	11815
1190	11827	11839	11851	11863	11875	11887	11899	11911	11923	11935
1200	11947	11959	11971	11983	11995	12007	12019	12031	12043	12055
1210	12067	12079	12091	12103	12116	12128	12140	12152	12164	12176
1220	12188	12200	12212	12224	12236	12248	12260	12272	12284	12296
1230	12308	12320	12332	12345	12357	12369	12381	12393	12405	12417
1240	12429	12441	12453	12465	12477	12489	12501	12514	12526	12538
1250	12550	12562	12574	12586	12598	12610	12622	12634	12647	12659
1260	12671	12683	12695	12707	12719	12731	12743	12755	12767	12780
1270	12792	12804	12816	12828	12840	12852	12864	12876	12888	12901
1280	12913	12925	12937	12949	12961	12973	12985	12997	13010	13022
1290	13034	13046	13058	13070	13082	13094	13107	13119	13131	13143

（续）

温度/℃	0	1	2	3	4	5	6	7	8	9
1300	13155	13167	13179	13191	13203	13216	13228	13240	13252	13264
1310	13276	13288	13300	13313	13325	13337	13349	13361	13373	13385
1320	13397	13410	13422	13434	13446	13458	13470	13482	13495	13507
1330	13519	13531	13543	13555	13567	13579	13592	13604	13616	13628
1340	13640	13652	13664	13677	13689	13701	13713	13725	13737	13749
1350	13761	13774	13786	13798	13810	13822	13834	13846	13859	13871
1360	13883	13895	13907	13919	13931	13943	13956	13968	13980	13992
1370	14004	14016	14028	14040	14053	14065	14077	14089	14101	14113
1380	14125	14138	14150	14162	14174	14186	14198	14210	14222	14235
1390	14247	14259	14271	14283	14295	14307	14319	14332	14344	14356
1400	14368	14380	14392	14404	14416	14429	14441	14453	14465	14477
1410	14489	14501	14513	14526	14538	14550	14562	14574	14586	14598
1420	14610	14622	14635	14647	14659	14671	14683	14695	14707	14719
1430	14731	14744	14756	14768	14780	14792	14804	14816	14828	14840
1440	14852	14865	14877	14889	14901	14913	14925	14937	14949	14961
1450	14973	14985	14998	15010	15022	15034	15046	15058	15070	15082
1460	15094	15106	15118	15130	15143	15155	15167	15179	15191	15203
1470	15215	15227	15239	15251	15263	15275	15287	15299	15311	15324
1480	15336	15348	15360	15372	15384	15396	15408	15420	15432	15444
1490	15456	15468	15480	15492	15504	15516	15528	15540	15552	15564

附录 B 镍铬-铜镍热电偶分度表

分度号 E （单位：μV）

温度/℃	0	10	20	30	40	50	60	70	80	90
0	0	591	1192	1801	2419	3047	3683	4329	4983	5646
100	6317	6996	7683	8377	9078	9787	10501	11222	11949	12681
200	13419	14161	14909	15661	16417	17178	17942	18710	19481	20256
300	21033	21814	22597	23383	24171	24961	25754	26549	27345	28143
400	28943	29744	30546	31350	32155	32960	33767	34574	35382	36190
500	36999	37808	38617	39426	40236	41045	41853	42662	43470	44278
600	45085	45891	46697	47502	48306	49109	49911	50713	51513	52312
700	53110	53907	54703	55498	56291	57083	57873	58663	59451	60237
800	61022	61806	62588	63368	64147	64924	65700	66473	67245	68015
900	68783	69549	70313	71075	71835	72593	73350	74104	74857	75608
1000	76358									

附录 C　镍铬-镍硅热电偶分度表

分度号　K （单位：μV）

温度/℃	0	1	2	3	4	5	6	7	8	9
0	0	39	79	119	158	198	238	277	317	357
10	397	437	477	517	557	597	637	677	718	758
20	798	838	879	919	960	1000	1041	1081	1122	1162
30	1203	1244	1285	1325	1366	1407	1448	1489	1529	1570
40	1611	1652	1693	1734	1776	1817	1858	1899	1940	1981
50	2022	2064	2105	2146	2188	2229	2270	2312	2353	2394
60	2436	2477	2519	2560	2601	2643	2684	2726	2767	2809
70	2850	2892	2933	2975	3016	3058	3100	3141	3183	3224
80	3266	3307	3349	3390	3432	3473	3515	3556	3598	3639
90	3681	3722	3764	3805	3847	3888	3930	3971	4012	4054
100	4095	4137	4178	4219	4261	4302	4343	4384	4426	4467
110	4508	4549	4590	4632	4673	4714	4755	4796	4837	4878
120	4919	4960	5001	5042	5083	5124	5164	5205	5246	5287
130	5327	5368	5409	5450	5490	5531	5571	5612	5652	5693
140	5733	5774	5814	5855	5895	5936	5976	6016	6057	6097
150	6137	6177	6218	6258	6298	6338	6378	6419	6459	6499
160	6539	6579	6619	6659	6699	6739	6779	6819	6859	6899
170	6939	6979	7019	7059	7099	7139	7179	7219	7259	7299
180	7338	7378	7418	7458	7498	7538	7578	7618	7658	7697
190	7737	7777	7817	7857	7897	7937	7977	8017	8057	8097
200	8137	8177	8216	8256	8296	8336	8376	8416	8456	8497
210	8537	8577	8617	8657	8697	8737	8777	8817	8857	8898
220	8938	8978	9018	9058	9099	9139	9179	9220	9260	9300
230	9341	9381	9421	9462	9502	9543	9583	9624	9664	9705
240	9745	9786	9826	9867	9907	9948	9989	10029	10070	10111
250	10151	10192	10233	10274	10315	10355	10396	10437	10478	10519
260	10560	10600	10641	10682	10723	10764	10805	10846	10887	10928
270	10969	11010	11051	11093	11134	11175	11216	11257	11298	11339
280	11381	11422	11463	11504	11546	11587	11628	11669	11711	11752
290	11793	11835	11876	11918	11959	12000	12042	12083	12125	12166
300	12207	12249	12290	12332	12373	12415	12456	12498	12539	12581
310	12623	12664	12706	12747	12789	12831	12872	12914	12955	12997

（续）

温度/℃	0	1	2	3	4	5	6	7	8	9
320	13039	13080	13122	13164	13205	13247	13289	13331	13372	13414
330	13456	13497	13539	13581	13623	13665	13706	13748	13790	13832
340	13874	13915	13957	13999	14041	14083	14125	14167	14208	14250
350	14292	14334	14376	14418	14460	14502	14544	14586	14628	14670
360	14712	14754	14796	14838	14880	14922	14964	15006	15048	15090
370	15132	15174	15216	15258	15300	15342	15384	15426	15468	15510
380	15552	15594	15636	15679	15721	15763	15805	15847	15889	15931
390	15974	16016	16058	16100	16142	16184	16227	16269	16311	16353
400	16395	16438	16480	16522	16564	16607	16649	16691	16733	16776
410	16818	16860	16902	16945	16987	17029	17072	17114	17156	17199
420	17241	17283	17326	17368	17410	17453	17495	17537	17580	17622
430	17664	17707	17749	17792	17834	17876	17919	17961	18004	18046
440	18088	18131	18173	18216	18258	18301	18343	18385	18428	18470
450	18513	18555	18598	18640	18683	18725	18768	18810	18853	18895
460	18938	18980	19023	19065	19108	19150	19193	19235	19278	19320
470	19363	19405	19448	19490	19533	19576	19618	19661	19703	19746
480	19788	19831	19873	19916	19959	20001	20044	20086	20129	20172
490	20214	20257	20299	20342	20385	20427	20470	20512	20555	20598
500	20640	20683	20725	20768	20811	20853	20896	20938	20981	21024
510	21066	21109	21152	21194	21237	21280	21322	21365	21407	21450
520	21493	21535	21578	21621	21663	21706	21749	21791	21834	21876
530	21919	21962	22004	22047	22090	22132	22175	22218	22260	22303
540	22346	22388	22431	22473	22516	22559	22601	22644	22687	22729
550	22772	22815	22857	22900	22942	22985	23028	23070	23113	23156
560	23198	23241	23284	23326	23369	23411	23454	23497	23539	23582
570	23624	23667	23710	23752	23795	23837	23880	23923	23965	24008
580	24050	24093	24136	24178	24221	24263	24306	24348	24391	24434
590	24476	24519	24561	24604	24646	24689	24731	24774	24817	24859
600	24902	24944	24987	25029	25072	25114	25157	25199	25242	25284
610	25327	25369	25412	25454	25497	25539	25582	25624	25666	25709
620	25751	25794	25836	25879	25921	25964	26006	26048	26091	26133
630	26176	26218	26260	26303	26345	26387	26430	26472	26515	26557
640	26599	26642	26684	26726	26769	26811	26853	26896	26938	26980
650	27022	27065	27107	27149	27192	27234	27276	27318	27361	27403

（续）

温度/℃	0	1	2	3	4	5	6	7	8	9
660	27445	27487	27529	27572	27614	27656	27698	27740	27783	27825
670	27867	27909	27951	27993	28035	28078	28120	28162	28204	28246
680	28288	28330	28372	28414	28456	28498	28540	28583	28625	28667
690	28709	28751	28793	28835	28877	28919	28961	29002	29044	29086
700	29128	29170	29212	29254	29296	29338	29380	29422	29464	29505
710	29547	29589	29631	29673	29715	29756	29798	29840	29882	29924
720	29965	30007	30049	30091	30132	30174	30216	30257	30299	30341
730	30383	30424	30466	30508	30549	30591	30632	30674	30716	30757
740	30799	30840	30882	30924	30965	31007	31048	31090	31131	31173
750	31214	31256	31297	31339	31380	31422	31463	31504	31546	31587
760	31629	31670	31712	31753	31794	31836	31877	31918	31960	32001
770	32042	32084	32125	32166	32207	32249	32290	32331	32372	32414
780	32455	32496	32537	32578	32619	32661	32702	32743	32784	32825
790	32866	32907	32948	32990	33031	33072	33113	33154	33195	33236
800	33277	33318	33359	33400	33441	33482	33523	33564	33604	33645
810	33686	33727	33768	33809	33850	33891	33931	33972	34013	34054
820	34095	34136	34176	34217	34258	34299	34339	34380	34421	34461
830	34502	34543	34583	34624	34665	34705	34746	34787	34827	34868
840	34909	34949	34990	35030	35071	35111	35152	35192	35233	35273
850	35314	35354	35395	35436	35476	35516	35557	35597	35637	35678
860	35718	35758	35799	35839	35880	35920	35960	36000	36041	36081
870	36121	36162	36202	36242	36282	36323	36363	36403	36443	36483
880	36524	36564	35604	36644	36684	36724	36764	36804	36844	36885
890	36925	36965	37005	37045	37085	37125	37165	37205	37245	37285
900	37325	37365	37405	37445	37484	37524	37564	37604	37644	37684
910	37724	37764	37803	37843	37883	37923	37963	38002	38042	38082
920	38122	38162	38201	38241	38281	38320	38360	38400	38439	38479
930	38519	38558	38598	38638	38677	38717	38756	38796	38836	38875
940	38915	38954	38994	39033	39073	39112	39152	39191	39231	39270
950	39310	39349	39388	39428	39487	39507	39546	39585	39625	39664
960	39763	39743	39782	39821	39881	39900	39939	39979	40018	40057
970	40096	40136	40175	40214	40253	40292	40332	40371	40410	40449
980	40488	40527	40566	40605	40645	40684	40723	40762	40801	40840
990	40879	40918	40957	40996	41035	41074	41113	41152	41191	41230

（续）

温度/℃	0	1	2	3	4	5	6	7	8	9
1000	41269	41308	41347	41385	41424	41463	41502	41541	41580	41619
1010	41657	41696	41735	41774	41813	41851	41890	41929	41968	42006
1020	42045	42084	42123	42161	42200	42239	42277	42316	42355	42393
1030	42432	42470	42509	42548	42586	42625	42663	42702	42740	42779
1040	42817	42856	42894	42933	42971	43010	43048	43087	43125	43164
1050	43202	43240	43279	43317	43356	43394	43482	43471	43509	43547
1060	43585	43624	43662	43700	43739	43777	43815	43853	43891	43930
1070	43968	44006	44044	44082	44121	44159	44197	44235	44273	44311
1080	44349	44387	44425	44463	44501	44539	44577	44615	44653	44691
1090	44729	44767	44805	44843	44881	44919	44957	44995	45033	45070
1100	45108	45146	45184	45222	45260	45297	45335	45373	45411	45448

附录 D　Pt100 热电阻分度表

分度号　Pt100　　　　　　　　　　　　　　$R_0 = 100.00\Omega$（单位：Ω）

温度/℃	0	1	2	3	4	5	6	7	8	9
−200	18.49									
−190	22.80	22.37	21.94	21.51	21.08	20.65	20.22	19.79	19.36	18.93
−180	27.08	26.65	26.23	25.80	25.37	24.94	24.52	24.09	23.66	23.23
−170	31.32	30.90	30.47	30.05	29.63	29.20	28.78	28.35	27.93	27.50
−160	35.53	35.11	34.69	34.27	33.85	33.43	33.01	32.59	32.16	31.74
−150	39.71	39.30	38.88	38.46	38.04	37.63	37.21	36.79	36.37	35.95
−140	43.87	43.45	43.04	42.63	42.21	41.79	41.38	40.96	40.55	40.13
−130	48.00	47.59	47.18	46.76	46.35	45.94	45.52	45.11	44.70	44.28
−120	52.11	51.70	51.29	50.88	50.47	50.06	49.64	49.23	48.82	48.41
−110	56.19	55.78	55.38	54.97	54.56	54.15	53.74	53.33	52.92	52.52
−100	60.25	59.85	59.44	59.04	58.63	58.22	57.82	57.41	57.00	56.60
−90	64.30	63.90	63.49	63.09	62.68	62.28	61.87	61.47	61.06	60.66
−80	68.33	67.92	67.52	67.12	66.72	66.31	65.91	65.51	65.11	64.70
−70	72.33	71.93	71.53	71.13	70.73	70.33	69.93	69.53	69.13	68.73
−60	76.33	75.93	75.53	75.13	74.73	74.33	73.93	73.53	73.13	72.73
−50	80.31	79.91	79.51	79.11	78.72	78.32	77.92	77.52	77.13	76.73
−40	84.27	83.88	83.48	83.08	82.69	82.29	81.89	81.50	81.10	80.70
−30	88.22	87.83	87.43	87.04	86.64	86.25	85.85	85.46	85.06	84.67

（续）

温度/℃	0	1	2	3	4	5	6	7	8	9
−20	92.16	91.77	91.37	90.98	90.59	90.19	89.80	89.40	89.01	88.62
−10	96.09	95.69	95.30	94.91	94.52	94.12	93.73	93.34	92.95	92.55
0	100.00	99.61	99.22	98.83	98.44	98.04	97.65	97.26	96.87	96.48
0	100.00	100.39	100.78	101.17	101.56	101.95	102.34	102.73	103.13	103.51
10	103.90	104.29	104.68	105.07	105.46	105.85	106.24	106.63	107.02	107.40
20	107.79	108.18	108.57	108.96	109.35	109.73	110.12	110.51	110.90	111.28
30	111.67	112.06	112.45	112.83	113.22	113.61	113.99	114.38	114.77	115.15
40	115.54	115.93	116.31	116.70	117.08	117.47	117.85	118.24	118.62	119.01
50	119.40	119.78	120.16	120.55	120.93	121.32	121.70	122.09	122.47	122.86
60	123.24	123.62	124.01	124.39	124.77	125.16	125.54	125.92	126.31	126.69
70	127.07	127.45	127.84	128.22	128.60	128.98	129.37	129.75	130.13	130.51
80	130.89	131.27	131.66	132.04	132.42	132.80	133.18	133.56	133.94	134.32
90	134.70	135.08	135.46	135.84	136.22	136.60	136.98	137.36	137.74	138.12
100	138.50	138.88	139.26	139.64	140.02	140.39	140.77	141.15	141.53	141.91
110	142.29	142.66	143.04	143.42	143.80	144.17	144.55	144.93	145.31	145.68
120	146.06	146.44	146.81	147.19	147.57	147.94	148.32	148.70	149.07	149.45
130	149.82	150.20	150.57	150.95	151.33	151.70	152.08	152.45	152.83	153.20
140	153.58	153.95	154.32	154.70	155.07	155.45	155.82	156.19	156.57	156.94
150	157.31	157.69	158.06	158.43	158.81	159.18	159.55	159.93	160.30	160.67
160	161.04	161.42	161.79	162.16	162.53	162.90	163.27	163.65	164.02	164.39
170	164.76	165.13	165.50	165.87	166.24	166.61	166.98	167.35	167.72	168.09
180	168.46	168.83	169.20	169.57	169.94	170.31	170.68	171.05	171.42	171.79
190	172.16	172.53	172.90	173.26	173.63	174.00	174.37	174.74	175.10	175.47
200	175.84	176.21	176.57	176.94	177.31	177.68	178.04	178.41	178.78	179.14
210	179.51	179.88	180.24	180.61	180.97	181.34	181.71	182.07	182.44	182.80
220	183.17	183.53	183.90	184.26	184.63	184.99	185.36	185.72	186.09	186.45
230	186.82	187.18	187.54	187.91	188.27	188.63	189.00	189.36	189.72	190.09
240	190.45	190.81	191.18	191.54	191.90	192.26	192.63	192.99	193.35	193.71
250	194.07	194.44	194.80	195.16	195.52	195.88	196.24	196.60	196.96	197.33
260	197.69	198.05	198.41	198.77	199.13	199.49	199.85	200.21	200.57	200.93
270	201.29	201.65	202.01	202.36	202.72	203.08	203.44	203.80	204.16	204.52
280	204.88	205.23	205.59	205.95	206.31	206.67	207.02	207.38	207.74	208.10
290	208.45	208.81	209.17	209.52	209.88	210.24	210.59	210.95	211.31	211.66
300	212.02	212.37	212.73	213.09	213.44	213.80	214.15	214.51	214.86	215.22
310	215.57	215.93	216.28	216.64	216.99	217.35	217.70	218.05	218.41	218.76

（续）

温度/℃	0	1	2	3	4	5	6	7	8	9
320	219.12	219.47	219.82	220.18	220.53	220.88	221.24	221.59	221.94	222.29
330	222.65	223.00	223.35	223.70	224.06	224.41	224.76	225.11	225.46	225.81
340	226.17	226.52	226.87	227.22	227.57	227.92	228.27	228.62	228.97	229.32
350	229.67	230.02	230.37	230.72	231.07	231.42	231.77	232.12	232.47	232.82
360	233.17	233.52	233.87	234.22	234.56	234.91	235.26	235.61	235.96	236.31
370	236.65	237.00	237.35	237.70	238.04	238.39	238.74	239.09	239.43	239.78
380	240.13	240.47	240.82	241.17	241.51	241.86	242.20	242.55	242.90	243.24
390	243.59	243.93	244.28	244.62	244.97	245.31	245.66	246.00	246.35	246.69
400	247.04	247.38	247.73	248.07	248.41	248.76	249.10	249.45	249.79	250.13
410	250.48	250.82	251.16	251.50	251.85	252.19	252.53	252.88	253.22	253.56
420	253.90	254.24	254.59	254.93	255.27	255.61	255.95	256.29	256.64	256.98
430	257.32	257.66	258.00	258.34	258.68	259.02	259.36	259.70	260.04	260.38
440	260.72	261.06	261.40	261.74	262.08	262.42	262.76	263.10	263.43	263.77
450	264.11	264.45	264.79	265.13	265.47	265.80	266.14	266.48	266.82	267.15
460	267.49	267.83	268.17	268.50	268.84	269.18	269.51	269.85	270.19	270.52
470	270.86	271.20	271.53	271.87	272.20	272.54	272.88	273.21	273.55	273.88
480	274.22	274.55	274.89	275.22	275.56	275.89	276.23	276.56	276.89	277.23
490	277.56	277.90	278.23	278.56	278.90	279.23	279.56	279.90	280.23	280.56
500	280.90	281.23	281.56	281.89	282.23	282.56	282.89	283.22	283.55	283.89
510	284.22	284.55	284.88	285.21	285.54	285.87	286.21	286.54	286.87	287.20
520	287.53	287.86	288.19	288.52	288.85	289.18	289.51	289.84	290.17	290.50
530	290.83	291.16	291.49	291.81	292.14	292.47	292.80	293.13	293.46	293.79
540	294.11	294.44	294.77	295.10	295.43	295.75	296.08	296.41	296.74	297.06
550	297.39	297.72	298.04	298.37	298.70	299.02	299.35	299.68	300.00	300.33
560	300.65	300.98	301.31	301.63	301.96	302.28	302.61	302.93	303.26	303.58
570	303.91	304.23	304.56	304.88	305.20	305.53	305.85	306.18	306.50	306.82
580	307.15	307.47	307.79	308.12	308.44	308.76	309.09	309.41	309.73	310.05
590	310.38	310.70	311.02	311.34	311.67	311.99	312.31	312.63	312.95	313.27
600	313.59	313.92	314.24	314.56	314.88	315.20	315.52	315.84	316.16	316.48
610	316.80	317.12	317.44	317.76	318.08	318.40	318.72	319.04	319.36	319.68
620	319.99	320.31	320.63	320.95	321.27	321.59	321.91	322.22	322.54	322.86
630	323.18	323.49	323.81	324.13	324.45	324.76	325.08	325.40	325.72	326.03
640	326.35	326.66	326.98	327.30	327.61	327.93	328.25	328.56	328.88	329.19
650	329.51	329.82	330.14	330.45	330.77	331.08	331.40	331.71	332.03	332.34

附录 E　Cu50 热电阻分度表

分度号　Cu50　　　　　　　　　　　　　　　　　　　　　$R_0 = 50\Omega$　$\alpha = 0.004280$

温度/℃	0	1	2	3	4	5	6	7	8	9
	电阻值/Ω									
−50	39.29	—	—	—	—	—	—	—	—	—
−40	41.40	41.18	40.97	40.75	40.54	40.32	40.10	39.89	39.67	39.46
−30	43.55	43.34	43.12	42.91	42.69	42.48	42.27	42.05	41.83	41.61
−20	45.70	45.49	45.27	45.06	44.34	44.63	44.41	44.20	43.98	43.77
−10	47.85	47.64	47.42	47.21	46.99	46.78	46.56	46.35	46.13	45.92
−0	50.00	49.78	49.57	49.35	49.14	48.92	48.71	48.50	48.28	48.07
0	50.00	50.21	50.43	50.64	50.86	51.07	51.28	51.50	51.71	51.93
10	52.14	52.36	52.57	52.78	53.00	53.21	53.43	53.64	53.86	54.07
20	54.28	54.50	54.71	54.92	55.14	55.35	55.57	55.78	56.00	56.21
30	56.42	46.64	56.85	57.07	57.28	57.49	57.71	57.92	58.14	58.35
40	58.56	58.78	58.99	59.20	59.42	59.63	59.85	60.06	60.27	60.49
50	60.70	60.92	61.13	61.34	61.56	61.77	61.98	62.20	62.41	62.63
60	62.84	63.05	63.27	63.48	63.70	63.91	64.12	64.34	64.55	64.76
70	64.98	65.19	65.41	65.62	65.83	66.05	66.26	66.48	66.69	66.90
80	67.12	67.33	67.54	67.76	67.97	68.19	68.40	68.62	68.83	69.04
90	69.26	69.47	69.68	69.90	70.11	70.33	70.54	70.76	70.97	71.18
100	71.40	71.61	71.83	72.04	72.25	72.47	72.68	72.90	73.11	73.33
110	73.54	73.75	73.97	74.18	74.40	74.61	74.83	75.04	75.26	75.47
120	75.68	75.90	76.11	76.33	76.54	76.76	76.97	77.19	77.40	77.62
130	77.83	78.05	78.26	78.48	78.69	78.91	79.12	79.34	79.55	79.77
140	79.98	80.20	80.41	80.63	80.84	81.06	81.27	81.49	81.70	81.92
150	82.13	—	—	—	—	—	—	—	—	—

附录 F　Cu100 热电阻分度表

分度号　Cu100　　　　　　　　　　　　　　　　　　　　$R_0 = 100\Omega$　$\alpha = 0.004280$

温度/℃	0	1	2	3	4	5	6	7	8	9
	电阻值/Ω									
−50	78.49	—	—	—	—	—	—	—	—	—
−40	82.80	82.36	81.94	81.50	81.08	80.64	80.20	79.78	79.34	78.92
−30	87.10	88.68	86.24	85.82	85.38	84.95	84.54	84.10	83.66	83.22
−20	91.40	90.98	90.54	90.12	89.68	86.26	88.82	88.40	87.96	87.54
−10	95.70	95.28	94.84	94.42	93.98	93.56	93.12	92.70	92.26	91.84

（续）

温度/℃	0	1	2	3	4	5	6	7	8	9
	电阻值/Ω									
−0	100.00	99.56	99.14	98.70	98.28	97.84	97.42	97.00	96.56	96.14
0	100.00	100.42	100.86	101.28	101.72	102.14	102.56	103.00	103.43	103.86
10	104.28	104.72	105.14	105.56	106.00	106.42	106.86	107.28	107.72	108.14
20	108.56	109.00	109.42	109.84	110.28	110.70	111.14	111.56	112.00	114.42
30	112.84	113.28	113.70	114.14	114.56	114.98	115.42	115.84	116.28	116.70
40	117.12	117.56	117.98	118.40	118.84	119.26	119.70	120.12	120.54	120.98
50	121.40	121.84	122.26	122.68	123.12	123.54	123.96	124.40	124.82	125.26
60	125.68	126.10	126.54	126.96	127.40	127.82	128.24	128.68	129.10	129.52
70	129.96	130.38	130.82	131.24	131.66	132.10	132.52	132.96	133.38	133.80
80	134.24	134.66	135.08	135.52	135.94	136.33	136.80	137.24	137.66	138.08
90	138.52	138.94	139.36	139.80	140.22	140.66	141.08	141.52	141.94	142.36
100	142.80	143.22	143.66	144.08	144.50	144.94	145.36	145.80	146.22	146.66
110	147.08	147.50	147.94	148.36	148.80	149.22	149.66	150.08	150.52	150.94
120	151.36	151.80	152.22	152.66	153.08	153.52	153.94	154.38	154.80	155.24
130	155.66	156.10	156.52	156.96	157.38	157.82	158.24	158.68	159.10	159.54
140	159.96	160.40	160.82	161.28	161.68	162.12	162.54	162.98	163.40	163.84
150	164.27	—	—	—	—	—	—	—	—	—

参 考 文 献

［1］ 陈明海. 中国石油和化工自动化现状及发展［J］. 自动化仪表, 2007, 28（1）: 8-11.

［2］ 林德杰. 过程控制仪表及控制系统［M］. 2 版. 北京: 机械工业出版社, 2009.

［3］ 孟华, 刘娜, 厉玉鸣. 化工仪表及自动化［M］. 4 版. 北京: 化学工业出版社, 2009.

［4］ 俞金寿. 过程自动化及仪表［M］. 北京: 化学工业出版社, 2007.

［5］ 孙洪程. 过程控制工程设计［M］. 北京: 化学工业出版社, 2001.

［6］ 厉玉鸣. 化工仪表及自动化例题习题集［M］. 2 版. 北京: 化学工业出版社, 2006.

［7］ 陈忧先. 化工测量及仪表［M］. 3 版. 北京: 化学工业出版社, 2010.

［8］ Ernest O Doebelin. 测量系统应用与设计［M］. 王伯雄, 等译. 北京: 电子工业出版社, 2007.

［9］ 林德杰, 万频. 电气测试技术［M］. 3 版. 北京: 机械工业出版社, 2008.

［10］ Anton F Putten. 电子测量系统: 理论与实践［M］. 张伦, 译. 北京: 中国计量出版社, 2000.

［11］ S Tumanski. 电气测量原理与应用［M］. 周卫平, 等译. 北京: 机械工业出版社, 2009.

［12］ Robert B Northrop. 测量仪表与测量技术［M］. 曹学军, 等译. 北京: 机械工业出版社, 2009.

［13］ 王永红. 化工检测与控制技术［M］. 南京: 南京大学出版社, 2007.

［14］ 付敬奇. 执行器及其应用［M］. 北京: 机械工业出版社, 2009.

［15］ 施仁. 自动化仪表与过程控制［M］. 北京: 电子工业出版社, 2009.

［16］ 高志宏. 过程控制与自动化仪表［M］. 杭州: 浙江大学出版社, 2006.

［17］ 王昌明. 测控执行器及其应用［M］. 北京: 国防工业出版社, 2008.

［18］ 徐春山. 过程控制仪表［M］. 北京: 冶金工业出版社, 2004.

［19］ 李亚芬. 过程控制系统及仪表［M］. 大连: 大连理工大学出版社, 2007.

［20］ Zdenko Kovacic. 模糊控制器设计理论与应用［M］. 胡玉玲, 等译. 北京: 机械工业出版社, 2010.

［21］ 王再英. 过程控制系统及仪表［M］. 北京: 机械工业出版社, 2006.

［22］ 郑明方. 石油化工仪表及自动化［M］. 北京: 中国石化出版社, 2009.

［23］ 邵裕森, 巴筱云. 过程控制系统及仪表［M］. 北京: 机械工业出版社, 2000.

［24］ Dale E Seborg. 过程的动态特性与控制［M］. 王京春, 等译. 北京: 电子工业出版社, 2006.

［25］ 郭一楠, 常俊林, 赵俊, 等. 过程控制系统［M］. 北京: 机械工业出版社, 2009.

［26］ 王锦标. 计算机控制系统［M］. 2 版. 北京: 清华大学出版社, 2008.

［27］ 姜学军. 计算机控制技术［M］. 北京: 清华大学出版社, 2005.

［28］ 李国勇. 过程控制系统［M］. 北京: 电子工业出版社, 2009.